"十四五"时期国家重点出版物出版专项规划项目

中国建筑能效提升适宜技术丛书

总主编 罗继杰 执行总主编 刘东

国家出版基金项目
NATIONAL PUBLICATION FOUNDATION

医院建筑能效提升适宜技术

● 何 焰 主编

Sustainable Technology for
Improving Energy Efficiency of
Hospital Buildings

同济大学 出版社
TONGJI UNIVERSITY PRESS
·上海·

图书在版编目(CIP)数据

医院建筑能效提升适宜技术／何焰主编. —上海：
同济大学出版社，2022.11
　（中国建筑能效提升适宜技术丛书／罗继杰总主编）
　"十四五"时期国家重点出版物出版专项规划项目
　ISBN 978-7-5765-0121-6

　Ⅰ.①医… Ⅱ.①何… Ⅲ.①医院－建筑能耗－节能
Ⅳ.①TU246.1

　中国版本图书馆 CIP 数据核字(2021)第 279878 号

"十四五"时期国家重点出版物出版专项规划项目
中国建筑能效提升适宜技术丛书

医院建筑能效提升适宜技术

Sustainable Technology for Improving Energy Efficiency of Hospital Buildings

何　焰　主编

出 品 人：金英伟
策划编辑：吕　炜
责任编辑：吕　炜　马继兰
责任校对：徐春莲
封面设计：唐思雯
封面摄影：邵　峰

出版发行　同济大学出版社　www.tongjipress.com.cn
　　　　　（地址：上海市四平路 1239 号　邮编：200092　电话：021-65985622）
经　　销　全国各地新华书店、建筑书店、网络书店
排版制作　南京文脉图文设计制作有限公司
印　　刷　上海安枫印务有限公司
开　　本　787mm×1092mm　1/16
印　　张　20
字　　数　499 000
版　　次　2022 年 11 月第 1 版
印　　次　2022 年 11 月第 1 次印刷
书　　号　ISBN 978-7-5765-0121-6
定　　价　168.00 元

内容提要

INTRODUCTION

医院建筑是保障人民健康的重要基础设施,医院院区建筑由于其功能的特殊性,一般要具备门急诊、医技、手术和住院等综合服务功能。医院建筑需要在规划设计阶段就充分考虑合理布置工艺,鉴于医院建筑的能耗强度高,因此在满足医院环境控制等工艺要求的前提下,提高医院建筑的能效水平是医院可持续发展的重要措施。我国地域广阔,气候特征不同,各地的经济发展水平、医院管理水平也参差不齐。针对医院建筑的能效提升,本书聚焦于如何从设计阶段就考虑采用适宜的节能技术,指导运维阶段采用适宜的能效提升技术来提升医院建筑的能效,降低能耗。本书编写团队是由具有丰富实践经验的医疗行业行政管理人员、建筑设计院的设计师、高校教师、相关的设备供应商、集成商以及医院运维阶段的专业技术人员等组成。他们拥有丰富的实践经验和感悟,有助于提升医院建筑能效的适宜技术,并且在书中总结提炼了大量能效提升效果好的工程案例,相信这些宝贵的技术可以为医院建筑能效提升管理、研究和探索专业人员以及相关人员提供有价值的参考。

中国建筑能效提升适宜技术丛书

顾问委员会

主　　任：周　琪
委　　员：（以姓氏笔画为序）
　　　　　丁力行　吕　京　刘　强　刘传聚　寿炜炜
　　　　　李著萱　张　旭　罗　英　赵赤鸿　赵国通
　　　　　胡稚鸿　秦学礼　屠利德

编写委员会

总　主　编：罗继杰
执行总主编：刘　东
副总主编：张晓卯　苗　青
编委会委员：（以姓氏笔画为序）
　　　　　王　健　王少为　左　鑫　乐照林　邢云梁
　　　　　任兆成　刘　军　许　鹰　苏　夺　吴蔚兰
　　　　　何　焰　宋　静　张　兢　林春艳　周　谨
　　　　　周林光　郑　兵　赵　炬　赵小虎　秦建英
　　　　　徐稳龙　高乃平　黄　赟　蔡崇庆

本书编写人员与分工

主　编：何　焰
副主编：陆琼文　李洪臣　赵　炬　陈　尹　朱　喆

各篇参编人员（以所编写章节的次序为序）
第1篇：张建忠　邢云梁　任　悦　李洪臣
第2篇：何　焰　叶海东　朱　文　吴健斌　荀　巍　申于平　徐　凤
　　　　朱建荣　何　伟　贺江波　刘　飘　陆琼文　孙雅琼　朱　喆
　　　　张伟程　滕汜颖　陈志跃　陈　尹　朱学锦　陈晓阳　田　震
　　　　赵　炬　赵　镜　柳京京　胡　洪　张年洋　朱竑锦　杨晓尘
　　　　刘拴强　杨晓莹　苏　勇　李洪臣　管时渊　张代军　闻　锋
　　　　林　静　江　明　金光波　许晓东　沈彬彬　赵　霖
第3篇：李洪臣　刘　东　仲伟军　林　静　苏　勇　陈志跃　叶晨洲

主要编写单位：
　　　　华东建筑集团上海建筑设计研究院有限公司
　　　　华东建筑集团华东建筑设计研究院有限公司
　　　　同济大学
　　　　机械工业第六设计研究院有限公司
　　　　上海申康医院发展中心
　　　　深圳市建筑工务署
　　　　上海环能新科节能科技股份有限公司
　　　　克莱门特捷联制冷设备（上海）有限公司
　　　　北京华创瑞风空调科技有限公司
　　　　上海新浩佳新节能科技有限公司
　　　　北京江森自控有限公司
　　　　上海雷优智能科技有限公司
　　　　格瑞智慧人居环境科技（江苏）有限公司
　　　　金品冠科技集团有限公司
　　　　青岛海信日立空调系统有限公司

总 序

党的十八大以来,习近平总书记多次在各种重大场合阐释中国的可持续发展主张。2020年9月22日,习近平总书记向世界宣示,"中国将采取更加有力的政策和措施,二氧化碳排放力争于2030年前达到峰值,努力争取2060年前实现碳中和",彰显中国作为大国的责任担当。习近平总书记指出:坚持绿色发展,就是要坚持节约资源和保护环境的基本国策;坚持可持续发展,形成人与自然和谐发展的现代化建设新格局,为全球生态安全作出新贡献。当下,通过节能减排应对能源、环境、气候变化等制约人类社会可持续发展的重大问题和挑战,已经成为世界各国的基本共识。

中国正处于经济高速发展阶段,能源和环境问题正在逐渐成为影响我国未来经济、社会可持续发展的最重要因素。直面严峻的能源和环境形势,回应国际社会对中国日益强大的全球影响力所承担责任的期待,我国越来越重视节能环保工作,为全力推进能效提升事业的发展,正在逐步通过法律法规的完善、技术的进步和管理水平的提高等综合措施来提高能源利用效率,减少污染物的排放;以创新的技术和思想实现绿色可持续发展,引领人民创造美好生活,构建人与自然和谐共处的美丽家园。

目前我国建筑用能的总量及占比在稳步上升,其中公共建筑的用能增量尤为明显。全国公共建筑的环境营造和能源应用水平参差不齐;公共建筑的总体能效水平与发达国家水平相比,差距仍然明显,存在可观的节能潜力。中共中央国务院发布的《关于完整准确全面贯彻新发展理念做好碳达峰碳中和工作的意见》明确要求:"大力推进城镇既有建筑和市政基础设施节能改造,提升建筑节能低碳水平。"国务院印发的《2030年前碳达峰行动方案的通知》明确要求:"加快提升建筑能效水平。加快更新建筑节能、市政基础设施等标准,提高节能降碳要求,逐步开展公共建筑能耗限额管理。""工欲善其事,必先利其器"。我们须对公共建筑的能效水平提升予以充分重视,通过技术进步管控公共建筑使用过程中的能耗,不断提高建筑类技术人员在能源应用方面的专业化素质。对建筑能效提升的专业知识学习是促进从业人员水平不断提高的有效手段。为了在公共建筑能源系统中有效、持续地实施节能措施，建筑能源管理人员需要学习和掌握与能效提升相关的专业知识、方法和思想，并通过积极的应用来提高能源利用效率和降低能源成本。

建筑能效提升也是可持续建筑研究的重要方向之一，作为公共建筑耗能权重最大的暖通专业需要有责任意识和担当。我们发起编著的这套"中国建筑能效提升适宜技术丛书"拟通过梳理基本的专业概念，分析设备性能、系统优化、运维管理等因素对能效的影响，构建各类公共建筑能效提升适宜技术体系。这套丛书共讨论了四个方面的问题：一是我国各类公共建筑的发展及能源消耗现状、建筑节能工作成效等；二是国内外先进的建筑节能技术对我国建筑能效提升工作的借鉴作用；三是探讨针对不同的公共建筑适宜的能效提升技术路线和工作方法；四是参照国内外先进的案例，分析研究这些能效提升技术在公共建筑中的适宜性。相信这套基本覆盖主要公共建筑领域的系列丛书能够为我国的建筑节能减排和双碳工作提供强有力的技术支撑。

丛书共 5 本，涉及的领域包括室内环境的营造、能源系统能效的提升以及环境和能源系统的检测与评估等方面，每本都具有独立性，同时也具有相互关联性，有前沿的理论和一定深度的实践，对业界具有很高的参考价值。读者不必为参阅某一问题而通读全套，可以有的放矢、触类旁通。疑义相与析，我们热忱欢迎读者朋友们提出宝贵的改进意见与建议。

2022 年 10 月 8 日

前言

我的父母都是军医,我是在医院大院里长大的,医院大院就是我的家。当时,医院对我来说是一个再熟悉不过的地方,我印象最深的就是医院里有好几个锅炉房,有高大的烟囱,有燃煤的堆场,经常有汽车来卸煤。医院的走廊里布置着蒸汽管道,很多地方还在冒着蒸汽。在冬天,病房里会有暖气,我们家里却是没有的。我母亲是一名麻醉师,工作地点就在手术室,所以我小时候也经常去那里。那时我就知道手术室里要保持空气清洁并且要定期消毒,也知道手术室里夏天有空调,非常凉快。

长大后我成了一名暖通设计工程师。我参加工作后最早接触的工程项目就是青岛某医院病房大楼和手术室项目设计。由于上海建筑设计研究院有限公司在医疗建筑设计领域具有深厚的技术沉淀,关于医院的工程项目非常多,我在之后的职业生涯中又陆续参与和主持了很多医院的暖通空调设计项目。

2010年,我参加了华东建筑集团有限公司的科研课题"绿色医院设计核心技术研究",负责暖通空调专业在医院建筑能效提升、绿色低碳这方面的研究。在这一课题的研究过程中,我和同事们走访了很多医院,详细调研了这些医院所采用的某些节能技术的实际效果,取得了很多一手资料。同时我还结识了当时上海市卫生局主管能源审计工作的王建晨老师,他为我提供了很多有关医院能源使用实际情况的资料,令我受益匪浅。

2018年年初,同济大学的刘东教授找到我,说要编一套有关建筑能效提升适宜技术的丛书,希望我来负责编写医院建筑的部分,我是既高兴又担心。高兴的是有这个机会来总结一下我们在医院建筑能效提升适宜技术方面的经验,担心的是我们的经验和工程项目的涉及面有限,不能代表整个行业的水平。刘东教授告诉我,他会邀请其他单位的专家来一起编写这本书,我感到很高兴,也很踏实,于是答应了刘东教授的邀请。

本书从行业背景、被动式节能、医院建筑机电系统、医院建筑能耗审计以及运维等方面对医院建筑能效提升所适用的技术做了详细介绍,并且引用了大量的工程实例。我们希望本书潜在的读者可以是医院建筑的建设者、工程设计人员、工程顾问等专业人员,也可以是医院运营管理人员、设备供应商等相关人员。

很高兴在4年多的时间里,我们编写组的成员们克服了疫情带来的不便,大家不计报酬,利用业余时间认真地编写各自负责的部分,并且一次次地修改完善。

感谢中国中元国际工程有限公司的李著萱、黄中两位老师对本书提出的宝贵意见。

本书只是抛砖引玉,希望大家共同努力,为我们国家的医院建筑能效提升献计献策,提供更多的创新技术。

何焰

2022 年 9 月 18 日

目 录

CONTENTS

第3篇 运行与维护篇

第1篇
概述篇

1　医院建筑的能耗及能效提升

1.1　引言

  随着我国经济的持续稳步发展和医疗改革的推进,医院建设得到了前所未有的发展,医院的医疗设备得到改善,建筑规模有了较大程度的提升,诊疗设备不断更新,医院功能不断完善,有效地改善了医疗就诊环境,在一定程度上满足了人们日益提升的健康意识和就医环境需求。图1-1、图1-2及表1-1、表1-2统计了2015—2020年国内医院建设数据(数据采集于《2021中国卫生健康统计年鉴》[1])。

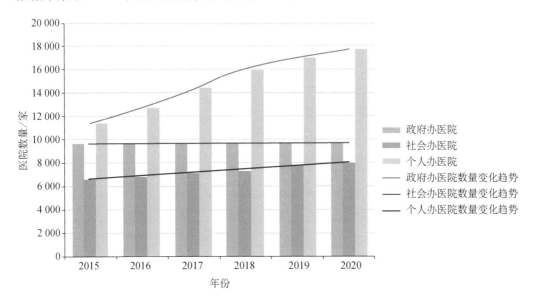

图1-1　2015—2020年中国医院数量变化图(按主办单位划分)

表1-1　　　　　　　　　　2015—2020年中国医院数量(按主办单位划分)

按主办单位分	2015 年	2016 年	2017 年	2018 年	2019 年	2020 年
政府办医院/家	9 651	9 605	9 595	9 649	9 701	9 758
社会办医院/家	6 570	6 808	7 103	7 386	7 731	7 947
个人办医院/家	11 366	12 727	14 358	15 974	16 922	17 689
总计/家	27 587	29 140	31 056	33 009	34 354	35 394

注:(1) 医院包含综合医院、中医医院、中西医结合医院、民族医院及护理院。
  (2) 社会办包括企业、事业单位、社会团体和其他社会组织的卫生机构。

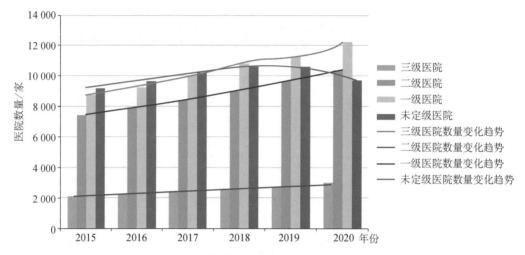

图 1-2　2015—2020 年我国医院数量变化图(按医院等级划分)

表 1-2　　　　　　　　2015—2020 年中国医院数量(按医院等级划分)

按医院等级划分	2015 年	2016 年	2017 年	2018 年	2019 年	2020 年
三级医院/家	2 123	2 232	2 340	2 548	2 749	2 996
二级医院/家	7 494	7 944	8 422	9 017	9 687	10 404
一级医院/家	8 759	9 282	10 050	10 831	11 264	12 252
未定级医院/家	9 211	9 682	10 244	10 613	10 654	9 742
总计/家	27 587	29 140	31 056	33 009	34 354	35 394

　　随着医院建筑不断有新建、扩建或改建,人均空间占有率的上升,医院的能源消耗也在持续增加,能源支出占医院总运行费用的比例不断上升,医院建筑已经成为能耗最大的公共建筑之一。随着国家政策的强力推动,发展绿色建筑、实现建筑节能已逐步成为一种共识。我们国家已庄严承诺在 2030 年前实现"碳达峰",2060 年实现"碳中和",为了完成这一宏伟目标,继续充分研究和大力发展医院建筑的能效提升技术显得尤为重要和迫切。

1.2　医院建筑的规模定义

1.2.1　医院等级划分

　　根据中华人民共和国卫生部颁布的《医院分级管理办法》[2]和《医院评审暂行办法》[3]中的有关规定,有关部门需对国内各个地区的医院进行综合资质评定,评定主要考核医院的功能类型、医疗设施及公用设施条件、医技水平、服务水平和管理等综合水平,考核结果分为三级,同时在每级水平里又细分为甲、乙两个等级,医院等级评定标准综述如表 1-3 所示。

表 1-3 医院等级评定标准

医院等级	等级定义
一级	向一定数量的人口所在地区提供医疗、保健等服务的基层医院
二级	向多个地区提供综合医疗性卫生服务并具有部分教学和科研任务的区域性医院
三级	向多个地区提供高水平的专业医疗卫生服务,并在区域范围内承担高等教育、科研任务的专科性综合医院
甲等医院	医院建设成绩显著,按分等标准综合考核分数达 900～999 分
乙等医院	医院建设成绩尚好,按分等标准综合考核分数达 750～899 分

本书所讨论的医院建筑是针对功能最全、设施最完善、用能范围最广的三级综合医院,一级、二级医院在本书不做详细阐述。

1.2.2　综合医院规模定义

我国《综合医院建设标准》(建标 110—2021)对建设规模在 200～1 500 床的综合医院新建工程项目做了规定[4]。改建、扩建工程项目可参照执行。综合医院的建设规模,按病床数量可分为 200 床以下、200～499 床、500～799 床、800～1 199 床、1 200～1 500 床 5 个级别。一般新建综合医院的建设规模,应根据当地城市总体规划、区域卫生规划、医疗机构设置规划、拟建医院所在地区的经济发展水平、卫生资源和医疗保健服务的需求状况以及该地区现有医院的病床数量进行综合平衡后确定。综合医院的日门(急)诊量与编制床位数的比值宜为 3∶1,也可按本地区相同规模医院前三年日门(急)诊量统计的平均数确定。

综合医院建设项目应由急诊部、门诊部、住院部、医技科室、保障系统、行政管理和院内生活用房等七项设施构成,床均建筑面积指标应符合表 1-4 的规定。

表 1-4　综合医院七项用房床均建筑面积指标　　　　　单位:m²/床

建设规模	200 床以下	200～499 床	500～799 床	800～1 199 床	1 200～1 500 床
床均建筑面积指标	110	113	116	114	112

注:1 500 床以上的医院,参照 1 200～1 500 床床位规模的建筑面积标注执行。

综合医院各组成部分用房在总建筑面积中所占的比例,宜符合表 1-5 的规定。

表 1-5　综合医院各类用房占总建筑面积的比例

部门	急诊部	门诊部	住院部	医技科室	保障系统	行政管理	院内生活
各类用房占总建筑面积的比例/%	3～6	12～15	37～41	25～27	8～12	3～4	3～5

注:各类用房占建筑面积的比例可根据地区和医院的实际需要做适当调整。

　　承担医学科研和教学任务的综合医院,尚应包括相应的科研和教学设施。医学院校的附属医院、教学医院和实习医院的教学用房配置,应符合表 1-6 的规定。

表 1-6　　　　　　　　　　　　综合医院教学用房建筑面积指标

医院分类	附属医院、教学医院	实习医院
每名学生所占建筑面积指标/m²	15	5

注:学生数量按上级主管部门核定的临床教学班或实习的人数确定。

　　正电子发射型磁共振成像系统(PET/MR)、X 射线立体定向放射治疗系统(Cyberknife)等大型医用设备的房屋建筑面积可参照表 1-7 的面积指标设置增加相应建筑面积。

表 1-7　　　　　　　　　　综合医院大型医用设备房屋建筑面积指标

设备名称	单列项目房屋建筑面积/(m²·台⁻¹)
正电子发射型磁共振成像系统(PET/MR)	600
X 射线立体定向放射治疗系统(Cyberknife)	450
螺旋断层放射治疗系统	450
X 射线正电子发射断层扫描仪(PET/CT,含 PET)	300
内窥镜手术器械控制系统(手术机器人)	150
X 射线计算机断层扫描仪(CT)	260
磁共振成像设备(MRI)	310
直线加速器	470
伽马射线立体定向放射治疗系统	240

注:(1) 本表所列大型医用设备机房均为单台面积指标(含辅助用房建筑面积)。
　　(2) 本表未包括的大型医疗设备,可按实际需要确定每台面积指标。

1.3　医院建筑的用能概述

1.3.1　医院建筑的组成

　　现代综合医院主要由门诊、医技和住院三大主体(分栋或综合)加上辅助建筑组成,门诊部是绝大部分人员就诊、检查、入院的场所,人流量大、病原体种类多,易感人群和病患人群混杂。急诊部 24 h 使用,在较为大型或临近市区人口密集地区使用率高。医技部人流量及用能波动性大,相关部门包括放射科、理疗科、化验科、消毒科、中心供应科等,其中还有独立进行配置的洁净区域和污染区域,手术区域及辅助用房。现代综合性医院是医教研的结合体,除了医疗三大主体外,还配有教学场所、会议室、礼堂、实验室等;为了更好地进行医疗管理,还包含后勤行政部门,可谓使用功能多样,室内环境要求迥异,这是任何建筑对象所不具有的特点[5]。

此外,随着人们对健康问题越来越重视,肿瘤、癌症等疾病增速的加快,以及城市人口老龄问题日益突显,党中央自十九大以来从维护全民健康和实现长远发展的角度出发,提出了"推进健康中国"以提高人民群众健康素质为目标的指导方针,由此,国内医院逐步引进"国际质子康养示范区",其建筑业态还增加了针对癌症、肿瘤等重疾病的质子治疗中心和研究会议中心、护理康复中心等,建筑类型更加丰富。

1.3.2　医院建筑的用能特点

医院建筑除了具有一般公共建筑的特点外,还因其作为集病原与易感人群为一体的特殊场所,成为医生担负起救死扶伤重任的重要场所,因而有别于一般公共建筑,具有特殊的用能特点。

现代医院建筑趋向于规模大、功能错综复杂,对环境舒适度和安全性要求高;门诊部、急诊部、医技部、病房区、手术部、后勤保障部等的能源需求及设备运行时间要求各不相同;机电设备数量众多,能耗中心分散、种类繁杂;供暖通风空调系统能耗巨大,医院建筑对供电连续性及电能质量要求高。医技、医务等部门出于卫生考虑,有大量的蒸汽和热水供应要求。另外,医院为了给病人及医护人员提供良好的就医及工作环境,满足治疗过程特殊的温湿度要求,需要增加制冷、供暖、加湿、通风负荷。医院建筑有两类差异较大的室内环境控制,一类是量大面广的一般科室如普通病房、诊室,只需季节性舒适空调;另一类是数量相对较少的有无菌与湿度控制要求的如手术室、无菌病房等特殊科室(部),需全年空调,特别是湿度控制是保障无菌环境的关键因素,为此在空调供冷工况下必须始终供给7 ℃(甚至更低)冷冻水。医院建筑部分特殊科室外围护结构附近区域需常年空调,而中心区域已不再受室外气候干扰(或者说没有建筑负荷),只存在人员、照明和设备的长期负荷,形成了空调内区,因此,即使在冬季,空调内区也需要空调,或者说常年需要供冷冻水。医院建筑的高科技医疗、诊断大型设备常常要求环境恒温恒湿控制,有的净化无菌要求较高。医院全年供热量大,热水供应系统已成为用能大户,而且近十年来在逐年增加,医院热水供应已占其总用能量的 $1/6 \sim 1/5$ 不等。医院建筑内需要常年供热的部门有住院病房(洗浴)、医务(对医用物品进行消毒灭菌等)、后勤(餐厨供应、衣物洗涤)等,因此,供热既要考虑到空调用热,又要考虑热水、蒸汽的供应,所需负荷极大。而这些部门位置分散,对供热的要求不一,用热参数差异大,系统整合难度较大。医院建筑楼层不断提高,集中冷热源供应系统半径大大增加,引起输送能耗增多,管道沿程水温变化大,特别是冷冻水到达末端设备水温升高,对室内发湿量较大(或者说热湿比较小)的场所环境湿度控制不利。[6]

尤其是近几年,我国医院建设加快,建筑体量大,楼层高,床均建筑面积增大,新功能科室增多,人性化设计要求提高,建筑内区扩大,温湿度控制科室增多,热水用量增加,季节性空调与全年空调矛盾加剧,致使能耗大幅攀升,能源支出达到医院总运行费用支出的

10%以上,医院建筑的节能建设刻不容缓[6]。

1.4 医院建筑的能耗调研及节能研究现状

我国医院使用的能源种类主要有电力、热力、天然气、柴油和煤共5种,其中以电力为主。医院能耗包括:供暖、通风、空气调节、照明、医技设施及其他动力设施等能耗。其中,空调能耗(采暖、通风、空气调节)和供热能耗(热水、蒸汽)占有很大份额,并且比例还在不断提高。国外医院虽然通过不同的分类方式进行研究,得出的结论略有不同,但在主要方面所得到的结论是一致的,即在医院建筑能源构成中,电和天然气占绝大部分,在设备用能方面,空调用能占总能耗的主要部分。

1.4.1 国外医院能耗调研情况研究

美国从20世纪70年代就有对综合性医院及专科性医院的能耗研究。1981年,美国明尼苏达州对过去5年其管辖内的8家综合性医院进行了能源审计,收集了8家医院的建筑、医疗、用能信息,综合分析单位面积能耗及费用、运行能耗比、不同燃料类型份额、人均能源费用等指标,从能源类型/价格变动、建筑构成变动、门/急诊/住院量变化、气候等方面横向纵向比较并提出了能源改进措施[7]。此后美国学者以医院的建筑面积作为指标,统计出美国医院的每年平均综合能耗水平,为296.01 kW・h/m² 的电力和 33.47 m³/m² 的天然气[8]。2003年,美国能源信息署(Energy Information Administration,EIA)的数据指出,医院建筑各个末端能源消耗的比例为暖通空调占30%,照明占27%,生活热水占14%,设备占2%,炊事占10%,制冷占2%,其他占15%。

英国曾针对新医院的建设开发研究了包括分子核式医院等在内的多种医院,开展了对现有医院的提升改良与升级研究。研究中对分子核式的能耗进行了分析,认为在建筑能耗中,位于核心区域约20%的部分因需要空调其能耗平均每年约为750 kW・h/m²,而占50%面积的周边区域用于采暖和照明的能耗平均每年约 150 kW・h/m²,二者相差悬殊[9]。

德国联邦科技部也曾开展一项称为ERIK医院的能源合理化使用的研究。研究认为,医疗与科技进步已使医院成为一种高度技术化的专业部门,其功能尤其需要越来越多的能源支持与消耗。其分析报告认为,在医院的运营成本中,70%是人力成本,30%是设备维持费,应通过对各种影响能源使用的多种不同部件组成的复杂体系,从数量与质量上分析,寻找具有普遍可行的节能方案,以提供将来实际使用,达到具体工程节约成本的目的[10]。

1999年,埃及开罗大学建筑系的专家将医院建筑节能融合在医院发展中,从设计建造及经济性等方面探讨在发展中国家的策略[11]。20世纪90年代,相关文献显示,希腊国内医院平均的综合能耗水平为每年 407 kW·h/m²,相当于每年 50.02 kgce/m²,全部使用集中空调的医院,综合能耗达到每年 700 kW·h/m²。该研究指出,是否使用中央空调对医院的总能耗影响比较大。[12, 13]

2001 年,加拿大绿色卫生保健联盟给出医院能耗组成,其中暖通空调占 62%,照明占 15%,生活热水占 11%,餐饮占 6%,消毒占 3%,医疗设备占 2%,其他占 1%。[11]2003 年,加拿大自然资源署针对学校和医院进行了大规模的建筑能耗调查。2004 年,其下属能效办公室联合各研究中心专家启动 Energy Innovator Case Study,其中包含各医疗机构。调查数据显示,加拿大国内医院的平均单位能耗为每年 736.11 kW·h/m²,其中,Prairies 省为每年 869.44 kW·h/m²,是能耗最高的省份[14]。研究认为,该省医院能耗水平比较高,主要和医院内许多大型医疗设备有关,还有一部分能源是用于照明的。

1.4.2   国内医院能耗调研情况研究

高云峰等通过对山东省某医院用能现状进行调研[15],将能耗种类分为电力消耗(简称:电耗)、天然气消耗和油耗。在进行能耗分析的过程中,为了更直观地比较各类能耗所占比重,通过将天然气消耗、油耗等折算为电力消耗,即采用等效电法来显示各项能耗指标。通过比较可知,电耗所占的比重最大,其次是天然气消耗。另外,又分别进行了电耗结构分析和天然气耗量结构分析。电耗结构分析是根据医院内医用设备、办公设备等使用情况,将建筑电耗进行细致划分,研究影响电力消耗的主要因素,将其分为 9 类,分别为照明、办公设备、电梯、空调设备、供暖设备、给排水设备、医疗设备、消毒洗衣、饮用热水。数据分析表明,在诸多用电分项中,空调设备的用电量占总用电量的 44.3%。对于天然气耗量进行结构分析,首先对医院用天然气的单位进行了调研,发现天然气主要流向 4 个方面,分别为卫生热水用气、供暖用气、制冷机用气、消毒热水用气,其中空调制冷机用气量占 65%,为主要用气单位。通过对该大型三级甲等医院的能耗数据分析,发现其电力消耗仍占建筑能源消耗的主要部分,而且不管是在电力消耗还是在天然气耗量中,空调系统的能源消耗占比最大。

方婷婷等实地了解了广州地区医院建筑共有的能源消耗形式,包括通风空调用电、采暖用电或用燃气(燃油)、生活热水用电或用燃气(燃油)、消毒用电或用燃气(燃油)、厨房用燃气、照明用电、电梯用电、诊疗设备等电器用电等,并对电力系统能耗结构进行了详细分析,发现电力消耗是医院最大的能源消耗形式[16]。

张建波等对重庆市 30 多家医院类建筑 2006—2007 年用电情况进行了调研和测试[17],并选取了 8 家具有代表性的医院能耗数据作为分析依据。数据显示,重庆市医院的单位建筑面积电耗差距较大,最小值为 26.1 kW·h/(m²·a),最大值为 255.5 kW·h/(m²·a),差距有近 10 倍,另外,研究指出重庆市医院每月的电耗水平主要与气象条件有关,有明显的季节性。

卢志强等对天津市 22 家医院建筑进行了调查统计,计算得出了各医院建筑单位建筑面积能耗量的平均值为 64.72 kgce/(m²·a),并采用 SPSS 统计分析软件对天津市医院建筑能耗的影响因素进行了分析。分析表明天津市医院的供暖系统热源形式对医院建筑单位建筑面积年能耗量的影响最大,其他因素的影响程度由大到小依次为单位建筑面积年住院人数、供冷系统冷源形式、单位建筑面积年门急诊量、医院类别、单位建筑面积年床位数和建造年代[18]。

台北科技大学通过实时检测的方式统计了台北一所综合医院从 2001 年到 2002 年的能耗情况,发现空调系统耗电量占据医院电耗的 50% 以上,7 月份能耗值最高,为 25.5 kW·h/m²,并且手术室平均能耗为医院平均面积能耗的 3 倍之多[19, 20]。

上海地区胡仰耆等对 11 家三级甲等医院建筑的用电状况进行了分项统计,数据表明:在这些三级甲等医院的各项能耗比例中,空调系统与冷热源部分的电耗约占医院总电耗的56.7%,这些医院的单位建筑面积平均能耗均超过 200 kW·h/(m²·a)[21]。

中国建筑科学研究院路宾等通过对上海 4 家医院的能耗调查结果的分析得出:医院耗能主要是集中在耗电和耗燃气、耗油方面,共计占医院总能耗的 95% 左右,并且各医院之间能耗差异较大,耗电量最高的医院用电量可达耗电量最低医院的 1.5 倍,单位建筑面积能耗费用处于 105～148 元/(m²·a)之间,单位建筑面积总耗电量处于 76.0～109.1 kW·h/(m²·a)之间。这种差距也表明了上海医院建筑存在着十分巨大的节能潜力[22]。

1.4.3　医院节能研究现状

医院建筑作为耗能最大的公共建筑之一,其节能受到广泛的关注。1979 年,英国国民卫生保健机构开始启动低能耗医院研究;日本的资源十分匮乏,石油危机爆发后也开始了对绿色医院发展的探索;20 世纪初,美国健康促进基金会提出了绿色医院的概念。我国在 20 世纪 90 年代末提出了绿色医疗的发展思路,在大约 30 年的时间里,医院建筑节能研究走过了漫长的历程,硕果累累。根据各时期的研究特点,医院建筑节能的研究历程划分为三个阶段,分别为萌芽探索阶段、起步发展阶段和快速发展阶段。

萌芽探索阶段文献较少,研究内容集中于医院建筑的能耗水平及节能方面,研究视角主要以国家层面,而且是国外的部分国家,国内研究尚未出现。起步发展阶段研究成果逐渐增多,主要有以下演变:研究视角从国家层面发展到某一地区的具体医院研究,从国外研究发展到国内研究;研究内容从医院能耗水平发展到节能技术、措施及能耗测评指标研究;研究方法主要以实地调查法为主。快速发展阶段在研究方法与内容上均有较大突破性进展,研究内容上发展到绿色医院建筑能耗评价方法、能源管理模式以及不同气候区的医院建筑相关研究;在研究方法及相关软件运用上,出现了有序对比法、CFD 技术、DeST 模拟软件等。

1.5　国家能效提升工程与医院建筑能效

建筑能耗是继工业能耗、交通能耗之后的第三大能源消耗主体,随着城市化进程的推进、经济的发展,建筑能耗总量呈持续增长态势。公共建筑在能源规模、能耗管理等方面相对于居住建筑可控性更强。医院建筑运行能耗占全生命期所有能耗的80%～85%,许多大型公共建筑属于"表观低碳、隐性高碳"。经过"十二五""十三五"前后十余年的努力,公共建筑领域节能成效明显,节能环保理念深入人心,包括医院建筑等大型公共建筑领域不同程度地实现了节能或提高能效的目标。然而,在此基础上面临的挑战也已逐渐升级到更高层面,大型公共建筑尤其是医院建筑的能耗还有很大的下降空间,即建筑系统能效的总体提升。

从上海地区大型公共建筑用能情况来看,单位面积建筑能耗相当于普通住宅建筑5～10倍,所以,提升公共建筑能效对推进建筑节能尤为重要。

住房和城乡建设部(简称:住建部)建筑节能与科技司明确提出,深入推进建筑能效的提升,研究制定建筑能效提升以及到2035年乃至21世纪中叶的中长期发展路线图,为未来低碳、零碳建筑夯实牢固的基础。

国家相关部门陆续出台的政策、规范已充分表达出国家对能耗研究的重视程度。国家级能效提升工程得到国家最高层面与各级政府的支持,大型公共建筑尤其是医院建筑能效提升是重要发展目标。由于历史原因,部分医院建筑在规划设计时公共建筑节能标准还未推出,所以此类建筑有较大的能效提升与节能潜力。实施医院建筑能效提升与节能改造工程,进一步提升能源利用效率,提高医院建筑单位能源效率,有利于降低公共建筑能耗,改善能源结构。

作为大型公共建筑,新建医院建筑必须全面执行国家最新建筑节能标准,达到75%的节能标准,使医院建筑成为超低能耗、近零能耗建筑,助力实现我国的"碳达峰、碳中和"的目标。

为此,国家能效提升工程在医院建筑中逐步推行,能效提升技术得到推广应用。除了提高建筑物、设备、系统能效外,还应从统一的医院建筑综合能源中心建设角度,关注与推进医院能源结构优化、能耗有效降低尤其是能效显著提升等,通过适宜技术应用与精细化管理行为进一步实现节能与能效提升。

医院建筑运行与维护中的能效提升是国家建筑能效提升工程的重要内容。

1.5.1　节能与能效从区别到趋同概述

在医院建筑运维中,节能改造与能效提升处于重要地位。"节能改造"与"提高能效"政策密不可分,节能改造是实现能效提升的一项有力手段。从一定意义上说,能效提升就是节能的升级版。因此,准确地理解节能和能效的内涵,将能效提升包括建筑能效提升技术在理论与实践方面的进展,与国家政策、经济发展、社会需求相结合,就显得尤为重要与必要。

在概念上,节能和能效提升、节能手段与能效提升技术有明确区分。节能改造与能效提升都是一种行为,都是减少能耗的具体行动。然而,节能更重视节约能源,就是减少能源使用,比如随手关灯等行为就属于节能;能效提升着重体现的是"效率",包括能源和其他资源的利用效率,说明在消耗了单位能源后所提供的产品与服务数量。侧重点在能源利用效率的行为方面,如灯具耗电量、散热量、单位面积的能耗量能效指标等。如果说节能是为解决能源浪费问题,能效提升则事关能源的有效合理利用。从长远来看,我们不仅要避免浪费,且更应从技术上改变能源的粗放型使用模式。

与此同时,能效的提升是通过节能行为所达成的,二者又难以分开理解。如建筑节能的范畴一般分为围护结构、机电设备、系统优化与建筑管理四个方面。在近期出现的新能源与可再生能源利用等"源"侧手段也应属于并计入节能范畴之中,节能概念因此变得更为宽泛。但是,目前对能效提升的理解更偏重于技术层面,即通过技术更新提高单位能效、降低单位能耗,控制建筑能耗强度。

实际上,节能改造与能效提升的概念越来越趋同,节能包括各种降低单位产品能源消耗的手段,改变了能源强度,但节能不是终极目的。如何利用有限的能源提供更好的环境与更好的服务,才是节能与能效提升的共同要点。

节能与能效提升既有共同之处,也有不同之点。在具体实践中,既要把握节能要点,管控能源消费行为,更要立足于技术进步与能效提升,提高用能水平与系统效率。不同情况下的用能对比与评价反映了不同的"能源效率",挖掘的是节能潜力,促进的是能效提升。能效提升目前是节能行业努力的终极方向所在。

1.5.2　运维中的节能实践

新建医院建筑的节能体现在规划设计阶段严格执行节能标准,在满足使用功能和确保环境质量的条件下,通过自然能源和新能源利用与开发、建筑围护结构隔热保温性能的提高、机电设备与楼宇系统新技术应用等措施,使医院建筑的能源结构、能源消耗以及能源效率达到相对合理的水平。

既有医院建筑的节能体现在运行与维护阶段各种可能的节能措施中。应根据国家相关规定,采取技术可行、经济合理、多方接受的措施,从每个环节有效合理地利用能源、降低能耗、提升能效、减少能源损失,杜绝浪费。

医院建筑的节能既要注重能效技术与节能手段,又要关注节能工作的系统性与全局性。应结合医院规划,系统思考、综合全局、考量各方,保证源头减量、提升效率、终端合理、综合利用。在实际操作方面,应加强建筑物用能系统的运行管理,提高建筑围护结构保温隔热性能,如围护结构外、中、内层的感知传输控制等功能,提升暖通空调系统、照明系统以及热水系统等后勤保障系统效率,增加节能新技术、新工艺、新材料以及新产品的使用,推广云计算、大数据、物联网、移动互联网以及人工智能的应用,在保证环境质量的前提下减少综合能耗。

既有医院建筑的能效提升体现在运行与维护中,应按照能源合理规划、能耗有效降低、能效明显提升的原则,对发现的各环节能效问题提出系统性解决方案;按照重点覆盖、典型覆盖、基本覆盖或全部覆盖的原则,一次设计、分步实施,高维设计、降维实施,以保证环境改善与效益提升整体性效果。

节能与能效提升的目的都是减少能源消耗,减少医院运行支出;节能与能效提升的实质都是为了实现能源总量下降和能源效率提高的目标;节能与能效提升需要将综合能源规划与需求侧管理技术相结合,通过提高需求侧的能源终端利用率来节约资源。医院建筑节能的目标为提高能源终端利用效率。

在模式上,基于医院建筑能源合同管理的市场机制与模式,也将推动并促进医院建筑能效提升、建筑运行调适等的发展,促进建筑节能领域的节能改造与建筑能效提升有机结合。医院建筑管理正在走向精细化、精准化阶段,随着节能水平、能效层次不断提升,既有医院建筑的节能与能效提升要尽可能导入自然环境因子,充分利用建筑室外微环境来改善室内微环境,创造良好的建筑室内微气候,减少设备依赖性;从围护结构、设备运维、系统优化与管理手段等方面综合考虑;运用云计算、大数据、物联网、移动互联网以及人工智能技术,将前端感知、数据传输、节点终结以及边缘计算相结合,实现建筑、设备、系统的有机结合;科学合理地调节调整能源供需两端,符合保障需求、合理输出和安全使用的能源使用原则。

参考文献

[1]中华人民共和国国家卫生健康委员会.2021中国卫生健康统计年鉴[M].北京:中国协和医科大学出版社,2021.

[2]中华人民共和国卫生部.医院分级管理办法(试行草案)[A].北京,1989.

[3]中华人民共和国卫生部.卫生部关于印发医院评审暂行办法的通知:卫医管发〔2011〕75号[A].北京,2011.

[4]罗运湖.现代医院建筑设计[M].2版.北京:中国建筑工业出版社,2010.

[5]中华人民共和国国家卫生健康委员会.综合医院建设标准:建标110—2021[S].北京:中国计划出版社,2021.

[6]沈晋明,阎明明,陆文.医院用能特点与传统冷热源弊病[J].中国医院建筑与装备,2008,9(11):8-13.

[7]HIRST E,EASTES C,TYLER R.Energy use in Minnesota State-owned facilities[J].Energy & Buildings,1981,3(4):303-313.

[8]Commercial buildings energy consumption and expenditure[EB/OL].[1995-08-25]http://www.

eia.doe.gov/emeu/ebecs/ebecs2003/overview.pd.1995.

[9] WILLIAMS J M, GRIFFITHS A J, JOHNS D, et al. Energy consumption in large acute hospitals [J].Energy and Environment, 1995, 6(2): 82-89.

[10] 黄锡缪.医院的节能[J].中国医院,2006,10(10):6-8.

[11] AHMED H SHERIF. Hospital of developing countries: Design and construction economic[J]. Journal of Architectural Engineering, 1999(5): 74-81.

[12] ARSIRIOU A, ASIMAKOPOULOS C A, BAHMS E, et al. On the energy consumption and indoor air quality in office and hospital buildings in Athens, Hellas[J]. Energy Conversion and Management,1994,35(5): 385-394.

[13] SANTAMORIS M, DASCALAKI E, BALAARAS C, et al. Energy performance and energy conservation in health care buildings in Hellas[J]. Energy Conservation and Management, 1994, 35(4): 293-305.

[14] Consumption of energy survey for universities, colleges and hospitals[EB/OL].[2004-05-20]. http://oee. nrcan. gc. ca/corporate/statistics/neud/dpa/data _ e/eonsumption03/hospitals. cfm? attr=0.

[15] 高云峰,田贯三,王淑敏,等.寒冷地区医院建筑能耗测量与分析[J].节能,2016,35(11):58-60,3.

[16] 方婷婷.广州地区医院建筑能耗分析及节能技术研究[D].广州:广东工业大学,2016.

[17] 张建波,孙克春,陈进军.重庆市医院类建筑能耗调研与分析[J].福建建设科技,2008(3):17-18,20.

[18] 卢志强,凌继红,秦晓娜,等.天津市医院建筑能耗影响因素的偏相关分析[J].建筑科学,2012,28 (8):5-8,59.

[19] HU S C,CHEN J D, CHUAH Y K. Energy cost and consumption in a large acute hospital[J]. International Journal on Architectural Science, 2004, 5(1): 11-19.

[20] CHEN R L, CHUAH Y K, LEE W S. A survey of the total energy consumption of health care and shopping mall buildings in Taiwan area[D]. Project number MOIS 892032, Building Research Institute, Minister of Internal Affairs, October, 2000.

[21] 胡仰耆,杨国荣.医院用能与节能[J].暖通空调,2009,39(4):1-2.

[22] 路宾,曹勇,宋业辉,等.上海医院建筑用能状况分析与节能诊断[J].暖通空调,2009,39(4):61-64.

第2篇

设计篇

2 医院建筑设计中能效提升的原则和关注点

综合医院通常由门诊部、急诊部、住院部、医技部、医疗保障部、后勤与行政服务部门和生活服务部门等组成。部分医院还承担着相应的教学和科研任务，并设有教学和科研用房。

作为治病救人的医院来说，各系统的安全可靠、高效适用是一切能效提升工作的出发点和最基本的原则。

医院建筑设计考虑节能性时需要根据其建筑的特点及问题关注点，针对性地采取设计手段和技术，通常考虑以下三个方面的适宜性：

（1）与医院的需求特征相适宜。

（2）与医院的管理水平相适宜。

（3）与自然环境和当地的能源情况及相关政策相适宜。

2.1 与医院的需求特征相适宜

医院建筑作为一种类型较为特殊的公共建筑，其对机电系统的需求有非常独特的特点，这也就决定了要提升医院建筑的能效，必须对这些特征了解清楚。

2.1.1 医院建筑空调系统的特点

医疗建筑的空调系统有以下一些特点[1]。

1. 环境要求与病人的生命安全息息相关

不同于一般公共建筑的空调舒适性，在医院里洁净手术部、重症加强护理病房（ICU）、烧伤科病房、血液科层流病房等用房的环境控制是直接与病人的生命安全相关的，其环境需求是在任何情况下都一定要得到保证的。

2. 各个部门使用空调的时间不同

医院所在地区气候条件不同、规模不同、专业科室设置不同、性质不同等因素都会影响各部门使用空调的时间。这对于空调系统设置分区有重要影响，设置分区既满足使用需求又减少了能耗。有一些医疗设备检查区（如 CT、MRI、DSA、X 光、B 超等）则需要提前供冷或供热。

3. 空调负荷变化大、运行时间较长

各部门的空调需求会随季节、医院科室特点、诊治水平和区域位置等因素而变化。特别是不少使用部门全年需要空调。

4. 需要空调的内区用房较多

现在设计的医院门急诊部往往会存在大量的内区房间，各内区诊室围绕着门厅高大的中庭布置的情况很普遍。这些房间只有人员、灯光、设备和新风负荷，几乎没有围护结构负荷。尤其是要防止空气传播病菌和病毒时，往往需要加大新风量供应，这又带来了负荷增加的问题。

5. 洁净手术部等净化功能用房较多

洁净手术部等具有净化功能的房间往往处于内区，其照明和人员发热变化较小，医疗设备的发热量较大，并且使用情况多变。因此，手术室的发热负荷变化较大。手术人员聚集在手术台周围，发湿量集中且变化较小。

为了满足手术室环境要求，手术室的空气处理过程存在巨大的再热负荷。现代化的综合医院规模较大，手术室的数量较多，其巨大的再热负荷在医疗建筑的空调负荷中占有很大的比重，再热负荷占净化空调系统冷负荷的 30%～50%。

6. 各类型房间的室内环境要求不同

医院用房的复杂性带来了其室内环境要求的差异性。除了满足舒适性要求，还需要满足其各种特殊的环境要求。同时从安全可靠性出发，在满足医院建筑中不同环境要求的同时还需考虑其系统的安全可靠性，不允许有失误。此外，医院相关的各种设计标准都对房间的新风量有着明确的要求，而且这些新风量和由此带来的空调新风负荷会远远地大于一般普通的公共建筑。

7. 门急诊区域人员密度大

一般来说，医院门急诊部人员较密集，滞留时间相对较长。医院某些部门的实际人员密度值远高于设计预设值，特别是急症观察室、输液室、门诊候诊区、门诊挂号收费区、取药排队区等区域。在同等门诊量的医院中又以儿童医院的实际人员密度最大，一位儿童患者来就诊，往往有 2～3 位家长陪同。有些具备特色专科的医院门诊人数更是天天满员，挂号收费、候诊、取药排队等候区可谓密不透风。

即便是门诊部门，其人员流动性大也表现在不同阶段。人员密度在不同季节，一天中

的不同时间有较大的波动。门诊人员的高峰值一般出现在周一以及上午 9:00—10:00；急诊人员的高峰值一般出现在 18:00—22:00。

8. 医技用房的环境要求高

医技用房区域由于医用设备的特殊性，其设备所需冷负荷要远远大于普通医用房间，这就决定了空调设计除了按常规考虑围护结构、人员、灯光等负荷外，更应该仔细核对设备的发热量来计算空调冷负荷，同时有些用房还要有湿度恒定的要求。

因此，在医疗建筑中，大型医疗设备（例如 X 光，CT，MRI，DSA 等检验设备）散热，各类实验室的通风柜、生物安全柜等对特殊医疗工艺通风需求都对空调负荷有着很大的影响。

2.1.2　医院建筑电气系统的特点

医院按照等级划分为三级、二级、一级医院。不同等级的医院内的各种场所，其电气负荷的供电可靠性需求皆不同，而且其中大量的诊疗设备对电网的电源质量也有很高的要求。

1. 电气负荷有明确的分级

医疗建筑电气负荷根据其供电可靠性及中断供电对生命安全、人身安全、经济损失造成的影响程度，分为特级负荷、一级负荷、二级负荷、三级负荷。

特级负荷：二、三级医院的急诊抢救室、血液病房的净化室、产房、烧伤病房、重症监护室、术后复苏室、麻醉室、心血管造影检查室等场所中涉及患者生命安全的设备及照明用电；大型生化仪器、重症呼吸道感染区的通风系统。

一级负荷：上述场所中除特级负荷以外的其他设备用电；以及二、三级医院急诊室、婴儿室、内镜检查室、影像科、放射治疗室、核医学室等的诊疗设备及照明用电；高压氧舱、血库、培养箱、恒温箱，病理科的取材室、制片室、镜检室的用电设备，计算机网络系统用电等。

二级负荷：二、三级医院电子显微镜、影像科诊断设备用电；肢体伤残康复病房照明用电；中心（消毒）供应室、空气净化机组；贵重药品冷库、太平柜；客梯、生活水泵、采暖锅炉及换热站等。一级医院的急诊室。

三级负荷：一、二级负荷以外的其他负荷。

三级医院应设置柴油发电机组，二级医院宜设置柴油发电机组，以满足其重要负荷的供电可靠性的需求。

2. 医疗场所供电应保证其连续性

与一般公共建筑不同，医疗建筑与病人的生命安全密切相关，因此对供电连续性有很高的要求,业内对医疗建筑内重要医疗场所的自动恢复供电时间作了严格的规定(分别为 $t \leqslant 0.5$ s, 0.5 s $< t \leqslant 15$ s, $t > 15$ s)。其中急诊抢救室、血液病房的净化室、产房、烧伤病房、重症监护室、手术室、血液透析室、心血管造影检查室、大型生化仪器等重要场所和设施的自动恢复供电时间应 $\leqslant 0.5$ s,必须设置在线式 UPS 作为保障。

3. 诊疗设备的电源质量要求高

医疗建筑中除了常用的建筑设备外,还有大量的诊疗设备,其对供电质量、电源内阻、线路压降都有严格的要求。因此,大型医疗设备应采用专用回路供电,在电缆选型中需按电压降校验导体截面。同时,在配电系统设计时,应避免谐波对诊疗设备的干扰,采用有源或无源滤波器对谐波污染源进行治理。

2.1.3　医院建筑给排水系统的特点

医院建筑给排水系统具有用水种类多、用水器具复杂、专业化程度高的技术特点。可再生能源、余热废热的利用需要根据项目所在地实际情况充分比对,合理选用,并不是"只要做了,就能节能",因为对这些能源的收集和利用本身也需要耗能。

1. 用水种类多

医院用水人群多样,病人、医务人员、后勤、办公、科研、教学、实验等,各自的用水定额不同、用水峰谷不同、用水历时不同、对水质水压水量的要求不同。而且,在满足了人员生活用水的同时,还要根据医疗设备用水工况、各种机电系统对补充水的需求,设置各种循环水系统、补充水系统等,涵盖面非常广,但一个都不能少。

对于生活用水,必须针对不同的用水群体选择合理的用水定额、小时变化系数、用水历时等基础设计参数,避免主观计算错误造成人为的能效浪费。对于供水管网,必须选用符合国家标准的管材、配件,合理选用连接方式,避免渗漏浪费。

2. 用水器具复杂

在设计过程中,对于用水的需求,没有一类民用建筑像医院建筑如此复杂。特别是在医技和门(急)诊功能区域中,医护人员在每一次诊疗过后须洗手消毒,有的甚至需要洗浴消毒,所以,用水器具的布置在平面中数量既多、又分散,显得"杂乱无章";但是在满足医疗流程的前提下,这些用水器具又是必不可少、随需而设,从而又显得"杂而有序"。

对于各种用水器具的选用,应根据项目实际情况合理比对选用,选用用水效率适合的节水器具才能达到器具节水的目的,并不是用水效率等级越高,使用时节水效果越好。对于各种补充水、循环水、纯化水,应选用合理的处理方式,避免在净化处理过程中额外浪费水资源。对于用水的计量,提倡设置多级水表、全科室水表,不能出现无计量支路,只有对管网计量做到"细""全",才能分析系统的合理性和严密性。对于废水的利用,应以"免污染、收得到、用得掉"为原则,避免仅为了绿色建筑而进行绿色设计,结果成为摆设。

合理、充分利用市政水压并非简单易行,而要根据市政水压实际情况、卫生器具的设置情况、用水器具的使用要求以及冷热水的水压平衡等多方面综合考虑,同时也要充分地了解系统中一些配件、设备对水头损失的影响。

3. 专业化程度高

在所有的民用建筑中,医院建筑可以说专业化程度最高。医院每个科室都有专业化医疗流程,大型医疗器械汇集了专业学科的顶尖技术,其制剂室、检验科、病理科、血透、中心供应、实验室、医疗器械循环冷却水等对用水水质、水量、水压的要求不尽相同,其每一项用水需求都必须认真对待、严苛把握。

2.2　与医院的管理水平相适宜

医院建筑功能复杂,系统繁多。以暖通空调专业为例,涉及舒适性空调、净化洁净室空调、各类生化实验室与生物安全实验室通风系统及压差控制、专业医疗设备用房的恒温恒湿空调系统等内容。这就对医院空调系统平时的运行维护工作提出了很高的要求,既要安全可靠地维持医院暖通空调系统的正常运行,又要尽最大可能地降低能耗,减少运行成本。其他机电系统的管理情况也类似。

我们所提倡的医院建筑能效提升技术不是简单的能效提高技术排列组合,而是要与该医院的管理水平相适宜。从目前很多医院的运维情况来看,还是缺乏专业技术人员,不少节能技术和装置成了摆设,没有得到很好的维护和有效利用。因此我们提倡所采取的能效提升手段和措施在前期都应经过科学的经济技术分析比较,并对已采用这些技术的同类医院做充分的调查研究,然后做细致的分析,才能得出是否适合采用的结论。

2.3　与自然条件、能源情况及相关政策相适宜

2.3.1　与自然条件相适宜

我国地域辽阔,地理环境、气候条件、能源(电力、燃气、燃油)供应情况、市政条件情况都是在医院设计中必须考虑的因素。医院所在地域和环境特点是判断能否采用能效提升适宜技术的关键因素,具体来说会对是否采用下列技术、设备及理念起到决定性的作用:

(1) 自然通风。
(2) 自然采光。
(3) 遮阳技术。

（4）太阳能光伏及储能系统。

（5）太阳能热水系统。

（6）海绵城市理念。

（7）地源热泵、空气源热泵及水源（江湖河海、污水）热泵。

（8）排风热回收技术。

（9）雨水回收利用技术。

2.3.2　与能源情况及相关政策相适宜

医院所在地的能源基本情况及相关的能源政策对设计医院建筑采用何种能效提升技术也起着决定性的作用。这些政策既包括水、电、燃气、燃油的价格体系，也包括政府对采用能效提升技术的具体奖励政策。这些因素会直接影响到是否采用下列技术：

（1）蓄冷蓄热技术。

（2）地源热泵、空气源热泵及水源（江湖河海、污水）热泵。

（3）太阳能光伏及储能系统。

（4）分布式供能技术。

在项目的方案设计阶段就应该着手这方面的调查工作，以确保所制定的设计方案是合理的，所采用的能效提升技术是科学有效的。在项目开始前期，就工程项目基础资料向业主进行征询会对项目的顺利开展提供必要的帮助。下文是一份可供参考的工程项目基础资料征询表。

工程项目基础资料征询表

一、贵方基地周围市政给水情况

1. 市政给水管管径：_____ mm，位置（路名）_____。

2. 市政给水的最低压力：_____MPa 或可以供水到_____层。

3. 自来水增容费的价格：_____元/（d·m^2），或按新增水表规格征收增容费的价格_____。

4. 日常收费标准：_____元/m^2。

二、贵方基地周围市政排水情况

1. 有否市政雨水管：否□；

有□；位置（路名）_____。

管径：_____mm，接纳管内底标高（绝对标高）_____m。

2. 是否市政污水管：否□；

有□；位置（路名）_____。

管径：_____mm,接纳管内底标高(绝对标高)_____m。

污水排污收费价格：_____元/m³。

3. 贵方所在地环保部门对污水处理的要求：

化粪池一级处理□,二级生化处理□；

处理后污水排入污水管□,雨水管□；

排放标准_____。

三、贵方基地周围市政燃气管情况

1. 市政燃气管：有□,无□。

2. 燃气种类：

人工燃气：热值_____kcal/(Nm³)；价格_____元/(Nm³)。

天然气：热值_____kcal/(Nm³)；价格_____元/(Nm³)。

掺混气：热值_____kcal/(Nm³)；价格_____元/(Nm³)。

3. 增容费：_____元/(Nm³)。

4. 采用分布式供能的燃气情况：热值_____kcal/(Nm³)；供气压力_____kPa,价格_____元/(Nm³)。其他优惠政策_____。

5. 是否能同意用作锅炉或直燃型溴化锂冷热水机组的燃料?

同意□,不同意□。

6. 燃气供应管径_____mm,或供应量_____(Nm³)/h。

7. 燃气供应压力_____kPa,或_____mmH₂O。

四、贵方基地附近是否有区域能源供应的可能性?

无□。

有□,其形式为：_____。

冷/热水□：冷/热水供水温度_____℃,冷/热水回水温度_____℃。

供应能力_____t/h,价格_____。

供水压力_____MPa,回水压力_____MPa。

蒸汽□：蒸汽供汽压力_____MPa,价格_____。

供应能力_____t/h,或供气管径_____mm。

蒸汽凝结水是否回收_____；冷水/热水/蒸汽供应时间_____。

五、贵方所在区域的燃油价格是多少?

1. 轻油_____元/吨。

2. 重油_____元/吨。

3. 燃油运输方式：火车运输□,汽车运输□,管道运输□。

六、贵方基地供电状况

1. 电源概况

(1) 3.5 kV □,一路□,二路□；

(2) 10 kV(6.6 kV) □,一路□,二路□;

(3) 380 V/220 V □。

2. 容量限制

(1) 35 kV 每路 _____ kV·A;

(2) 10 kV (6.6) kV 每路 _____ kV·A;

(3) 380 V/220 V 每路 _____ kV·A。

3. 当地电压波动范围 _____ %,供电贴费 _____ 元/kW,计费 _____ 元/(kW·h);多部制(高峰 _____ 、平时 _____ 、低谷时段 _____)电价确定: _____ 元/(kW·h), _____ 元/(kW·h), _____ 元/(kW·h);空调用电基本电价 _____ 元/(kW·h·月)。

4. 供电形式

(1) 专路 □;

(2) 环网 □。

5. 进户方式

(1) 架空 □;

(2) 埋地 □。

6. 柴油发电机的配置

(1)需要 □,不需要 □;

(2) 功能:备用电源 □,应急电源 □。

7. 保护接地形式

(1) TN-C   □;

(2) TN-C-S □;

(3) TN-S   □;

(4) TT   □。

七、贵方弱电系统的配置及实施

1. 系统的选择

(1) 消防报警及联动系统□;

(2) 安保及电视监视系统□(门禁□,巡更□,访客□);

(3) 音响广播系统□;

(4) 共用天线□,卫星电视接收系统□,有线电视□;

(5) 语音通信□,数据通信□,综合布线系统□;

(6) 设备自动化控制管理系统□;

(7) 经营管理系统□;

(8) 会议系统及专业音响系统□;

(9) 车库自动化管理系统□;

(10) 系统集成□。

2. 进户方式

(1) 通信光缆□,铜缆□;埋地□,架空□。

(2) 有线电视:光缆□,同轴电缆□;埋地□,架空□。

八、项目所在当地政府对绿色能源奖励政策

1. 蓄能空调

具体的奖励政策:_____

_____

_____

2. 分布式供能

具体的奖励政策:_____

_____

_____

3. 地(水源、污水等)源热泵系统

具体的奖励政策:_____

_____

_____

4. 太阳能

具体的奖励政策:_____

_____

_____

5. 其他

具体的奖励政策:_____

_____

_____

只有对项目所在地的自然条件、能源使用情况和相关政策有了充分的了解,并经过细致的经济技术分析后,才能制定出可行的能效提升技术路线,并且做到真正是适宜的。

参考文献

[1] 陈国亮.综合医院绿色设计[M].上海:同济大学出版社,2018.

3 被动式节能技术设计

3.1 自然通风

1. 自然通风的应用原则

机械通风系统设备能耗大,良好的自然通风不但有利于降低建筑能耗,也可有效更新医院内空气,调节温度及湿度,提高医院室内舒适度。因此,无论从节能还是舒适度体验角度出发,在过渡季节加强室内自然通风对于医院建筑意义重大。自然通风是指利用建筑物室内外热压或风压作用引起室内外的空气流动达到通风换气作用。自然通风的实现主要通过热压、风压、热压与风压相结合、机械辅助通风等方式。通过建筑布局、开口设计、高大空间的烟囱效应、导风墙、导风板等可组织及诱导自然通风。在设计医院自然通风系统前,需评估周围环境工况是否适合自然通风。例如考虑运营中空气质量及声环境的要求,外部空气污染或周边声音嘈杂的医院不宜采用自然通风。建议采用自然通风的医院建筑,空气质量标准不低于《环境空气质量标准》(GB 3095—2012)中关于环境空气污染基本项目浓度限值的要求。同时,在开窗使用时,室内噪声级应符合《民用建筑隔声设计规范》(GB 50118—2010)对于医院建筑允许噪声级的要求。需在预防空气污染,有效降低感染风险,满足舒适健康的前提下组织及诱导自然通风,以降低运营成本,节能环保[1]。

医院建筑中适合自然通风的区域主要有:门(急)诊大厅、普通病房及医生办公生活区、行政后勤区域等对新风量无严格要求的房间。有效清洁后的自然通风可作为普通病房内空气净化的常规方法。由于自然通风风向目前没有有效控制措施,如有洁净要求、压差要求以及会产生异味甚至污染性、毒性的空间,不建议采用自然通风。

医院建筑主要发热体为低温发热体,较为分散,过渡季节室内外温差不明显。因此,在没有高大空间的前提下,本节自然通风分析不考虑热压作用,主要分析利用风压实现医院公共空间的自然通风。

由于自然通风分析需进行大量数值计算,目前常用CFD软件进行计算机数值模拟分析。

计算流体力学(Computational Fluid Dynamics,CFD)可对空气、水、油、液态金属等不可压缩流体的流动及传热进行模拟,流体流动的马赫数(Ma)不大于0.3时,空气也可以视作不可压缩流体。医院自然通风主要应用于过渡季节,风环境模拟工况分别设定为春、秋两季。模拟分析主要分为外部风环境模拟分析及室内自然通风分析。

外部风环境模拟分析需建立整个医院及周边建筑的物理模型,主要分析在春秋两季主导风作用下外围护结构表面风压分布情况,根据压差确定有利于通风的建筑开口的合理位置。通风设计建筑开口位置应规避周边污染或噪声干扰,如离开交通干道 20 m 以上,或将通风开口的排风侧设于靠近交通干道处。内部自然通风模拟主要分析室内公共空间气流速度是否满足自然通风舒适性标准。通过模拟分析春秋两季工况下室内气流速度分布,参照室内风速与人体舒适度关系,找出风速不满足舒适度需求范围的区域,通过采取相应措施阻风或诱导通风加以改善。室内通风模拟计算过程中,正确设置边界参数极其重要,是影响计算过程收敛及分析结果的关键项。

2. 案例:上海某医院风环境模拟及分析(二维码链接)

3.2 自然采光

1. 自然采光对医院建筑的效用及经济价值

对于医院建筑而言,自然光是重要的环境卫生因素。研究表明,自然光对人的生理及心理健康具有重要作用。自然光不足可引起多种生理疾病,包括佝偻病、黄疸、骨质疏松症等;而有充足太阳直射光的病房,对白色、绿色葡萄球菌及溶血链球菌能起到一定的杀菌作用,有利于病人康复。此外,照度相同时,自然光下人的视觉辨识度高于照明设施,可以帮助医生更好地观察判断病人的病情。

能耗方面,照明及插座用电在医院总用电量中仅次于空调用电。因此,充分利用自然光对医院节电有显著作用。

《建筑采光设计标准》(GB 50033—2013)第 4.0.6 条规定[2]:医疗建筑的一般病房的采光不应低于采光等级Ⅳ级的采光标准值,侧面采光的采光系数不应低于 2.0%,室内天然光照度不应低于 300 lx。第 4.0.7 条对医疗建筑的采光标准值做出规定,如表 3-1 所示。

表 3-1　医疗建筑的采光标准值

采光等级	场所名称	侧面采光		顶部采光	
		采光系数标准值/%	室内天然光照度标准值/lx	采光系数标准值/%	室内天然光照度标准值/lx
Ⅲ	诊室、药房、治疗室、化验室	3.0	450	2.0	300
Ⅳ	医生办公室(护士室)、候诊室、挂号处、综合大厅	2.0	300	1.0	150
Ⅴ	走道、楼梯间、卫生间	1.0	150	0.5	75

《绿色医院建筑评价标准》(GB/T 51153—2015)中第 8.2.3 条规定[3]："医院建筑的采光系数标准值符合现行国家标准《建筑采光设计标准》(GB 50033—2013)的有关规定。"对主要功能空间采光系数的评分要求,如表 3-2 所示。

表 3-2　　　　　　　　　主要功能空间采光系数的评分要求

评价内容	得　分
60%以上主要功能空间采光系数满足国家标准,采光均匀度好,眩光限制满足相关规范要求	2
70%以上主要功能空间采光系数满足国家标准,采光均匀度好,眩光限制满足相关规范要求	4
80%以上主要功能空间采光系数满足国家标准,采光均匀度好,眩光限制满足相关规范要求	6

基于此,医院建筑的自然采光设计需做到:充分利用自然采光,降低照明能耗;减少空调制冷季节太阳辐射得热;采光均匀度好,防止眩光。

在采光系统设计中,由于影响采光性能和空调能耗的计算涉及众多变量,且缺少对自然采光结合空调负荷综合计算分析的统一计算方法,因此,在实际操作中,通过多方案模拟比较分析更具可行性。

本节以病房为对象,进行自然采光分析。病房楼作为综合医院中面积占比最大、不间断运行的建筑,作为住院患者治疗及恢复的场所,不仅需要人工照明保证基本使用需求,还需要充分结合利用自然采光降低照明能耗,塑造有利于患者身心的物理环境。

首先,基于病房楼立面造型、自然采光性能及患者景观视野需求确定病房合理开窗尺寸,根据节能要求确定外围护结构相关热工参数。以病房外窗常用中空双银 Low-E 玻璃为例,在其传热系数及辐射率近似的情况下,对不同透射比及遮阳系数的玻璃进行仿真模拟计算,获得不同的自然采光性能评价值。在进行采光分析时,先建立采光模型并分析要求采光房间照度,对比《建筑采光设计标准》(GB 50033—2013)得出不同方案满足采光系数要求的区域;然后建立能耗模型进行能耗分析,得出对应方案的综合能耗。综合对比分析各方案采光及能耗结果,获得更合理的方案。

2. 案例:上海某医院病房自然采光分析(二维码链接)

3.3　遮阳技术

1. 遮阳技术概述

遮阳是夏季建筑降温的传统措施,在机械设备降温普及的今天,遮阳技术仍以其经济有效等优势在建筑节能领域发挥着重要作用。

相关研究表明,在国内夏热冬冷地区的建筑围护结构空调能耗中,建筑门窗能耗约占50%,特别是夏季,通过窗户的太阳辐射得热是影响室内热环境和空调能耗的主要因素。现代医院建筑出于对采光、通透感和视野的追求,外窗越开越大,落地玻璃窗早已屡见不鲜。由此,合理设置遮阳设施,对避免眩光及降低夏季制冷能耗有积极作用。但应注意利用遮阳减少太阳得热的同时,也须考虑其对采光的影响,避免因此增加照明能耗。

病房作为医院中对采光、日照有明确要求的空间,以其在医院体量中的较大占比,成为遮阳技术应用的重点区域。病房遮阳在能效提升方面,主要目的是将夏季太阳辐射所得热量减至最低,从而降低因太阳辐射得热增加的制冷能耗。通常,外窗遮阳为直接有效措施。

外窗遮阳设计应与建筑所处地区气候环境相结合,根据夏季太阳辐射直射角,合理选用遮阳板形式,设置其角度、尺寸及方位。同时须综合考虑室内自然光的利用、建筑外立面形象及使用者的对外视线等。因此,在设计中往往反复对每类因素权衡,最终得到相对理想的效果。

本节主要分析遮阳构件对建筑外立面透光区域在夏季工况下累积太阳辐射热量的影响,分析该遮阳构件的有效性及适用方位。

首先,根据建筑整体立面造型确定其基本窗单元尺寸,遮阳构件形式、位置及控制尺寸,在 ecotect 软件中建立遮阳构件单元分析模型。如外遮阳措施各向/各层相异,根据实际建立各向/各层遮阳构件单元分析模型。根据建筑所处区域相关标准要求,构建基准模型及设计模型,通过对比二者建筑外表面的透光区域在夏季工况(6 月 1 日至 9 月 30 日)的累计太阳辐射得热量分析遮阳的有效性。

2. 案例:上海某医院病房遮阳分析(二维码链接)[4-7]

3.4　太阳能热水系统

3.4.1　太阳能热水系统概述

太阳能是具备典型再生性的一次能源,其热源和热量稳固,储能超过地球的寿命,每年到达地表的太阳辐射能相当于 130 万亿吨标准煤,这也相当于目前全世界每年能耗总量的 1 万倍;太阳能是其他可再生能源的基础和源头,它的再生性决定其他可再生能源的再生性;阳光照射没有地域的限制,几乎地表所有部位都能采集到太阳能且无需开采、无需运输、免费使用;开发利用太阳能不会污染环境、不会产生温室气体,太阳能为清洁能源,利用的同时能全面保持自然平衡。因此,只要具备合适的场地条件和设备,都可以使用太阳能。医院建筑是对生活热水有较高需求的建筑,不仅需求量相当大,而且不同功能区的不同时段、甚至 24 h 均有需求,故在设计时应优先考虑使用太阳能热水系统。

3.4.2　太阳能热水系统的主要分类

太阳能热水系统主要包括太阳能集热系统、集热工质补液系统、贮热系统、循环系统、控制系统及辅助加热系统等。不同类型的建筑物,其选用的太阳能热水系统不尽相同,应根据建筑物地理位置、气候条件、性质定位、实际需求、造价控制等各方面因素来确定其主系统方式。根据不同的分类原则,可将太阳能热水系统进行如下分类,参见表 3-3。

表 3-3　　　　　　　　　　　　　太阳能热水系统主要分类

分类原则	系统分类
按系统的集热和供水方式	集中—集中供热水
	集中—分散供热水
	分散—分散供热水
按集热系统的承压能力	开式系统
	闭式系统
按集热系统运行方式	自然循环
	强制循环
	直流式
按生活热水与集热系统内传热工质的关系	直接换热
	间接换热
按集热器类型	平板集热
	真空管集热
按辅助能源启动方式	全日自动启动
	定时自动启动
	按需手动启动
按辅助能源加热方式	集中辅助加热
	分散辅助加热
按集热系统供能方式	无动力集热循环
	动力集热循环

3.4.3　医院建筑的太阳能热水系统

1. 系统设计

太阳能热水系统由于受地域条件、气候条件等的影响较大,且我国很多地区都编制了当地的太阳能系统设计标准、文件,所以在系统设计时要综合考虑,合理选用系统、适当配置贮热能力,同时选用良好的保温材料,通过系统调试,使系统尽量在 55～60 ℃以下运行,以便系统产热效率高、管道不易结垢,在产生较高的环保和经济效益的同时,使系统便于维护、安全运行。

医院建筑集中了医护人员、病人、家属、科研人员等各类人群,这些因素决定了医院建筑的供水,除了保证供水量、水压、水温的稳定性,更重要的是保证供水水质。所以,在设计选用太阳能热水系统时,推荐医院建筑采用强制循环、间接加热的闭式集中加热、集中供热的集中式太阳能热水系统较为合理,系统原理图如图 3-1 所示(为了简化原理图,图中仅表示一个给水分区,且管径应根据项目实际情况计算而得)。该系统将太阳能热水作为生活热水的一次热媒水,对生活热水进行预热,再由其他热源对其进行辅助加热至设定温度,辅助加热热源可采用院区热水锅炉产生的高温热媒水等;在设置加热设备时,将太阳能预热的贮热水罐与辅助加热的供热水罐串联连接,形成双罐系统,同时还要满足加热设备应分为 2 组,其中 1 组检修时其余设备应能保证 60% 以上的设计用水量的供应;热水系统的水加热器建议采用无死水区且效率较高的弹性管束、浮动盘管容积式或半容积式水加热器。

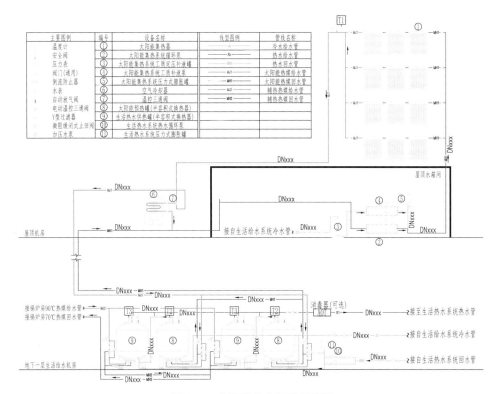

图 3-1　太阳能热水系统原理图

2. 系统主要控制要求

(1)以图 3-1 为例简述该系统主要控制要求。

（2）太阳能热水系统不同地域、不同季节、不同时段的集热效果不同,且采用强制循环系统,采用温差控制为宜。

（3）在集热器出水干管上设置温度传感器 T_1,在太阳能预热的蓄热罐下部设置温度传感器 T_2,通过 T_1 和 T_2 的温差实现太阳能集热(生活热水一次预热)系统热媒循环泵的启闭。

（4）当 $T_1-T_2 \geqslant 5 \sim 10$ ℃ 时启泵,$T_1-T_2 \leqslant 1 \sim 3$ ℃ 时停泵。

（5）视实际情况确定 T_1 和 T_2 的最低限制温度,且本条要求应与第(4)条要求同时满足;如上海地区,当 $T_1-T_2 \geqslant 8$ ℃ 时启泵,$T_1-T_2 \leqslant 2$ ℃ 时停泵,且当 $T_1 \geqslant 23$ ℃ 时启泵,当 $T_2 \geqslant 60$ ℃ 时停泵。

（6）系统应设置防过热措施,如设置温控三通阀和空气冷却器,如图 3-2 所示。当生活热水出水温度<60 ℃ 时,温控三通阀的 1 和 2 接口形成通路,太阳能热媒系统正常运行;当生活热水出水温度≥60 ℃ 时,温控三通阀的 1 和 3 接口形成通路,太阳能热媒系统停止正常供应。应在系统调试时记录下系统防过热温度作为温控三通阀的控制温度,或采用热媒介质防汽化温度作为温控三通阀的控制温度。

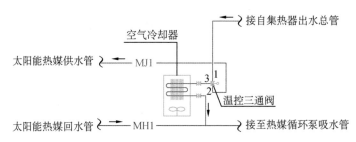

图 3-2　太阳能热水系统防过热措施原理图

（7）在太阳能预热水罐出水管上设置温控三通阀(图 3-3)。当达到设定温度 60 ℃ 时温控三通阀的 1 和 3 形成通路、直接出水使用;若未达到设定温度,则温控三通阀的 1 和 2 形成通路、系统通过辅助加热后出水使用,以充分利用太阳能。

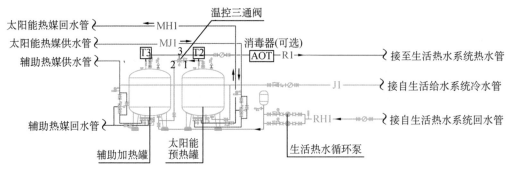

图 3-3　太阳能热水系统局部原理图

（8）系统的控制温度等参数，应根据实际运行情况进行适当调整，保证太阳能集热系统高效运行。

3. 集热器的选择

太阳能热水系统的集热器形式多样，不同类型的集热器其性能不一，优缺点也不尽相同，设计时应根据气候条件、工程需求、投资限制等进行选用。表 3-4 归纳了目前常用的太阳能集热器的优缺点和适用范围。

表 3-4　　　　　　　　　常用的太阳能集热器优缺点和适用范围

集热器类型	主要优缺点	适用条件
平板型	优点：结构简单，耐压和耐冷热冲击能力强，抗机械冲击能力强，耐用、不易损坏，易维护易更换，局部有损坏不漏水、不影响系统工作，价格相对较低；较易与建筑结合。 缺点：防冻性能较差，热损失较大，宜采用保温材料保温；有水垢隐患；集热性能受季节和环境影响大，水温高于 55 ℃时集热效率明显下降，耐久性差	常用于无冰冻地区，采取适当的防冻措施后可用于防冻地区
全玻璃真空管型	优点：结构简单，真空保温、热损失小，抗冻能力强，价格适中。 缺点：耐压和耐冷热冲击能力差，抗机械冲击能力差；有水垢隐患；可能出现炸管泄漏，易损坏，一根管损坏影响系统运行，使用寿命不长，安装维护困难，不易与建筑结合	可用于有防冻要求的地区，不能用于闭式系统
玻璃-金属封接式热管型	优点：耐压和耐冷热冲击能力强；抗冻能力强，真空保温、热损失小，较易维护，炸管不泄漏、不影响系统运行。 缺点：抗机械冲击性能差，易损坏，可能出现炸管，价格较高，安装困难	可用于有防冻要求或日照条件不好的地区，可以用于闭式系统
U 形管式真空管型	优点：耐压和耐冷热冲击能力强；抗冻能力强，真空保温、热损失小，较易维护，炸管不泄漏、不影响系统运行。 缺点：抗机械冲击性能差，易损坏，可能出现炸管，价格较高，安装困难	可用于有防冻要求或日照条件不好的地区，可以用于闭式系统

4. 注意事项

集中太阳能热水系统应保持适度规模，独立单个系统集热器总面积不宜超过 500 m²，太阳能供热设计保证率宜为 40%～60%。

5. 太阳能热水系统应用案例(二维码链接)

6. 其他

近年来,无动力循环太阳能热水系统正在逐步被推广,该系统是将蓄热箱体与集热元器件紧凑式连接,依靠自然循环集热,将太阳能集热、蓄热、换热集成一体的无动力循环太阳能热水装置(图3-4),适用于居住建筑、宾馆、医院等供应规模大、集中供水的建筑。其主要优点有:系统简化;集热效率明显提高,且无运行能耗;可以克服传统系统运行中的爆管和集热管失效,循环泵、集热自动控制系统运行故障等问题,降低运行管理费用。

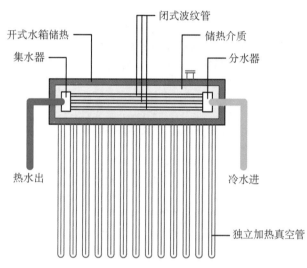

图3-4 无动力循环太阳能热水系统原理图

3.5 光伏及光伏建筑一体化技术

按照国家2030年前实现碳达峰、2060年前实现碳中和的要求,到2030年,我国单位国内生产总值二氧化碳排放将比2005年下降65%以上,非化石能源占一次能源消费比重将达到25%左右,风电、太阳能发电总装机容量将达到1 200 GW以上。截至2019年年底,中国风电、光伏累计并网装机均达到约200 GW,合计为400 GW,距离最低要求仍有逾800 GW的装机差额,如果以此数据按10年平均计算,则意味着风、光每年的新增装机将不低于80 GW。另外,由于生态红线和供地收紧的政策,大规模的光伏电站建设将越来越少,因而充分利用医院建筑已有和新建的围护结构,与光伏建筑一体化技术相结合将大有可为。

建筑集成光伏发电系统(Building Integrated Photovltaic,BIPV)是应用太阳能发电

的一种新概念。就医院建筑而言,是指将光伏系统作为一种元素与医院建筑物有机结合成一体,将适当的光伏组件按一定的原则和方法安装在医院建筑的屋顶、墙面或其他合适位置,使光伏组件与医院建筑围护结构的外表面成为一个有机的整体,同时提供电力供应。

根据光伏组件与建筑材料复合的紧密程度,光伏建筑一体化系统可分为建筑集成光伏发电系统(BIPV)和建筑外挂光伏发电系统(Building Attached Photovoltaic,BAPV),在本章中不进行详细区分。太阳能光伏建筑一体化开辟了一个新的光伏应用领域,已有越来越多的 BIPV 示范系统和应用系统得到应用并广受欢迎。目前,医院建筑集成光伏发电系统建设尚处于探索阶段,相信随着其他建筑领域应用所呈现出的强大生命力,医院建筑光伏一体化也将得到广泛应用。

3.5.1 建筑集成光伏发电系统的优越性

从建筑、技术或经济角度出发,BIPV 有诸多优点。

(1) 可以有效利用围护结构表面(屋顶和墙面),无需额外用地或加建其他设施,这对于土地昂贵的城市地区尤为重要。

(2) 把光伏组件作为建筑构件之一,可减少建筑物的整体造价。

(3) 可原地发电、原地使用,可节省电站送电网的投资,避免了传统电力输送时的电力流失。

(4) 大尺度新型彩色光伏模块的诞生,不仅可节约昂贵的外装饰材料(玻璃幕墙等),且使建筑外观更有魅力。

(5) 由于日照处在高压电网用电高峰期,系统除保证自身建筑内用电外,还可以向电网供电,从而舒缓高峰电力需求,解决电网峰谷供需矛盾,提升电网弹性,具有极大的社会效益。

(6) 可确保自身建筑全部或大部分用电,这对于用电高峰期电力异常紧张的地区及无电地区极为重要。

(7) 由于光伏阵列安装在屋顶和墙面上,并直接吸收太阳能,可避免墙面温度和屋顶温度过高,降低空调负荷,并改善室内环境。

(8) 杜绝了由一般石化燃料发电所带来的严重空气污染,这对于环保要求更高的今天和未来极为重要。

当然,对光伏器件来说,同时还应具有建材所要求的绝热保温、电气绝缘、防水防潮性能且具有一定强度及刚度,若作为窗户材料,还要有一定的透明度等。

3.5.2 建筑集成光伏发电系统的结构分类

太阳能光伏组件与建筑材料进行复合,具有相应的建筑材料和建筑构件功能。目前,光伏组件主要与屋顶、墙身、窗户、遮阳构件及阳台相结合,因此,可分为光伏屋顶、光伏瓦、光伏幕墙、光伏窗、光伏遮阳板和光伏栏杆等。

1. 光伏屋顶

由于建筑屋顶通常分为坡屋顶和平屋顶两类,光伏屋顶也分为光伏平屋顶和光伏坡屋顶。还有一种光伏组件与透光顶结合的光伏采光屋顶结构,是在中庭的屋顶设计中可以考虑的一种新组合形式,这种组合形式不是光伏组件简单地依附在屋顶材料外侧,而是光伏电池密封在透明玻璃中间形成一个新的组件出现在建筑屋顶中。此外,采用太阳能电池、玻璃+绝缘背板或双玻结构,经过封装工艺制成的兼具太阳能发电和建筑屋面覆盖及装饰功能的光伏瓦制品也可以认为是光伏坡屋顶的一种形式。

2. 光伏幕墙

光伏组件与玻璃幕墙可结合为光伏幕墙。与建筑屋顶相比,建筑墙身能为光伏系统提供更多的装配面积。光伏组件可以与建筑墙体合二为一,替代建筑墙体功能,也可以外挂形式替代建筑墙体的保温面和装饰面,形成光伏保温装饰幕墙。或者独立于原有建筑墙面,将光伏系统与建筑墙身并列形成光伏双层幕墙系统,二者间相隔一定距离形成气候缓冲区,不仅有利于光伏板的降温,还有利于建筑室内冬季保温和夏季降温。对于有采光要求的光伏幕墙,其透光性能可以通过光伏电池覆盖率来调整,由于光伏组件的不透光性和玻璃的透光性,组件之间拼接组合之后在阳光的照射下会在室内形成光斑交错的效果。此外还有结合了双层幕墙和采光幕墙特点的光伏双层采光幕墙。

3.5.3　光伏保温装饰幕墙

1. 光伏窗

与光伏幕墙类似,用光伏组件与窗户结合可形成光伏窗构件。与光伏幕墙不同的是,光伏窗尺寸模数较小,力学结构要求没有幕墙高,但采光效果要求一般是高于发电要求的,由于光伏组件的不透光性,采用晶硅电池组件作为光伏窗的主体时,其透光效果同样是通过调整组件之间的间隙大小来实现的,阳光照射下在室内形成光斑交错的效果对于休息区是合适的,但对于要求采光柔和均匀的办公区而言未必合适。或者可采用对薄膜电池进行激光打孔或者划线技术来实现柔和透光,在这基础上还可以通过不同颜色的玻璃基材实现不同的采光效果,但由于对薄膜电池进行激光打孔或者划线将导致薄膜电池发电效率急剧下降,这大大限制了薄膜电池光伏窗的应用。

2. 光伏遮阳板

窗口作为室内接受阳光的部位,一方面需要充足的阳光,保证室内工作学习的环境质量;另一方面要防止阳光过于强烈引起的室内眩光及温度急剧上升等情况,因此很多建筑需要对窗口进行外遮阳设计。光伏系统可与立面遮阳檐结合实现一体化设计,除了接收太阳能来发电的作用之外,还具有常规挑檐排水、遮阳、保护墙等作用。光伏板也可倾斜一定角度安装在窗口水平遮阳板上,或叠合在窗口水平、垂直遮阳板上,从而省去传统遮阳板的材料费用。

也可将光伏电池与百叶窗帘结合形成光伏百叶帘结构,光伏板直接作为遮阳百叶,可以根据室内使用需要,随时进行遮阳角度的调整,控制室内的进光量。有些光伏系统具有智能追踪太阳功能,可以自动控制百叶角度,增加太阳能接收效率,很好地控制室内进光量,而且光伏百叶两侧通畅的气流还可以有效降低光伏板的温度。

3. 光伏栏杆

光伏组件可与阳台栏杆结合成为光伏栏杆,与光伏幕墙相比,其结构更简单,施工较方便。

3.5.4 光伏系统赋能医院建筑

光伏建筑一体化是医院建筑能效提升的新天地,赋予了医院建筑物新的属性。其一,它使建筑物具有了能源的功能,医院建筑提供使用功能的同时,还提供能源。其二,光伏建筑一体化的进一步发展,为医院建筑提供了新的赋能空间。其三,更多地依靠科技手段,采用更加科学和严格的价格评价体系,丰富了医院建筑的科技内涵,降低了运营维护成本。

参考文献

[1] 左鑫.机场航站楼能效提升适宜技术[M].北京:中国建筑工业出版社,2020.

[2] 中华人民共和国住房和城乡建设部.建筑采光设计标准:GB 50033—2013[S].北京:中国建筑工业出版社,2012.

[3] 中华人民共和国住房和城乡建设部.绿色医院建筑评价标准:GB/T 51153—2015[S].北京:中国计划出版社,2015.

[4] 中华人民共和国住房和城乡建设部.建筑节能气象参数标准:JGJ/T 346—2014[S].北京:中国建筑工业出版社,2014.

[5] 中华人民共和国住房和城乡建设部.绿色建筑评价标准技术细则2019[S].北京:中国建筑工业出版社,2020.

[6] 上海市质量技术监督局.建筑环境数值模拟技术规程:DB31/T 922—2015[S].北京:中国标准出版社,2016.

[7] 陈萍文,陈灏.夏热冬冷地区门窗节能浅析[J].山西建筑,2008,34(31):255-256.

4 医院建筑暖通系统能效提升技术

4.1 空调冷热源系统

4.1.1 合理配置冷热源设备

1. 合理选择冷热源应遵循的原则

（1）当项目周边有可利用的废热或工业余热的区域，热源宜采用废热或工业余热。当废热或工业余热的温度较高、经技术经济论证合理时，冷源宜采用吸收式冷水机组。

（2）当在技术经济合理的情况下，具备可再生能源资源的区域优先考虑天然水资源或浅层地能的利用，如水源热泵空调系统、地源热泵空调系统，当天然水资源或浅层地能的利用受到条件限制无法保证时，需要设置辅助冷热源。

（3）当项目周边具有市政热网时，若市政热网的供热满足医院使用需求，则集中空调的供热宜选用市政热网作为空调热源。

（4）当项目所在地周边具有区域能源站可提供冷热源时，经技术经济比较分析合理时，可优先采用区域能源站提供的集中冷热源。

（5）当项目分期建设时，冷热源的容量需要综合考虑远期发展规划要求，预留好远期冷热源设备扩容的条件。

（6）峰谷电价差较大的区域宜优先采用蓄能技术降低运行费用。

2. 冷源的合理配置

1）常见冷源分类

（1）蒸汽压缩式制冷机，根据压缩机工作原理的不同，可分为容积式制冷机和离心式制冷机。常用的容积式制冷机又可分为涡旋式、往复式和螺杆式。根据冷却方式的不同，又可分为风冷热泵机组和水冷冷水机组。

螺杆式、离心式制冷机的单机制冷量较大，且性能系数（Coefficient of Performance, COP）较高，适合作为空调系统的集中冷源。螺杆式制冷机的部分负荷调节性能较好，其压缩机分为单螺杆和双螺杆两种，高效区一般位于负荷率的 $40\% \sim 90\%$，螺杆式压缩机通过滑阀进行无级调节，调节范围为 $10\% \sim 100\%$。离心式制冷机的性能系数最高，可达到 6.0 以上,调节范围为 15%～100%,但离心式冷水机组的低负荷调节性能相对较差,在低负荷时容易发生喘振,其满负荷时性能最佳,对于变频离心式冷水机组,其部分负荷效率机组能效在部分负荷的工况下运行能效要高于满负荷工况,负荷率在 60%～80% 是其高效区,图 4-1 为某品牌变频磁悬浮冷水机组在 7 ℃ 出水温下,不同冷却水进水温下的 COP 性能曲线。

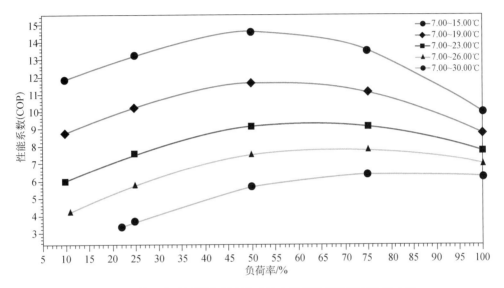

图 4-1　某品牌磁悬浮变频离心式冷水机组性能系数(COP)曲线

近年来,磁悬浮变频冷水机组在医院项目中的应用越来越多,其压缩机采用永磁无刷直流电机以及磁悬浮轴承技术,利用磁力作用使转子处于悬浮状态,在运行时不会产生机械接触和运转摩擦损耗,与传统的离心式轴承的摩擦损失相比,磁悬浮轴承的摩擦损失仅为传统轴承式的 2% 左右,压缩机效率大大提高。磁悬浮冷水机组优先通过大范围转速调节满足制冷需求的变化,具有良好的调节性能,其运行效率的最高值出现在部分负荷及小压缩比工况,在部分负荷工况下,综合部分负荷性能系数(Integrated Part Load Value,IPLV)高达 11 以上。磁悬浮变频冷水机组无需润滑系统,免除了润滑油系统的问题,运行维护费用低于常规离心式冷水机组。由于磁悬浮机组没有机械摩擦,机组产生的噪声和振动较低,压缩机噪声一般低于 77 dB(A)。如上海某三甲医院 A,总建筑面积为 102 333 m²,总冷负荷为 16 794 kW,采用 5 台磁悬浮离心式冷水机组作为整个医院的冷源系统,单台制冷量为 3 517 kW(1 000 RT);上海某医院 B 总建筑面积为 58 490 m²,总冷负荷为 4 800 kW,采用了 1 台冷量为 2 110 kW(600 RT)离心式冷水机组和 2 台热回收型磁悬浮变频离心式冷水机组,单台制冷量为 1 407 kW(400 RT),热回收热量为 1 407 kW。

(2) 吸收式机组,包括热水型、蒸汽型、烟气型以及直燃型。蒸汽压缩式制冷机组的能效比要比吸收式制冷机组的性能系数高,所以对电力供应不紧张的地区,应首先选用蒸汽压缩式制冷机组。

（3）直接膨胀式制冷机组。主要应用于多联式空调（热泵）系统和直接蒸发式全空气空调系统或新风空调系统两大类。直接膨胀式制冷系统是一个以制冷剂为输送介质，由制冷压缩机、电子膨胀阀、其他阀件（附件）以及一系列管路构成的环状管网系统。其包括室内机和室外机两大部分，室内机和室外机通过冷媒管相连（对于屋顶式直接膨胀式机组，室内外机是一体式）。

目前使用较多的是多联式空调（热泵）系统，室内机和室外机通过冷媒管相连，室内外机的连接率可高达 130%，室外机采用变频控制，其输出可根据室内负荷的大小自动调节，在部分负荷工况下 COP 值较高。多联式空调（热泵）系统主要应用于由多个面积较小的房间组成的空调区域，各房间的空调室内机可单独控制与调节，满足每个房间的不同使用需求。多联式空调（热泵）系统一般与直接膨胀式新风空调系统组合使用，在医院建筑中一般应用于行政办公、后勤办公等区域，使用时间灵活方便。

直接膨胀式全空气空调系统主要用于大空间的空调区域，室内机通过风管管道将处理后的空气均匀地输送到大空间内。

2）冷水机组的台数和大小选择

制冷机组的台数和大小对空调系统部分负荷的运行能效影响重大，应对建筑的空调负荷特性曲线进行分析，避免冷水机组配置出现大马拉小车的情况，导致机组运行效率低下。

（1）对于中小型医疗建筑，采用多台螺杆式或磁悬浮离心式制冷机均分的配置方式，数量一般以 2～4 台为佳。

（2）对于大中型医疗建筑，则尽量采用效率更高的离心式制冷机。由于医疗建筑通常会有较小负荷的空调运行情况，为保证系统的低负荷调节性能，一般在选用离心式制冷机时另外搭配 1～2 台小容量离心式冷水机组或螺杆式制冷机，其配置方式为"$N+1$"或"$N+2$"。"N"为多台离心式制冷机，数量一般以 2～4 台为好。"1"是指 1 台小容量离心式冷水机组或螺杆式制冷机，其制冷能力为离心式制冷机的 50% 左右。如果采用 1 台小容量离心式冷水机组、螺杆式制冷机的额定制冷量偏大时，可采用 2 台小容量离心式冷水机或 2 台螺杆式制冷机，其单台制冷能力为 N 台离心式制冷机组的单台制冷量的 25% 左右，对于所搭配的螺杆式冷水机组而言，一般额定制冷量可控制在 1 400 kW 以内。

当所搭配的小型冷水机组为离心式冷水机组时，还可考虑搭配变频式离心冷水机组。该种制冷机既能扩大机组的部分负荷运行范围，又能达到良好的节能效果。

当冷水机组均采用变频式冷水机组或变频磁悬浮冷水机组时，由于变频磁悬浮冷水机组的部分负荷效率优于满负荷效率，结合负荷特性进行分析，在一定条件下也可以考虑采用"$X*N$"的组合方式，N 一般为 3～4 台，采用多台相同容量的变频冷水机组，在部分负荷工况下，采用优先同时开启多台的运行策略，提高系统运行效率。

（3）对于洁净手术部、ICU，为保障其空调系统运行的可靠性，手术部的空调冷热源除了由集中冷热源提供外,往往单独配置一套能够同时供冷供热的四管制风冷热泵机组,确保集中冷热源故障或检修时段,手术部空调系统仍能正常运行,同时在负荷率较低的过渡季节,也由四管制风冷热泵机组提供冷热源。

3. 热源的合理配置

(1)常见热源。空调用热源有蒸汽和高温热水两类,来源有市政热网、燃气(油)锅炉、电锅炉(仅限谷电时段蓄热使用)。

当有市政热网供应的蒸汽或高温热水时,只需设置汽(水)-水热交换器即可,采用多台均分的配置方式,数量一般以2～3台为好。

当没有市政热网供热时,一般采用燃气(油)锅炉作为空调热源。锅炉根据类型的不同分为承压热水锅炉、常压热水锅炉和真空热水机组。

(2)热源的配置。采用承压热水锅炉或常压热水锅炉时,应设置水-水热交换器,避免锅炉循环水直接进入末端系统,以保证锅炉循环水的水质。

设计时,同样采用多台均分的配置方式,数量一般以2～3台为宜。

电锅炉在特定条件下也可作为医院的热源。《公共建筑节能设计标准》(GB 50189—2015)对采用电锅炉作为空调热源有严格的条件限定,应用时必须采用电锅炉加水蓄热的形式。当项目处于电力充足、供电政策支持和电价优惠地区或无市政热网、燃气源,用煤、油等燃料受环保和消防严格限制时,并经技术经济比较合适时方可实施。一般在空调冷源采用了水蓄冷的情况下,由于已经设置了蓄冷水箱,在冬季可转换为蓄热水箱,相对较适合采用电锅炉加水蓄热的形式作为空调热源。

4. 冷热源配置案例(二维码链接)

4.1.2 蓄冷技术

1. 概述

(1)蓄冷空调系统是指在夜间电网低谷时间(同时是空调负荷最低时间),制冷主机开机制冷并由蓄冷设备将冷量蓄存起来,待白天电网高峰用电时间(同时是空调负荷最高时间),再将冷量释放出来满足高峰空调负荷的需要。这样,制冷系统的大部分耗电发生在夜间用电低谷期,而在白天用电高峰期只有辅助设备在运行,从而实现用电负荷"移峰填谷"。如图4-2所示。

(2)蓄冷的形式有冰蓄冷、水蓄冷、气体水合物蓄冷、共晶盐蓄冷等。冰蓄冷和水蓄冷是目前蓄冷空调中采用的主要形式。

冰蓄冷是利用冰的相变潜热进行冷量的蓄存,具有蓄能密度大的优点。但冰蓄冷相

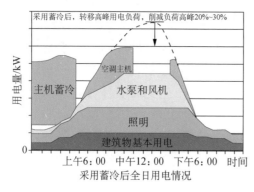

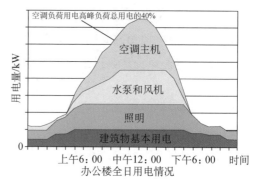

图4-2　蓄冷系统转移电量对比图

变温度低(0 ℃),且蓄冰时存在较大的过冷度(4～6 ℃),使得制冷主机的蒸发温度须低至-8～-10 ℃,这将使制冷机组的效率降低。另外,在空调工况和蓄冷工况时,要配置双工况主机,增加了系统的复杂性。

水蓄冷是利用蓄水温度在4～7 ℃的显热进行蓄冷。它可以使用常规的制冷机组,可实现蓄冷和供冷的双重用途。蓄冷、释冷进行时冷水温度相近,制冷机组在这两种运行工况下均能维持额定容量和效率。但水蓄冷存在蓄能密度低、蓄冷槽体积大以及槽内不同温度的冷水易混合的缺点。

气体水合物蓄冷是利用某些制冷蒸汽与水作用时,能在5～12 ℃条件下形成水合物,而且结晶相变潜热较大。其蓄冷温度与空调工况相吻合,且蓄冷、释冷时的传热效率高。但该方法还存在一些问题,如制冷剂替代、制冷蒸气夹带水分的清除、防止水合物膨胀堵塞等。

共晶盐蓄冷的优点是其相变温度和制冷主机的蒸发温度相吻合,选用一台制冷主机即可进行制冷、蓄冷工况运行。缺点是其蓄冷密度较低。相变凝固时存在过冷现象,且材料容易老化变质、蓄冷性能易发生衰减。

2. 蓄冷系统特点

1) 冰蓄冷空调技术的主要优势

冰蓄冷空调技术之所以得到各国政府以及工程技术界的重视,主要优势如下:

(1) 冰蓄冷技术具有卓越的移峰填谷功能,可以有效地提高电网利用效率,提高火电厂发电效率,是电力需求侧管理的重要技术手段。

(2) 可在一定程度上减少制冷主机装机容量,减少空调系统电力工程贴费及配电设施费用。

(3) 合理利用峰谷电价差价,显著降低空调系统运行费用。

(4) 空调系统使用更加灵活,节假日、休息日等小负荷状态下,单独使用蓄能系统供冷,无需开启制冷主机。

（5）使空调冷水机组更平稳地运行，更多时间处于满负荷工作状态，提高冷水机组的利用率和使用寿命。

（6）蓄能装置的蓄冷量可作为应急冷源，在停电时只需开启水泵即可供冷，提高了空调系统的可靠性。

（7）冷冻水温度可降至 2～4 ℃，可实现冷冻水大温差或低温送风，降低水管、风管的口径，降低建筑层高。低温送风技术可降低室内相对湿度，提高空调舒适性。

2）水蓄冷系统设计及应用

水蓄冷系统是利用水的显热来进行冷量存储。水经过冷水机组冷却后储存于蓄冷槽中，用于次日的冷负荷供应，即利用夜间电价低估时段制取 4 ℃左右的低温水，该温度水可以使用常规冷水机组直接制取。在白天空调负荷较高时，自动控制系统决定制冷主机和蓄冷槽的供冷组合方式，尽量在白天峰电时段内由蓄冷槽供冷，减少冷水机组开机时间，以降低空调系统的运行费用。

蓄冷槽储存冷量的大小取决于蓄冷温差和蓄冷槽储存冷水的量。温差的维持可通过降低储存冷水温度、提高回水温度以及防止回流温水与储存冷水的混合等措施来实现。

与冰蓄冷技术相比，水蓄冷技术在某些方面具有优势：

（1）水蓄冷可以使用常规电制冷冷水机组，适用于水蓄冷技术的制冷主机的类型更多，提高了水蓄冷技术的适用性。另外，采用显热蓄冷的蓄冷形式，蓄冷过程结束温度高于冰蓄冷，蓄冷过程中的制冷效率更高，相对于冰蓄冷，综合能耗更低。

（2）水蓄冷系统可以通过利用消防水池、原有蓄水设施或建筑物地下室等作为蓄冷容器。在避免"大马拉小车"的同时，降低了初投资，使用期间，单位蓄冷投资随着水蓄冷槽的体积的增大而相对降低。在蓄冷槽的体积可以被用户接受的前提下，水蓄冷系统不失为一种较为经济的储存大量冷量的方式。

（3）水蓄冷槽可实施夏季蓄冷、冬季蓄热，做到蓄冷、蓄热两用。

但是水蓄冷也存在某些不足之处，如水蓄冷密度低，需要较大的储存空间；开放式的水槽水和空气接触容易滋生菌藻，管路易锈蚀，需要增加水处理的费用。

3. 两种常见蓄冷系统对比

冰蓄冷和水蓄冷性能比较如表 4-1 所示。

表 4-1　　　　　　　　　　　冰蓄冷和水蓄冷性能比较[①]

条目	冰蓄冷	水蓄冷
蓄冷温度/℃	−3～−9	4～6
冷水温度/℃	1～4	4～7

---

① 方贵银.蓄能空调技术［M］.北京:机械工业出版社,2006.

续表

条目	冰蓄冷	水蓄冷
蓄冷槽容积/[m³·(kW·h)⁻¹]	0.019～0.023	0.08～0.169
制冷机形式	螺杆式、离心式、往复式	任选
制冷机电耗(电功率 kW/制冷量 kW)	0.244～0.4	0.17～0.24
制冷机 COP 值	2.5～4.1	4.17～5.1
蓄冷槽容积	较小	较大
蓄冷槽冷损失	较小	较大
蓄冷槽制作	定型或者现场制作	现场制作居多
冷冻水系统	多为闭式系统,水泵能耗小	开式水箱居多,水泵能耗大
设计与操作运行	技术难度高,运行费用略高	技术难度低,运行费用低
机房面积	建筑面积的 2%～5%,为常规系统的 1.3～1.6 倍	建筑面积的 4%～9%
回收期/年(与常规系统对比)	3～5	3～5

4. 冰蓄冷系统设计案例(二维码链接)

5. 水蓄冷系统设计案例(二维码链接)

4.1.3 地(水)源热泵系统

1. 概述

地(水)源热泵系统是以岩土体、地下水或地表水为低温热源,由水源热泵机组、地热能交换系统、建筑物内系统组成的供热空调系统。根据地热能交换系统形式的不同,地(水)源热泵系统分为地埋管地源热泵系统、地下水地源热泵系统和地表水地源热泵系统,它们使用大地作为热源(冬季)或冷源(夏天)。

（1）地下水系统（开环）。如图 4-3 所示,地下水系统（开环）以地球作为自然热源及冷源,地下水系统吸取水井从地表土壤层中吸取热量,与地热泵机组的热交换器中的制冷剂进行热交换,然后由回水井回到地表土壤层或按当地规章简单排放。无论外界是热或冷,地下水的温度始终保持稳定(通常冬夏温差在 1 ℃之内),地下水系统适用于已有水井的场合或地下水源丰富的地区。当系统可以利用地下水时,安装的费用将是最低的,但由于可能导致管路阻塞,更重要的是可能导致腐蚀发生,通常不建议在地源热泵系统中直接应用地下水。

图 4-3 地下水系统(开环)

（2）垂直系统(闭环)。如图 4-4 所示,土壤源热泵空调系统是以大地为冷热源对建筑进行温度调节,冬季通过热泵将大地中的低位热能提高品位对建筑供暖,同时将冷量存储在土壤中,以备夏季供冷使用;夏季通过热泵将建筑内的热量转移到地下,对建筑进行降温,同时储存热量,以备冬季供热使用。土壤源热泵中央空调系统采用的是深层土壤(垂直埋管)形式,埋管深度为 60~100 m,热源稳定且置于土壤中进行封闭式热交换而不抽取地下水,对地下水无污染,是目前主要采取的一种地源热泵形式。

图 4-4 垂直系统(闭环)

（3）水平系统(闭环)。如图 4-5 所示,与垂直系统性质一样,水平系统通过埋在地下的密封及耐压的塑质闭式管路系统,水或防冻溶液在管路中循环进行热交换,管路放置于水平沟渠中,而不是放置于垂直孔井中,深度为 1.2~1.8 m。水平系统适合于比较空旷的区域,在北方冬季应有防冻处理。

图 4-5　水平系统(闭环)

（4）湖/池系统(闭环)。如图 4-6 所示,湖/池系统是具有节能优点的最经济的闭环系统,这一系统利用建筑附近的池或湖,与垂直系统及水平系统一样,水或防冻溶液在密闭及耐压的塑质闭式管路系统中循环,管路系统浸入池中或湖中而不是放置于垂直井中或水平沟渠中,可以利用池水或湖水温度稳定的特点及其显著的散热性能,不需钻井,只需少量的沟渠,费用较低。

图 4-6　湖/池系统(闭环)

（5）深层地热能。深层地热能来源于地球本身放射性元素的衰变,是一种清洁可持续利用的能源,具有连续、稳定、能效比高、节能环保等优点,可以有效缓解能源紧缺状况且不会引发环境问题。取自中深层的热水温度范围为 25～150 ℃,深层地热能的应用技术类型的选择取决于热水的温度情况,主要技术有:地源热泵技术、地热水直接供热技术、吸收式热泵技术及增强型地热系统。其中直接利用的场合,如深层地热井内换热供热系统,其原理如图 4-7 所示。

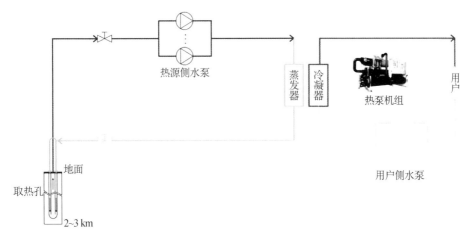

图 4-7　深层地热井内换热供热系统原理图

2. 地(水)源热泵系统优缺点分析

(1)优点。地源热泵技术利用地球表面浅层地热资源作为空调冷热源,属于可再生能源利用技术。地表浅层地热资源是指地表土壤、地下水、湖泊、河流等吸收太阳能、地热能蕴藏的低位热能。这种存储于地表浅层的可再生能源,是一种清洁的可再生能源。地源热泵具有较高的系统性能系数,可以有效地节省运行费用。

(2)缺点。地源热泵的应用需要一定的场地条件支持,必须有相应的场地进行埋管。水源热泵也需要相关部门允许在河道、湖泊取水。因此,不是所有的项目均适合采用地(水)源热泵技术。

地源热泵系统较常规空调系统而言,造价会有一定程度的增加。

采用地下水作为冷热源的系统,必须重视地下室回灌问题。土壤源系统需重视冬夏季热量平衡问题,避免土壤"热疲劳"影响系统的正常使用。

3. 地源热泵案例(二维码链接)

4.1.4　污水源热泵系统

1. 污水源热泵技术原理

污水是指在生产与生活活动中排放的水的总称。按照来源,污水可分为四类:工业废水、生活污水、商业污水和地表径流水。污水源热泵技术是通过消耗电能,提取污水里蕴含的低品位热能,向人们提供可利用的高品位热能的技术。与空气源热泵相比,污水源热泵夏季冷凝温度较低,冬季蒸发温度较高,因此能效比较高,一般能效比不小于 4,即消耗 1 份的电能可以得到 4 份的热量(冬季)或者冷量(夏季)。污水源热泵的运行基本不受室外天气影响,有效运行时间较长。

2. 医院污水源热泵的可行性

1) 医院污水处理工艺

医院污水指医院产生的含有病原体、重金属、消毒剂、有机溶剂、酸、碱以及放射性物质等的污水。医院污水中含有病菌等大量有害物质,可能造成污染并有扩散疾病的危险,因此,医院必须设置污水处理系统,确保处理后出水达标才能排放。

医院污水处理的工艺有:加强处理效果的一级处理、二级处理和简易生化处理[1]。污水经过处理后的水质需满足《医疗机构水污染物排放标准》(GB 18466—2005)的要求。该标准对水污染物的病菌含量、生化指标、物理指标等排放指标进行了规定,其中影响污水源热泵换热系统性能的指标为 pH 值、悬浮物、动植物油、总余氯,如表 4-2 所示。

表 4-2　　　　　　　　　　　　污染物排放限值

序号	控制项目	传染病、结核病医疗机构	综合医疗机构和其他医疗机构	
		排放标准	排放标准	预处理标准
1	pH	6～9	6～9	6～9
2	悬浮物(SS) 浓度/(mg·L⁻¹) 最高允许排放负荷/(g·床位⁻¹)	20 20	20 20	60 60
3	动植物油/(mg·L⁻¹)	5	5	20
4	总余氯/(mg·L⁻¹)	0.5(直接排入水体的要求)①	0.5(直接排入水体的要求)②	—

注:① 采用含氯消毒剂消毒的工艺控制要求为:消毒接触池的接触时间≥1.5 h,接触池出口总余氯 6.5～10 mg/L;采用其他消毒剂对总余氯不作要求。
　　② 采用含氯消毒剂消毒的工艺控制要求:
　　　排放标准:消毒接触池接触时间≥1 h,接触池出口总余氯 3～10 mg/L。
　　　预处理标准:消毒接触池接触时间≥1 h,接触池出口总余氯 2～8 mg/L。
　　　采用其他消毒剂对总余氯不作要求。

2) 医院污水的性能特点

若将医院污水作为热泵系统的夏季排热、冬季取热端,其热力性能和水质两个方面的性能主要体现有如下特点:

(1) 污水总余氯含量偏高。如表 4-3 所示,《采暖空调系统水质》(GB/T 29044—

2012)规定了集中空调间接供冷开式循环冷却水系统水质要求。对比表 4-2 和表 4-3 的数据可知,采用含氯消毒剂消毒的工艺时,接触池出口总余氯为 2～10 mg/L,而空调冷却水系统的水质要求中游离氯的含量为 0.05～1.0 mg/L,医院污水对金属的腐蚀性大大增加,必须考虑污水在换热器内进行换热时伴随的腐蚀问题。

表 4-3　　　　　　　　　　集中空调间接供冷式循环冷却水系统水质要求

序号	控制项目	补充水	循环水
1	pH	6.5～8.5	7.5～9.5
2	浊度/NTU	≤10	≤20 ≤10(当换热设备为板式、翅片管式、螺旋板式时)
3	游离氯/(mg·L⁻¹)	0.05～0.2 (管网末梢)	0.05～1.0(循环回水总管处)

（2）pH 值和污水浊度与空调冷却水系统相近。医疗污水用悬浮物(SS)浓度表示水的浑浊程度;冷却水系统用浊度(NTU)来表示。悬浮物(SS)浓度是用重量法测定,浊度是用光度法测定,二者之间换算的经验数值一般为 2 或 1.5。当换热设备为板式、翅片管式、螺旋板式时,除了按照预处理标准排放的情况外,医院污水排放标准的 pH 值、浊度等指标基本上满足开式循环冷却水系统中的水质规定。预处理排放标准中的悬浮物浓度转换为浊度为 30 NTU,不满足开式循环冷却水系统的要求。

（3）污水温度一年内的变化幅度小于空气温度的变化幅度,其温度变化与城市供水温度变化相近。其主要原因是污水一般由生活热水排水和自来水排放组成。夏季,污水主要来源为自来水排放,污水温度接近自来水温度;冬季,生活热水排水量增加,污水中热水所占比例较大,污水温度高于自来水温度。

（4）污水排量小且稳定。与城市污水厂相比,医院的污水处理系统属于小型污水处理系统,可利用的污水量有限,系统的容量必须符合医院污水系统实际处理水量,因此,污水源热泵系统只能是综合冷热源的一部分。医院的污水排放量与其医疗过程紧密相关,对于一所成熟稳定运行的医院而言,其污水的排放量基本是稳定的。污水排放量与出水池的容积有关。出水池是污水经上游处理后的积蓄池,其中设有排水泵将污水排至市政管网。出水池的容积小,排水泵连续运行时,污水排量等于污水每小时设计流量;出水池的容积大,排水泵间歇运行时,污水排量大于污水每小时设计流量。

3. 污水源热泵系统设计

在医院中使用污水源热泵系统前,需了解当地医院污水的全年温度变化范围、该医院污水的处理工艺流程、排放周期,合理地确定污水源热泵的系统容量,提高其经济性。

1) 污水水温的调查

测温仪表按照测量方式可分为非接触式和接触式。非接触式测温仪表主要依靠物体辐射强度来检测,多用于高温测量的场合,精度不及接触式测量方法精度高,在一般常温和低温中极少应用。接触式测温仪表主要是温度计,温度计有膨胀式温度计、热电偶温度计、热电阻温度计。在进行医院污水温度检测时多采用 PT100 热电阻传感器。测点可放置在出水池中,同时需关注水池的水位变化,确保测点始终在水位下。

2) 污水处理工艺流程的了解

(1) 一般根据医院性质、规模和污水排放去向确定合适的污水处理工艺流程。污水的处理方式主要是三部分:沉淀、生物处理、消毒。一级加强处理工艺主要包括沉淀＋消毒,二级处理工艺主要包括沉淀＋生物处理＋消毒。沉淀的目的主要是除去污水中的固体物、漂浮物和悬浮物,提高后续深化消毒的效果并降低消毒剂的用量。主要设备和构筑物包括化粪池、调节池、沉淀池等处理设施。生物处理的目的是除去污水中溶解的和呈胶体状态的有机污染物,达到排放标准,另一方面可保障消毒效果。传统的生物处理工艺主要有常规活性污泥法、生物接触氧化法、生物转盘法、塔式生物滤池法、射流曝气法和氧化沟法等。医院污水消毒在处理工艺的最后阶段,其目的是灭活医院污水中的致病微生物和粪大肠菌群。主要的设施包括消毒剂制备、投加控制系统等。常用的消毒剂有次氯酸钠、二氧化氯、液氯、次氯酸钙、臭氧、阳离子表面活性剂等化学消毒剂,也可采用紫外消毒法等物理方法。几种处理工艺的流程图如图 4-8、图 4-9 所示。排入自然水体的污水排放前需进行脱氯处理,使污水中总余氯量小于 0.5 mg/L。

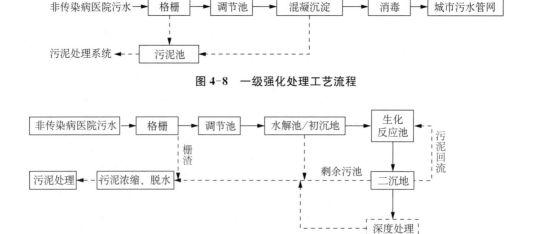

图 4-8　一级强化处理工艺流程

(a) 非传染病医院

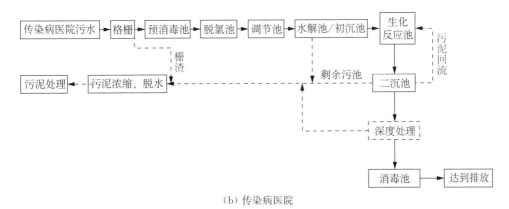

（b）传染病医院

图 4-9　二级处理典型工艺流程

（2）污水源热泵系统可利用污水量。

根据《医院污水处理工程技术规范》（HJ 2029—2013）第 4.4.2 的规定，新建医院污水排放量有两种方法，即"按用水量确定污水处理设计水量"和"按日均污水量和变化系数确定污水处理设计水量"。现有医院的污水排放量根据实测数据确定或者可根据《医院污水处理技术指南》（环保总局版）或者《医院污水处理设计规范》取值。每种计算方法均考虑了一定的安全余量，因此污水量计算值往往大于实际运行数据，如作为热泵机组选型依据将导致机组装机容量过大，甚至使热泵系统不能正常运行。根据上海地区一些大型综合医院的调研情况，实际的污水排放量为设计污水量的 70%～80%，因此建议将此数据作为污水源热泵机组的选型依据[2]。

3）污水换热方式的确定

污水直接进入机组的蒸发器或冷凝器进行换热的系统称为直接式系统（简称为DSSHPS）；污水先通过污水换热器与中介水换热，中介水再进入机组换热的系统称为间接式系统（简称 ISSHPS）。直接式系统可减少高温和低温侧的换热损失，减少循环水泵的能耗，提高污水源热泵的经济性。如果医院污水的排放满足《医疗机构水污染物排放标准》中"排放标准"的指标，则水质较好，建议采用直接式系统。如果医院污水的排放满足《医疗机构水污染物排放标准》中"预处理标准"的指标，建议采用间接式系统。

无论是直接式还是间接式系统，污水均需通过换热器进行换热，常用的换热器类型有沉浸式换热器、淋水式换热器、管壳式换热器和板式换热器。沉浸式换热器是将换热管束浸泡在流动的污水中，需要一定体积空间的浸泡池，并且换热系数相对较小，但不需要考虑杂质堵塞问题；淋水式换热器是将经过杂质过滤后的污水喷洒在换热盘管上，换热系数高，但由于是开式系统，存在病菌扩散风险，不适用于医院建筑；管壳式换热器换热能力小，换热端差一般为 5 ℃，污水走管程换热导致污垢清洗困难；板式换热器换热能力较强，换热端差可达到 1～3 ℃，板片拆洗相对容易，可以替代管壳式换热器。[2]

4）污水换热器材质的选择

医院污水消毒工艺的存在使得其排放的污水总余氯含量偏高，为防止余氯腐蚀管道，与污水接触的换热器管材的选用必须符合污水水质的特征,并且做好防腐蚀措施。可选择的材质可分为非金属和金属。非金属材质的最大优点是耐腐蚀、不易结垢、造价便宜,但是非金属材料的传热性能低于金属材料,需要规模更大的换热器;主要材料有:高密度聚乙烯(HDPE)、交联聚乙烯(PE-X)、无规共聚聚丙烯(PP-R)。金属材质的最大优点是传热系数高,结构紧凑,缺点是耐腐蚀性能弱,易结垢、价格贵;主要材料有:不锈钢、铜及铜合金、铝合金、钛合金和铜镍合金,其中铜镍合金具有良好的耐酸碱、耐氯腐蚀和防污性。如果采用直接式换热器,则污水换热系统应采用金属材质;如果采用间接式换热器,则污水换热系统可采用金属材质或非金属材质,考虑成本因素,一般采用非金属材质。由于医院的污水处理系统属于小型系统,如果污水源热泵系统采用沉浸式换热器,换热器放置在污水池中,污水池的空间有限,则优选换热性能好、热面积小的金属换热器。

4. 污水源热泵系统设计案例(二维码链接)[3,4]

4.1.5 分布式能源供能技术

"分布式能源"是指分布在用户端的能源综合利用系统,可分为一次能源和二次能源。一次能源是指直接取自自然界且没有经过加工转换的各种能量和资源,包括非再生能源(煤炭、原油、天然气、核能等)和可再生能源(太阳能、水力能、波浪能、潮汐能、地热能和生物质能等)。二次能源也称"次级能源"或"人工能源",是由一次能源经过加工或转换得到的能源,包括能体能源(煤气、焦炭、汽油、煤油、柴油、重油、氢能等)和过程性能源(电力、蒸汽、热水、冷能等)(图 4-10)。

一次能源以气体燃料为主,可再生能源为辅,利用一切可以利用的资源;二次能源以分布在用户端的热电冷联产为主,其他中央能源供应系统为辅,实现以直接满足用户多种需求的能源梯级利用,并通过中央能源供应系统提供支持和补充。

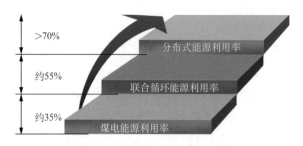

图 4-10 能源利用率比较示意图

1. 燃气分布式能源供能系统介绍

1)燃气分布式能源供能系统概述

燃气分布式能源供能系统,是指以天然气为主要燃料在用户侧安装发电机组,利用燃料高品位的能量进行发电,产生的电力满足用户的电力需求。同时通过余热回收利用设备(如余热锅炉、吸收式溴化锂空调机等)回收发电所产生的烟气/热水热量,向用户供热、供冷,满足用户的冷热需要,即冷热电三联供系统。

燃气分布式能源供能有两种基本系统形式,一是内燃机+余热吸收型溴化锂机组(图4-11),二是燃气轮机+烟气型溴化锂机组(图4-12)。

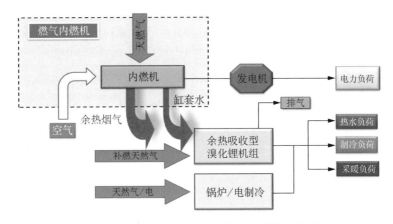

图 4-11 燃气分布式能源(内燃机)供能示意图

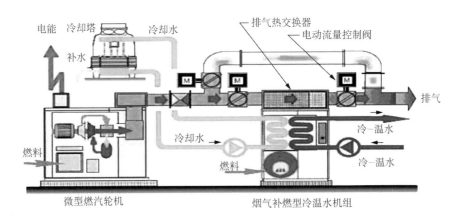

图 4-12 燃气分布式能源(微型燃气轮机)供能示意图

2) 燃气分布式能源供能系统具有的优势

(1) 综合效率高。由于余热利用,可节省用于供热、制冷的燃气用量,其能源综合利用效率可达80%以上。

(2) 利于电力调峰。分布式能源系统对燃气和电力有双重削峰填谷作用。一般而言,电力高峰和燃气低谷同时出现在夏季,使用天然气发电和制冷,可增加夏季的燃气使用量,减少夏季电空调的电负荷,系统在满足高峰时段供电时,还可利用余热制冷,进一步减缓电制冷机对电负荷需求,降低区域电网的供电压力。同时,燃气轮机或燃气内燃机具有较好负荷响应特性,也有利于电网的瞬间调节。

（3）提高能源供应可靠性。在出现大面积停电时，系统可提供稳定不间断的电力负荷、热负荷和冷负荷。

（4）可与其他能源友好耦合。燃气分布式能源供能系统技术先进成熟，具有较强的集成性，可以友好地与生物质能、太阳能、地热能、余压余热余气等多种能源形式实现耦合互补，进而带动新能源的消纳。

3）国家出台的相关政策

国家和地方针对分布式供能这项技术先后制定了一系列扶持或奖励政策。需根据项目所在地的实际情况和项目的低碳目标，统筹考虑是否采用这一技术。

4）分布式能源三联供系统配置原则

如图 4-13 所示，根据建筑物冷热电负荷的特点，一般的配置原则主要有 5 种。

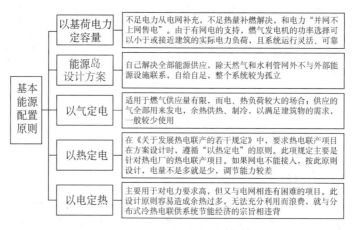

图 4-13　分布式能源三联供系统配置原则

在三联供系统的实际应用中，一般采用两种能源配置的原则：①"以电定热"，不足电力从电网补充，不足冷、热补燃解决；②"以热定电"，基本满足冷热负荷，不足电力上网补充。

2. 医院基本负荷分析

根据上海市工程建设规范《燃气分布式供能系统工程技术规程》（DG/TJ 08—115—2016）的相关规定，医院建筑是分布式供能系统较合适的用户。

针对上海某综合医院（建筑面积约 9.6 万 m^2、800 床），以下是其全年典型的电力、生活热水、空调冷/热负荷的特征曲线图。其中电力负荷主要指照明、插座和医疗设备用电，不包括冷热源及空调末端设备的用电[5]。

（1）电力负荷曲线如图 4-14 所示。

电力的高峰出现在上午 11 时和下午 2 时，全年最大负荷出现在 8 月，最小负荷出现在 4 月。年最大负荷为 2 535 kW，最小负荷为 520 kW。

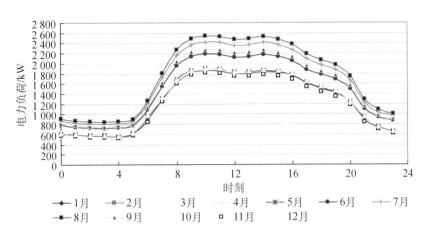

图 4-14 电力负荷曲线(不含冷热源设备负荷)

(2) 生活热水负荷曲线,如图 4-15 所示。

生活热水的高峰出现在上午 10 时和下午 1 时,全年最大负荷出现在 2 月,最小负荷出现在 8 月。年最大负荷为 2 699 Mcal/h(3 138 kW),每天 22 时至次日 5 时最小负荷为 90 Mcal/h(105 kW)。最小月 8 月的日需求量为 13 439 Mcal。

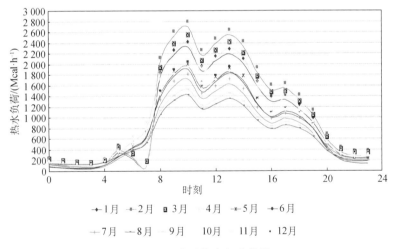

图 4-15 生活热水负荷曲线

(3) 空调冷负荷曲线,如图 4-16 所示。

空调冷负荷基本上在上午 8 时至下午 6 时维持高位,全年最大负荷出现在 8 月。年最大负荷为 7 619 Mcal/h(8 860 kW),最小负荷为 410 Mcal/h(480 kW)。

(4) 空调热负荷曲线,如图 4-17 所示。

空调热负荷高峰在上午 8 时,全年最大负荷出现在 1 月。年最大负荷为 4 708 Mcal/h(5 475 kW),其中 12,1,2,3 月除 22 时—次日 5 时时段(此时发电机停机)的最小热负荷为 1 076 Mcal/h(1 250 kW)。

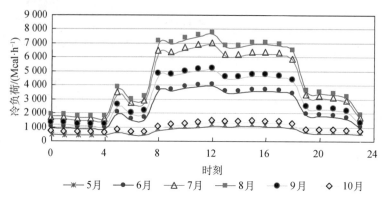

图 4-16　空调冷负荷曲线

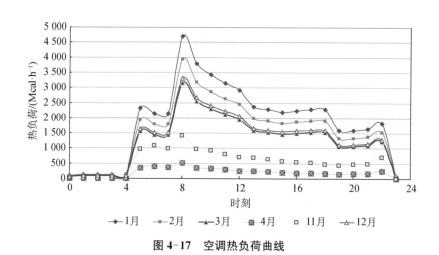

图 4-17　空调热负荷曲线

3. 医院的冷热电负荷的特点

（1）随着城市化的不断推进和人们生活水平的持续提高,人均占有医院面积将逐步增多。医院建筑作为一种特殊的建筑形式,其能耗已引起了多方面的关注。据统计,医院建筑空调系统的年一次能耗一般是办公建筑的 1.6～2.0 倍。

（2）医院建筑所需的能源种类繁多,包括冷、热、电、水、汽、燃气（燃油）等。冷主要用于空调系统的夏天供冷;热主要包括病房、洗衣房、厨房等的生活热水及空调供热热水;蒸汽主要用于厨房、洗衣房及消毒、空调加湿;电主要包括空调、医疗器械、照明、电梯等的用电。根据医院规模、专业门类等的不同,冷、热、电负荷会有所不同。

（3）医院建筑用电和用热量都较大,且全年都有比较稳定的冷、热、电需求。

（4）负荷特点总结如下:

电负荷:昼夜波动大,变压器数量多、容量大、负载率低。

生活热水负荷:需求量较大,阶段性明显。

空调负荷:需求量大,年运行时间长,峰谷值差别大。

4.医院分布式供能系统的设计和配置原则

1)系统方案设计的原则

(1)综合考虑系统的用电、空调冷热负荷、生活热水负荷及利用方式,使电供给、空调、热水都能自行平衡,尽量使系统在经济的前提下达到最长的年运行时间。

(2)采用"以热(冷)定电"原则,机组回收的热全部用于大楼的空调制冷/供热和生活热水供应,优先考虑热电二联供系统。

(3)充分考虑到初投资、运行费用、管理维护等因素。

2)设备配置原则

(1)发电机组输出电力并网不上网,发出的电力全部用于内耗,不足部分由电网补充。

(2)精确测算负荷需求,在满足配置原则的前提下最大化配置设备容量,避免过大和过小。

5.医院采用分布式供能系统的主要形式

医院采用分布式供能系统有两种基本方案。

方案Ⅰ:利用发电机组的热量,通过热水/蒸汽锅炉,提供生活热水和空调供热,即热电联产(二联供),如图4-18所示。

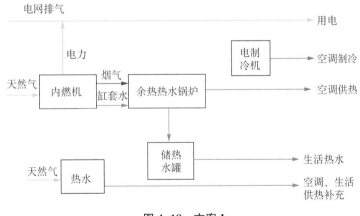

图4-18　方案Ⅰ

方案Ⅱ:相比方案Ⅰ,方案Ⅱ增加了溴化锂制冷机组,提供空调制冷/制热,即冷热电联产(三联供),如图4-19所示。

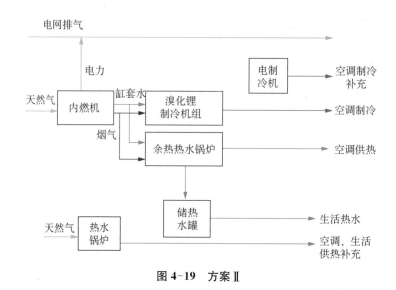

图 4-19 方案 Ⅱ

对于方案 Ⅰ（二联供）而言，由于无需配置溴化锂机组，系统相对简单、投资低，而热水的能量价值高于冷水，故应优先考虑。当全年稳定热水需求负荷极小，在满足上述设计和配置原则的前提下，可以考虑采用方案 Ⅱ（三联供）。

6. 医院典型分布式供能系统的设备选择

1）概述

分布式供能系统利用同一原动机将电力、热力与制冷等多种技术结合在一起，实现多系统能源容错，将每一系统的冗余限制在最低状态，利用效率发挥到最大状态。

燃气分布式供能系统的主要组成设备包括：原动机和余热利用设备。

原动机有燃气内燃机、燃气轮机、微型燃气轮机、热气机等。

余热利用设备有换热器、余热溴化锂制冷机组等。

2）设备选择原则

根据用户具体用能需求及系统形式，可选择不同的原动机和余热利用设备。

三种原动机的主要热力性能和发电特征，如表 4-4 所示。

表 4-4　　　　　　　　　三种原动机的主要热力性能和发电特征

类别	发电规模	发电效率	热回收效率	排烟温度/℃	余热来源	所需天然气进气压力
小型燃气轮机	500 kW～25 MW	20%～38%	50%	400～650	尾气	0.8 MPa 以上
微型燃气轮机	25 kW～400 kW	20%～32%	35%～40%	300 以下	尾气	≤0.6 MPa

续表

类别	发电规模	发电效率	热回收效率	排烟温度 /℃	余热来源	所需天然气进气压力
内燃机	2 kW～10 MW	25%～45%	50%	400～600	尾气/缸套 80～110 ℃缸套冷却水;40～65 ℃润滑油冷却水	≤0.5 MPa

注:(1) 微型燃气轮机含回热流程。
　(2) 排烟温度指余热利用前。
　(3) 内燃机指主流机型。

3) 发电机容量的确定

目前,医院中常用的单台变压器容量为 1 000～1 600 kV·A,根据《燃气分布式供能系统工程技术规程》(DG/TJ 08—115—2016)关于电力并网的规定,发电机组的容量应小于上级变压器容量的 30%,即应小于 300～480 kV·A(384 kW)。一般变压器成对设置,在一对变压器覆盖的建筑范围内(主要针对照明、插座和医疗设备用电,不包括冷热源及空调末端设备的用电),根据上述医院全年电力负荷特性,一般在6 时—22 时段内的最小负荷为 520～600 kW,因此单台变压器的最低运行负荷不超过 300 kW。综合上述因素,同时考虑安全裕量以防止逆潮流,发电机组的发电容量宜为 300 kW 以下。以上发电机配置仅适用于并网接入端为 10 kV/400 V 变压器的低压出线。当并网接入端为高压进线时,则发电机的容量配置为低压接入端发电机配置的总和。

发电规模 300 kW 以下的可选微型燃气轮机和天然气内燃机发电机组。其中,微型燃气轮机目前可选厂家较少,且单价较高,发电效率为 25% 左右,总体效率小于 80%;天然气内燃机组厂家众多,选择余地较大,发电效率一般为 35%,总体效率为 85% 以上,且设备单价低于微型燃气轮机。

另外,考虑到医院需要大量的热水,而内燃机余热中有 50% 为缸套热量回收的热水,因此从设备厂家选择、技术经济、余热利用等方面考量,一般建议采用燃气内燃机作为发电机组。

4) 余热利用设备

燃气发电机机组的余热包括两部分,即缸套水回收和高温烟气。考虑系统应用的简便性,将来自缸套回收的热水和产生的高温烟气均送入换热系统,即发动机的余热全部转换成 90 ℃的热水。对于二联供系统(热电联产),该热水通过水/水换热器生产 60 ℃的热水供医院生活热水。对于三联供系统,该热水一部分通过水/水换热器制取医院生活热水,剩余的部分直接供给热水型溴化锂制冷机组(图 4-20)。

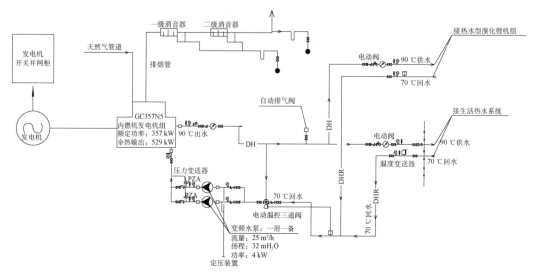

图 4-20 某医院分布式供能系统原理图

7. 医院分布式供能系统的应用案例(表4-5)

表 4-5   医院分布式天然气能源站案例

序号	项目名称	装机容量	投运时间
1	上海市闵行中心医院(闵行)	1×350 kW(洋马)	2007 年
2	上海市仁济医院西院(黄浦)	1×350 kW(洋马)	2010 年
3	上海市第一人民医院松江分院	3×65 kW	2012 年
4	上海市仁济医院南院(闵行)	2×232 kW(MTU)	2012 年
5	上海市东方医院南院(浦东)	1×232 kW(MTU)	2013 年
6	上海市奉贤中心医院(浦东)	1×357 kW(MTU)	2013 年

4.1.6 水冷机组冷凝热回收系统

水冷制冷机组冷凝器所产生的热量是利用循环冷却水带走并送至冷却塔,然后散至大气中,因此合理地将这一部分热量回收利用也是提高制冷系统能效的一种适宜的技术。冷凝热回收冷水机组由于冷凝温度提高,会造成机组制冷效率的降低,但是机组在制冷的同时得到了所需要的热量,因此总的效率是提高的。

1. 冷凝热回收的种类

冷凝热回收可分为部分热回收和全部热回收两种,水冷机组热回收都是以热需求量来确定热回收量的大小以及运行,热回收量与制冷量输出等比例变化。

2. 部分热回收系统

部分热回收是在压缩机排气口增加一套换热器,对高温高压的制冷剂气体进行过热的过程,制冷剂未产生相变,显热交换过程,回收热量较小,通常仅为冷凝热量的 20% 左右。

制冷运行,经部分热回收器换热后,制冷机气体进入冷凝器完全冷凝,冷凝热通过冷却塔排放(图 4-21)。

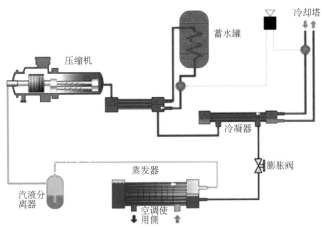

图 4-21　部分冷凝热回收系统示意图

3. 全部热回收系统

全部热回收机组,冷凝器内有两套独立的换热管,其中一套即为全部热回收器,可将冷凝热百分之百回收利用。

机组制冷运行,回收热量供加热生活热水,生活热水侧水温低于设定温度时,热回收侧水泵打开,冷却塔侧关闭。当生活热水达到设定温度时,热回收侧水泵关闭,冷却塔和冷却侧水泵打开,启动常规冷凝器换热,冷却塔散热(图 4-22)。

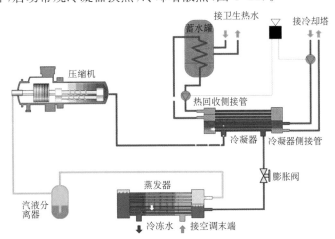

图 4-22　全部冷凝热回收系统示意图

4.冷凝热回收系统的设置

（1）通过对上海市部分医院的调研，上海地区一座600床的医院夏季生活热水（60 ℃）用量一般在15～20 m³/d，春秋季在40～50 m³/d；一座900床的医院夏季生活热水（60 ℃）用量一般在30～40 m³/d，春秋季在75～100 m³/d；一般非24 h供应生活热水的医院热水供应的时间为3～4 h，因此，热回收型冷水机组完全有条件提供生活热水的预热。最大小时热水用量充分利用夏季制冷机组的冷凝热是非常具有节能意义的。

（2）根据调研的数据了解到，在医院建筑中，热回收冷水机组的回收热量必须与医院所需求的热量相匹配，特别是夏季生活热水的热负荷，这样才能得到最佳的经济效益。因此，我们建议在医院的冷冻机房中不应设置太大的冷凝热回收机组，否则既无法消耗掉其回收的热量，也因冷凝温度提高而降低机组的COP。因此在选用过程中应做详细的经济技术分析。

5.上海某医院水冷机组冷凝热回收系统案例（二维码链接）

6.系统应用的注意事项

（1）系统以热定冷运行，考虑冷负荷和热负荷的匹配情况，充分使用所回收的冷凝热量，才能使得效益最大化。

（2）当多台机组运行时，优先运行热回收机组，最大程度回收冷凝热。

（3）宜采用定流量系统。

（4）热回收侧设置蓄热水箱，耦合冷冻机侧和热负荷用户侧的热需求量以及需求的时间差异，以提高冷凝热回收率。

4.1.7　冬季冷却水免费供冷

1.技术概况

冷却塔供冷技术是指用冷却塔作为系统冷源，产生较低温的水，用水泵输送到末端，消除空调负荷的技术。相比水冷机组的耗电量，冷却塔供冷技术的耗电量小，在工程应用中被称为冷却塔免费供冷技术（Free cooling by cooling tower）。

冷却塔供冷技术在20世纪90年代引起了暖通界的关注，由于其增加的投入不多，应用方便，因此，被迅速推广开来，在30年的发展中，从原理、模拟到应用都有一系列的文章对其进行了分析和总结，到目前为止已经积累了较多的理论知识和实践经验。总之，该项技术属于成熟可靠的供冷技术之一。

2. 冷却塔散热的工作原理

在冷却塔中,冷却水和其周围流动的空气之间主要进行着对流换热和蒸发散热。对流换热的推动力是二者之间的温差;蒸发散热受空气中含水蒸气的能力限制,与空气中的饱和程度有关。在总的传热量中,蒸发散热与对流散热的传热量在不同的季节所占的比例是不同的,在春、夏、秋三季中,水与空气的温差较小,蒸发散热起到主要作用,夏季最高时其传热量可达总量的 $80\% \sim 90\%$;冬季,水与空气的温差较大,对流散热起到主要作用,传热量可达总量的 50% 以上,寒冷地区,甚至可高达 70%。[6]

3. 系统形式和组成

常见的冷却塔供冷可分为两种形式:直接供冷和间接供冷。直接供冷指开式冷却塔的水直接进入末端设备进行冷却换热。间接供冷指冷却水不直接进入末端,通过设置中间换热设备进行冷量传递。间接供冷又可分为开式冷却塔+板式换热器和闭式冷却塔两种形式,后者可以看作将开式冷却塔和板式换热器合成为一个设备,系统的流程和原理是相同的,后续不再分开赘述。

冷却塔可以独立设置,也可以与空调系统的冷源合用。在医院项目中,为医疗装置服务的冷却塔供冷系统常见的形式有冷却塔独立设置的直接供冷系统、冷却塔独立设置的间接供冷系统以及为舒适性空调服务的冷却塔非独立设置的间接供冷系统。

冷却塔独立设置的直接供冷系统的工作流程图如图 4-23 所示。该系统的特点是简单可靠。不过,在使用时需校核冷却塔全年的出水温度是否可满足末端要求,不满足时需设置辅助冷源,并应采取相应的水处理措施。

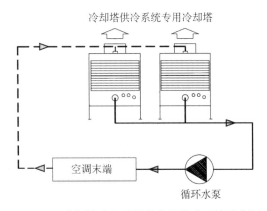

图 4-23　冷却塔独立设置的直接供冷系统示意图

冷却塔独立设置的间接供冷系统的工作流程图如图 4-24 所示。在医院项目中,该系统往往用于对水质要求较高的负荷末端,用板式换热器隔离用户侧和冷却塔侧的水系统。且冷却塔和板式换热器分别可采取温控措施,可满足对供水温度有精度要求的设备。

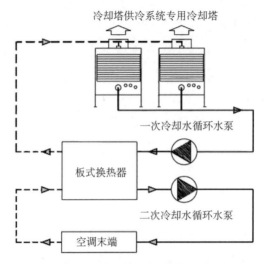

图 4-24　冷却塔独立设置的间接供冷系统示意图

冷却塔非独立设置的间接供冷系统的工作流程图如图 4-25 所示。该系统中,用于供冷的冷却塔和冷水机组共用,板式换热器与水冷机组并联布置,板式换热器一二次侧的循环水泵可以与冷冻机的冷却水泵和冷冻水泵合用或者独立设置。当冷却塔供冷时,对供冷量和温度有严格要求的项目,建议水泵分别独立设置,易于实现控制要求。

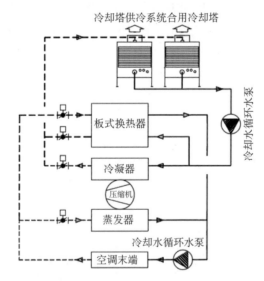

图 4-25　冷却塔非独立设置的间接供冷系统(水泵合用)示意图

4. 系统设计的关注点

冷却塔供冷系统的设计主要关注三方面的问题:冷却塔的配置、总供冷量、供水温度。设计时结合上述三个方面合理地确定系统形式,可以做到满足末端使用要求,延长冷却塔供冷时间,降低冷源运行能耗,体现冷却塔供冷的优势。[6]

1) 冷却塔的配置

冷却塔的供冷能力、供冷温度与室外气象参数、系统回水温度息息相关,图4-26为冷却塔的冷却特性曲线[7]。冷却塔供冷时特别要关注冬季冷却塔可提供的冷量和出水温度。夏季空气温度高,一般冷却塔的冷幅为 4 ℃,但是当空气温度下降后,空气的饱和含湿量会减小,水分的蒸发会减少,水温的下降也会减少,冷幅会变大,当空气湿球温度为 7 ℃时,冷幅增加到 8 ℃,出水温度为 15 ℃。因此,不能简单地用冷却塔的夏季性能研判冬季性能,需要按照设计要求进行冷却塔的热工特性分析。

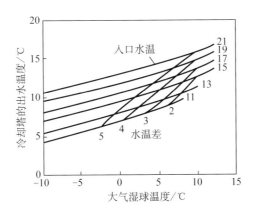

图 4-26　冷却塔的冷却特性曲线

2) 冷却塔供冷用于舒适性空调的供冷量和供水温度确定

(1) 需结合空调风系统的形式确定需要冷却塔供冷的总冷量。医院项目冬季需要供冷的区域在内区,当经过计算和分析,可使用新风直接供冷(风机盘管＋新风系统服务的区域)或者加大新风量供冷(全空气系统服务的区域)的区域,不应计入冷却塔供冷的范围内。供冷的总冷量应扣除上述区域的负荷。当可用冷却塔数量确定时,控制供冷规模有利于降低供冷温度,达到较好的空调效果,或者尽早切换到冷却塔供冷,加大节能运行的时间。

(2) 需结合当地的气象条件确定冷却塔的设计供水温度,该温度是从主机供冷切换到冷却塔供冷的切换温度。设计阶段可先拟定一个最低供水温度,该温度需能使冷却塔规避结冰的风险,上海地区一般为 9 ℃。在实际运行中,从主机制冷到冷却塔供冷的切换供水温度要在运行操作中摸索,以确保室内空调效果和人员舒适性为准则,无统一标准。

(3) 冷却塔供冷用于医疗装置冷却的供冷量和供水温度确定。

冷却塔供冷系统用于医疗装置时,需结合装置的发热量和全年供水温度及精度要求构建系统。医疗装置的发热特点是全年稳定,供水温度可能有最高温度限制和精度要求。装置数量不多的项目,每个装置可独立设置供冷系统,系统归属明确、控制简单、使用灵活。医疗装置数量多时,应对各种装置要求进行梳理和归纳,将供冷系统进行归并,减少系统数量、简化管路、降低投资。当冷却塔在夏季的供冷温度不能满足装置要求时，需设置辅助冷源。辅助冷源一般采用项目的集中冷源，与冷却塔串联，延长冷却塔使用时间，降低系统转换时的温度波动。

5. 医疗装置用冷却塔供冷系统设计实例（二维码链接）[8]

4.1.8 空气源热泵热回收技术

1. 空气源热泵系统[9]

空气源热泵技术运用热泵的原理，以室外空气作为冷却介质（制冷时）或热源（制热时），为空调系统提供所需的冷水（制冷时）或热水（制热时）。空气源热泵系统是由压缩机、空气侧换热器、节流器、水路换热器等装置构成的一个循环系统。通过热泵主机产生出空调冷（热）水，如图 4-27 所示。

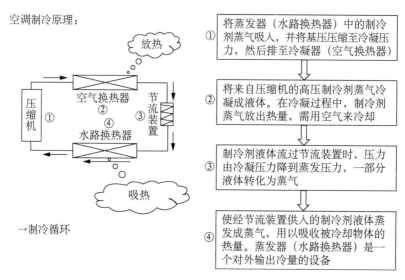

图 4-27　空调制冷原理图

2. 空气源热泵机组的主要特点

空气源热泵机组已广泛应用于大型建筑物或建筑群的供热空调系统，其具有以下主要特点：

（1）安装在室外，如屋顶、平台等处，无需建造专用机房，不占有效建筑面积，节省土建投资。

（2）无需设置冷却水系统和冷却塔、冷却水泵、管网及其水处理设备。

（3）可实现夏季供冷、冬季供热，省去了锅炉房，无烟气排放，对建筑功能布局和景观设计有利。

（4）安全保护设备和自动控制设备同时安装在一个机体内,运行可靠,为空气源热泵机组的安装、使用以及维护保养提供了方便。

（5）冬季室外气温较低时,机组表面结霜会使热泵制热性能下降,需频繁地运行融霜,性能系数及可靠性有所降低。

3. 空气源热泵系统在医院中的适宜性[10]

医院建筑的空调冷热源配置多采用水冷冷水机组与蒸汽锅炉、热水锅炉的形式。多数医院生活热水系统由锅炉房提供热水,部分医院的中心供应消毒、洗衣房、手术室等净化区域空调加湿所需要的蒸汽由蒸汽锅炉保障供应。采用空气源热泵系统取代蒸汽锅炉时,需考虑有蒸汽需求的中心供应消毒、洗衣房、手术室空调加湿所需蒸汽的替代方案,以及生活热水系统替代方案。

医院手术部等有洁净度需求,需要除湿并再加热,全年均有供热、供冷需求。洁净手术室全年均对温湿度有非常严格的要求。

在一次设计建造时,医院方多会考虑在冷水机房及锅炉房内预留部分机组位置,以满足未来较长时间内医院发展需要所增加的空调负荷。冷水机房和锅炉房均需占用建筑使用面积,且锅炉房的设置位置均有相应的安全要求,使得建筑布局受到部分限制。随着锅炉大气污染物排放标准的更新,运行时间很久的锅炉,在不进行改造升级的情况下均存在较难达标排放的情况。

这些因素都使空气源热泵系统在医院改造时成为较为适宜的冷热源改造技术措施,并可以在新建项目中作为参考方案。

4. 热回收机组

夏季制冷时,热泵主机未将热量散发到空气中去之前将所有热量回收利用来提供生活热水(最高可提供 60 ℃的热水),这样既保证了热量的回收,又保证了在热量(卫生热水温度达到设定,同时卫生热水不开启时)满足后,不必要回收的热量继续向空气中排放;冬季在给室内供热时,空调主机也可以同时向室内提供卫生热水(机组至少需要两个工作回路,即一个回路制热,另一个回路生产生活热水),可自由设定室内优先或卫生热水优先,回路间可自由转换(电脑自动调节),这种运行模式称为全部热回收。

全部热回收机组冬季制取生活热水和制热模式的工作原理是一样的,即空调机组的蒸发器在室外吸收热量,此热量通过机组的运转被转移到冷凝器内,再由冷凝器加热水(热水可用来给空调加热或供生活用水),从而达到升温的目的。热泵机组的效率是 3 以上,即消耗 1 kW 的能量能产生 3 kW 以上的热量,以环境温度 7 ℃,热水出水温度 45 ℃为标准,从而达到节能的作用。

全热回收机组由具有 7 种工作模式的电脑程序控制,在夏季用户可以得到免费的生

活热水,冬季可在供暖的同时提供生活热水,春秋季可以单独提供生活热水。具体运转模式如下:

夏季单独提供空调冷冻水(热回收器不参与工作),如图 4-28 所示。

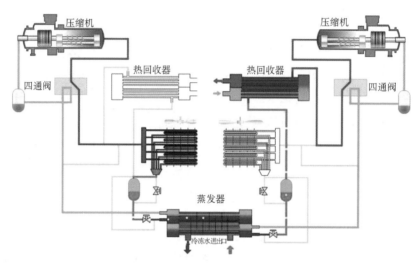

图 4-28　夏季单独提供空调冷冻水

夏季单独提供卫生热水(蒸发器不参与工作),如图 4-29 所示。

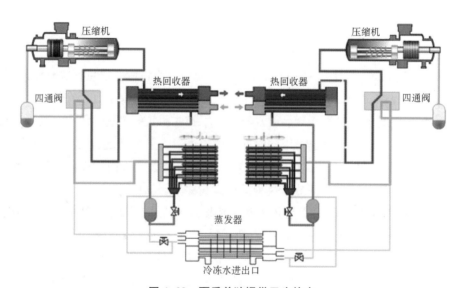

图 4-29　夏季单独提供卫生热水

夏季同时提供空调冷冻水和卫生热水（空气换热器不参与工作），如图 4-30 所示。

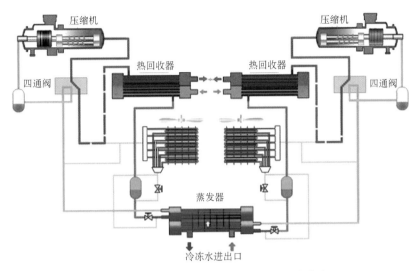

图 4-30 夏季同时提供空调冷冻水和卫生热水

春秋季单独提供卫生热水，不向室内提供冷量和热量，如图 4-31 所示。

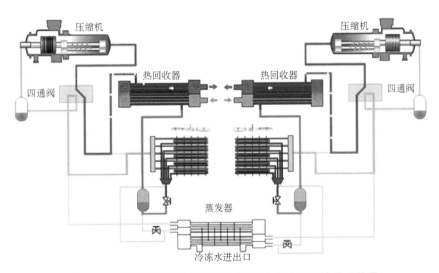

图 4-31 春秋季单独提供卫生热水，不向室内提供冷量和热量

冬季单独提供空调热水(注意这时候制冷时的蒸发器变成了冷凝器,翅片空气换热器从空气中吸收热量),如图 4-32 所示。

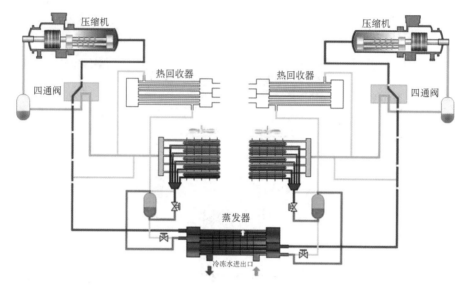

图 4-32　冬季单独提供空调热水

冬季单独提供生活热水,如图 4-33 所示。

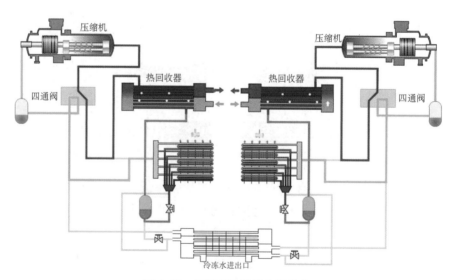

图 4-33　冬季单独提供生活热水

冬季同时提供空调热水和生活热水,如图 4-34 所示。

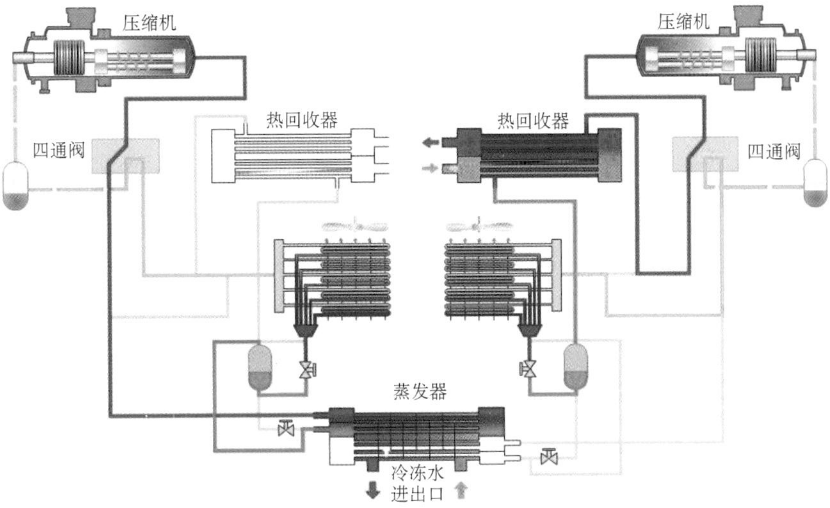

图 4-34 冬季同时提供空调热水和生活热水

全部热回收机组适用于酒店、游泳馆、医院病房楼等全年有卫生热水需求的场所。

5. 四管制冷热水机组

四管制多功能冷热水机组的工作原理是冷热量的回收和综合利用,由压缩机、冷凝器、蒸发器、可变功能换热器等组成。采用两个独立回路的四管制水系统,一年四季可实现单制冷、单制热、制冷＋制热(冷需求与热需求平衡)、制冷优先(冷需求大于热需求)和制热优先(热需求大于冷需求)等 5 种智能运行模式(区别于热泵热回收机组),如图 4-35 所示。

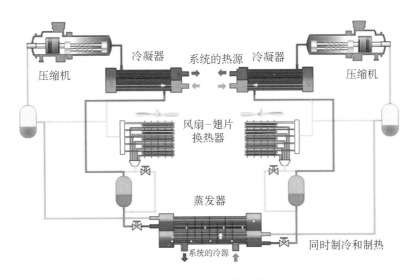

图 4-35 四管制多功能冷热水机组

　　四管制多功能冷热水机组是一个智能化的产品,用户只需要设定好需要冷水和热水的温度,机组会自动按要求运行。其运行模式如下:

　　(1) 单制冷(与正常风冷单制冷机组一样,此时水侧冷凝器不参与工作);

　　(2) 单制热(与正常风冷单制热机组一样,此时水侧蒸发器不参与工作);

　　(3) 制冷＋制热(冷需求与热需求平衡),(翅片换热器不参与工作);

　　(4) 制冷优先(冷需求大于热需求),(翅片换热器部分参与工作);

　　(5) 制热优先(热需求大于冷需求)(翅片换热器部分参与工作)。

　　四管制冷热水机组,一台机组,整机组装,5 种智能运行模式无缝连接,与末端冷热需求即时吻合。中国各地纬度不同,气候环境不同,四管制机组运行环境温度广泛,低温环境安全制冷,高温环境也可以安全制热,适用性强。机组微电脑控制,冷热侧都带水泵控制点,自适应能力强,操作方便。

　　机组冷冻水供水温度范围-8～15 ℃,热水供水温度范围 26～60 ℃,安全运行环境温度范围-10～46 ℃。机组适用于一年四季同时需要冷源和热源的场合,如医院洁净手术室、酒店、游泳场馆、动物房等。

　　四管制机组本身还是一个空气源热泵机组,所以在不是同时 100％制冷＋100％制热时,还是会受到周围环境温度的影响。

6. 六管制多功能冷热水机组

　　六管制多功能冷热水机组的设计理念就是同时利用制冷循环的冷热端,既进行热回收,又进行冷回收,一年四季均可同时提供空调冷水、空调热水和高温卫生热水,其能源利用效率达到最大化。

　　＋2P 六管制机组运行原理:六管制多功能冷热水机组是基于四管制冷热水机组的一次全新升级,在保留原有机组功能的基础上,增强了卫生热水加热能力,解决了四管制冷热水机组不能提供不同温度梯度热水需求的问题。

　　六管制多功能冷热水机组运行原理:

　　在这种情况下,两个压缩机均满负荷运行,冷凝器将蒸发器侧吸收的全部废热进行回收,即无需从环境中吸热也无需向环境中放热,平衡换热器处于关闭状态。如图 4-36所示。

　　此时,冷凝器侧的一部分热水可通过＋2P 模块进一步加热,水温最高可被加热至78 ℃。需要注意的是,此时冷凝器侧的热水水温不能超过 45 ℃。

　　六管制多功能冷热水机组还可单独提供 78 ℃的高温热水,此时机组只有一个环路在运行,平衡换热器作为蒸发器从环境中吸热,如图 4-37 所示。

　　不仅如此,六管制多功能冷热水机组还可以单独制冷(12 ℃/7 ℃)、单独制热(40 ℃/45 ℃),满足多功能建筑中的不同负荷需求,这充分体现了六管制多功能冷热水机组功能的灵活性和多样性。

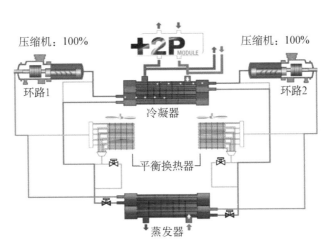

100%供冷需求／75%供暖需求／100%超高温卫生热水需求

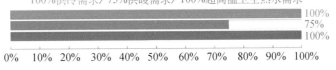

图4-36 六管制冷热水机组(1)

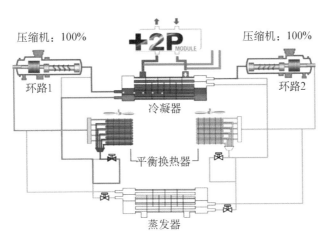

0%供冷需求／0%供暖需求／ 100%超高温卫生热水需求

图4-37 六管制冷热水机组(2)

现代多功能建筑,如医院、高端住宅小区、星级酒店、高级健身中心及城市综合体等,对建筑环境的舒适度要求越来越高,中央空调系统的使用功能也越来越复杂,比如,空调系统多种功能区并存,冷热负荷变化多样;再比如,建筑功能特殊化,除了对空气的恒温恒湿要求外,还要求卫生热水的水温必须符合除菌要求,等等。

7.空气源热泵系统设计与应用

（1）热泵机组设计布置要点。在建筑物屋顶布置热泵机组时,应充分考虑机组周围进风与排风的影响,热泵机组应布置在空气流通的环境中,保证进风顺畅且排风不受遮挡与阻碍,避免排风回流。当热泵机组设置在裙房时,应采取必要的降噪措施,以避免热泵机组噪声对主楼或较高楼层产生不良影响。

（2）冬季制热量。热泵机组的制热量、制冷量与环境空气和供水温度密切相关,还与热泵机组的结霜/除霜情况有关,在设计确定冬季室外空调系统的有效制热量时,应根据室外空调计算温度和融霜频率进行修正。

$$Q = qK_1K_2 \qquad (4-1)$$

式中　q——热泵机组的名义制热量(kW);

　　　K_1——使用地区的室外空调计算干球温度的修正系数,按产品样本选取;

　　　K_2——热泵机组融霜修正系数,每小时融霜一次取 0.9,融霜两次取 0.8。

8.空气源热泵系统设计应用案例(二维码链接)

4.2　空调冷热源输配系统

空调冷热源输配系统包括水泵、管路系统和定压膨胀装置,对于采用集中的冷热源系统的医院来说,输配系统如何与冷热源的搭配、如何实现全年变流量设计并减少全年输送能耗,是本节探讨的主要内容。

4.2.1　输配管网系统划分

1.医院建筑输配管网的特殊性

医院空调管网在满足夏季供冷、冬季供热的需求时,还需要满足夏季控制湿度的要求。一般来说,在坚硬的表面如铁皮表面需要有液态的水,微生物才能生长,而对于多孔材料来说,只要相对湿度＞50％,微生物就能生长[11]。要控制相对湿度,空气冷冻除湿后带入空调空间的冷量通常会与湿度控制用的显热量有差距,经常会有再热的需求。因此,医院建筑部分区域需设置四管制输配系统,这也是医院建筑输配管网与其他建筑不同的地方。

2. 医院建筑输配管网的设置原则

医院建筑净化空调系统常设在封闭空间内,外围护结构夏季显热得热有限,内部得热也会有波动,有快速升温和降温的医疗需求,应采用四管制系统。医院其他功能区管路系统的设置在考虑建筑物所在地区全年日照情况及建筑围护结构得热、内部得热蓄热、人员热舒适的范围、卫生防疫情况等,根据各建筑的使用情况分区域分系统设置两管制系统或者四管制系统。

医院建筑管网系统末端的配置一般可遵循下列原则:[10-15]

(1)净化空调系统采用四管制系统,可以随时供冷、供热或再热。

(2)风机盘管系统可按内外分区采用分区两管制系统或者四管制系统。

(3)北方地区的加热盘管宜单设,保证加热器内管道流速稳定,防止冬季加热盘管被冻裂。

(4)当风机盘管与组合式空调机组及新风机组的阻力相差较大时,供给风机盘管的管路宜与供给组合式空调机组、新风机组的管路分开设置。近年来,组合式空调机组的表冷器阻力有所降低,但是否合用管道,设计者可以在前期把表冷盘管的设计阻力降低,同时把风机盘管的水路设计阻力和组合式空调机组表冷系统的阻力控制在一定范围,使用同一管路。

(5)基于安全可靠性的考虑,手术部、ICU、血液病房、生殖中心等重要区域的输配管网系统应从医院的冷热源单独被引出,避免其他区域输配管网系统维修维护的干扰。

(6)支管与立管压降比设计原则。在恒速泵送系统中,在部分负载条件下,4:1的支管与立管压降比产生了95%的设计流量,2:1时为90%,1:1时为80%。应用此比率在不调整控制装置的情况下缓解系统平衡问题。当此比率与变速、变流量泵送系统一起使用时,可使控制区域最小化,并减轻控制交互作用。这也有助于最大限度地减少整体摩擦损失,从而减少所需的泵功率和能源消耗。

(7)在经济条件允许时,可考虑使用立管四管制、新风四管制、风机盘管两管制水系统,适应远期医疗环境的要求,满足造价经济、长远发展、冷热切换灵活,满足区域冷热变换的需求,如图4-38所示。

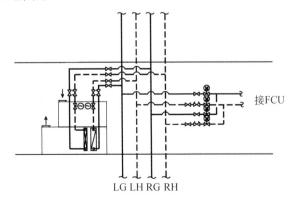

图 4-38 立管四管制,新风四管制,风机盘管两管制水系统

（8）经济条件受限,使用两管制系统供冷供热时,提前供热的区域应单独设置管路。

（9）急诊科、病房楼与门诊、后勤的管路系统宜分开设置。

（10）对于建筑管井内的空调水管道,应为以后的使用功能的变化改造预留一定的输送能力。

（11）膨胀定压装置建议采用高位开式膨胀水箱或高位模式膨胀水箱,采用落地定压罐定压时,宜设置真空脱气装置,并应在系统的最高处设置自动或手动排气装置。系统中排出空气和其他气体很重要,集气会减慢或停止流经终端表冷器的流量,并导致腐蚀、噪声、泵送能力降低。

4.2.2　水系统的变流量设计

在对医疗建筑水系统变流量设计时应对医院各区域全年流量变化和扬程需求进行预测,并充分了解水泵的调节性能。

1. 全年流量(负荷)的变化

下面以郑州两个综合医疗建筑为例,分析医院建筑净化系统和舒适系统的全年负荷变化和带来的流量变化。

案例 1 项目位于河南省郑州市,设计床位 1 000 床。建筑总面积 416 500 m^2,空调建筑总面积 223 700 m^2。门诊医技 43 300 m^2;病房楼 83 000 m^2;净化区 19 300 m^2;生活区 60 000 m^2 研究中心 18 100 m^2;车库及其他,192 800 m^2。项目 2018 年 1 月投入使用,自控系统记录了 2018 年和 2019 年两年间的部分数据。

表 4-6 中的数据为 2019 年 6 月 8 日—9 月 13 日的数据,实际上 5 月 15 日开机,10月中旬停机,其他时间段尚缺原始数据;表 4-7 为季节典型日 2019 年 7 月 30 日和 9 月 15 日各区域单位建筑面积逐时冷负荷,单位建筑面积包括走廊医疗街等交通面积;表 4-8 是不同工作日不同区域的低谷和高峰负荷情况;表 4-9 为各个功能分区典型日负荷变化率。

表 4-6　　2019 年 6 月 8 日—9 月 13 日各区域占各区域不同负荷的时间比例

负荷范围	总负荷小时比例	病房区小时比例	研究机构小时比例	净化区小时比例	门诊小时比例	生活区小时比例
0%～10%	0%	0%	0%	0%	0.1	0%
10%～20%	0%	1.9%	1.1%	0%	6.6%	0%
20%～30%	0.8%	6.1%	22.0%	0%	26.4%	2.2%
30%～40%	15.0%	17.5%	28.0%	0%	25.6%	28.6%
40%～50%	19.7%	19.9%	23.6%	0.2%	10.0%	21.4%

续表

负荷范围	总负荷 小时比例	病房区 小时比例	研究机构 小时比例	净化区 小时比例	门诊 小时比例	生活区 小时比例
50%~60%	16.8%	18.3%	11.7%	9.4%	4.0%	21.0%
60%~70%	20.3%	17.3%	9.6%	28.3%	16.4%	11.0%
70%~80%	16.2%	12.4%	3.5%	35.4%	8.0%	11.6%
80%~90%	9.3%	4.7%	0.3%	21.95%	2.4%	3.8%
90%~100%	1.8%	1.9%	0.1%	4.8%	0.5%	0.4%

表 4-7　　2019 年 7 月 30 日和 9 月 15 日各区域单位建筑面积逐时冷负荷

时　间	病房区/ (W·m⁻²)	研究机构/ (W·m⁻²)	净化区/ (W·m⁻²)	门诊区/ (W·m⁻²)	生活区/ (W·m⁻²)
2019/7/30/12:00:00 AM CST	30.7	27.6	129.8	17.3	37.1
2019/7/30/1:00:00 AM CST	28.9	25.5	125.9	17.3	35.3
2019/7/30/2:00:00 AM CST	27.1	25.5	110.1	17.3	35.3
2019/7/30/3:00:00 AM CST	25.3	25.5	110.1	15.6	33.5
2019/7/30/4:00:00 AM CST	23.5	23.5	114.0	15.6	33.5
2019/7/30/5:00:00 AM CST	23.5	23.5	114.0	15.6	33.5
2019/7/30/6:00:00 AM CST	23.5	23.5	114.0	15.6	33.5
2019/7/30/7:00:00 AM CST	23.5	23.5	114.0	15.6	31.6
2019/7/30/8:00:00 AM CST	31.0	23.5	113.8	35.3	33.4
2019/7/30/9:00:00 AM CST	32.8	25.5	118.4	35.3	31.4
2019/7/30/10:00:00 AM CST	32.8	27.8	134.6	35.3	31.4
2019/7/30/11:00:00 AM CST	34.6	27.8	130.7	35.3	33.3
2019/7/30/12:00:00 AM CST	34.6	29.9	130.7	35.3	35.2
2019/7/30/1:00:00 PM CST	34.6	29.9	130.7	33.6	37.1
2019/7/30/2:00:00 PM CST	34.6	29.9	134.5	33.6	38.9
2019/7/30/3:00:00 PM CST	34.6	29.9	138.6	33.6	35.1
2019/7/30/4:00:00 PM CST	36.4	29.9	142.6	37.0	35.1
2019/7/30/5:00:00 PM CST	36.4	29.9	142.5	37.0	33.3
2019/7/30/6:00:00 PM CST	38.3	29.9	146.7	38.7	35.1
2019/7/30/7:00:00 PM CST	38.3	29.9	142.8	37.0	35.1
2019/7/30/8:00:00 PM CST	36.3	29.9	138.9	19.0	35.1

续表

时　　间	病房区/ (W·m⁻²)	研究机构/ (W·m⁻²)	净化区/ (W·m⁻²)	门诊区/ (W·m⁻²)	生活区/ (W·m⁻²)
2019/7/30/9:00:00 PM CST	32.7	29.9	138.9	19.0	35.1
2019/7/30/10:00:00 PM CST	22.7	27.8	135.0	19.0	35.1
2019/7/30/11:00:00 PM CST	29.1	27.8	135.0	19.0	33.3
2019/7/30/11:55:00 PM CST	29.1	25.8	131.0	19.0	33.3
2019/9/5/12:00:00 AM CST	13.6	16.2	82.8	10.2	19.9
2019/9/5/1:00:00 AM CST	13.6	16.1	82.8	10.2	18.1
2019/9/5/2:00:00 AM CST	11.8	14.6	78.8	10.2	19.9
2019/9/5/3:00:00 AM CST	13.6	16.1	78.8	10.2	19.9
2019/9/5/4:00:00 AM CST	13.6	16.1	78.8	10.2	18.0
2019/9/5/5:00:00 AM CST	11.7	14.6	78.8	10.2	18.0
2019/9/5/6:00:00 AM CST	11.7	14.6	74.8	10.2	19.9
2019/9/5/7:00:00 AM CST	11.7	13.1	75.5	10.2	19.9
2019/9/5/8:00:00 AM CST	13.6	13.1	79.3	11.9	19.9
2019/9/5/9:00:00 AM CST	17.3	10.0	83.2	23.1	18.0
2019/9/5/10:00:00 AM CST	19.1	11.6	87.2	21.4	18.0
2019/9/5/11:00:00 AM CST	19.1	13.2	87.3	23.1	18.0
2019/9/5/12:00:00 AM CST	20.9	14.7	87.3	23.1	21.7
2019/9/5/1:00:00 PM CST	21.0	14.7	87.3	23.1	21.7
2019/9/5/2:00:00 PM CST	21.0	14.7	87.3	23.1	21.7
2019/9/5/3:00:00 PM CST	18.4	14.8	84.5	21.6	11.8
2019/9/5/4:00:00 PM CST	18.4	14.6	84.5	21.6	11.8
2019/9/5/5:00:00 PM CST	17.2	14.6	84.5	21.6	11.8
2019/9/5/6:00:00 PM CST	17.2	14.6	81.1	20.3	11.8
2019/9/5/7:00:00 PM CST	17.2	14.6	81.0	19.1	12.5
2019/9/5/8:00:00 PM CST	16.0	14.7	81.0	13.7	12.5
2019/9/5/9:00:00 PM CST	14.8	14.7	77.5	9.9	12.5
2019/9/5/10:00:00 PM CST	13.6	13.2	74.1	9.9	11.8
2019/9/5/11:00:00 PM CST	12.5	13.1	77.6	8.7	12.5
2019/9/5/11:55:00 PM CST	12.4	13.1	74.3	8.7	12.5

注:单位面积包括走廊医疗街等交通面积。

表4-8　　　　　　　　　　　　　典型日各功能区低谷及高峰出现时间和负荷

年/月/日		低谷时间	建筑面积冷指标/(W·m⁻²)	使用面积冷指标/(W·m⁻²)	高峰时间	建筑面积冷指标/(W·m⁻²)	使用面积冷指标/(W·m⁻²)
2019/5/20	周一	18:50	6.09	7.94	17:50	13.00	16.94
2019/6/7	周五	7:00	10.38	13.53	15:15	17.10	22.29
2019/6/8	周六	7:10	10.85	14.14	14:40	16.49	21.48
2019/6/9	周日	7:05	25.02	32.61	17:20	30.12	39.24
2019/6/10	周一	7:05	22.44	29.24	16:20	28.91	37.68
2019/6/19	周三	5:50	28.22	36.77	16:55	34.70	45.21
2019/6/30	周日	7:05	21.74	28.33	16:55	26.90	35.06
2019/7/3	周三	6:00	25.14	32.76	16:05	32.50	42.35
2019/7/18	周四	6:20	24.27	31.63	17:25	35.28	45.98
2019/7/19	周五	6:45	41.06	53.50	16:30	52.03	67.80
2019/7/22	周一	6:50	39.19	51.06	17:10	51.16	66.66
2019/7/24	周三	6:20	45.36	59.11	18:35	51.37	66.93
2019/7/29	周一	6:55	44.49	57.97	13:50	58.33	76.00
2019/8/4	周日	7:10	20.80	27.11	19:05	24.59	32.05
2019/8/5	周一	6:55	53.38	69.55	16:35	67.05	87.37
2019/8/15	周四	23:50	24.38	31.77	17:20	29.70	38.71
2019/9/6	周五	7:15	26.71	34.80	19:15	33.85	44.10
2019/9/11	周三	8:10	11.02	14.36	17:30	13.68	17.82

注：表中的建筑面积指设置空调的区域，包括疏散面积，计算使用面积时对一部分未启用的建筑面积进行了折减。

表4-9　　　　　　　　　　　　　各个功能分区典型日负荷变化率

年/月/日	中央站房负荷变化率	病房区负荷变化率	研究机构负荷变化率	净化区负荷变化率	门诊区负荷变化率	生活区负荷变化率
2019/6/8	0.33	0.29	0.58	0.07	0.68	0.45
2019/6/9	0.29	0.42	0.29	0.20	0.61	0.14
2019/7/7	0.31	0.44	0.37	0.18	0.52	0.18
2019/7/8	0.28	0.36	0.32	0.17	0.54	0.25
2019/7/29	0.38	0.46	0.32	0.19	0.65	0.31
2019/7/30	0.31	0.39	0.22	0.25	0.60	0.19
2019/8/14	0.32	0.45	0.63	0.18	0.49	0.33
2019/8/15	0.38	0.50	0.35	0.12	0.58	0.36
2019/8/16	0.71	0.73	0.89	0.45	0.90	0.67

续表

年/月/日	中央站房负荷变化率	病房区负荷变化率	研究机构负荷变化率	净化区负荷变化率	门诊区负荷变化率	生活区负荷变化率
2019/9/9	0.34	0.48	0.56	0.16	0.69	0.27
2019/9/10	0.52	0.60	0.70	0.28	0.77	0.59
2019/9/11	0.34	0.62	0.79	0.32	0.69	0.78

从表4-6可以看出不同建筑负荷集中的区域不一样；表4-7截取了一部分日负荷变化情况，从3个月的数据来看，中央系统最低负荷在上午7时左右，6月负荷最高点大部分在下午5时之前，7月每日最高负荷大部分在下午5时—6时。从表4-8中的数据可以看出，负荷没有在周末变小的情况，制冷负荷受季节影响，7月29日达到高峰。从表4-9中的数据可以看出，不同功能区不同季节日负荷变化率差别很大。

本项目空调建筑面积(包括交通面积)设计指标为110 W/m²，空调建筑面积运行指标为56 W/m²，冷机选择3大1小，运行正常。如果按建筑面积指标选配制冷机，如100 W/m²，选3台同样制冷机，当开启1台时是33 W/m²，制冷机会有约43.80%的情况是机器在50%负荷下运行的。推算6月8日—9月13日，如果按100 W/m²选2大1小制冷机，开启小机时是20 W/m²，制冷机会有10%的情况是机器在50%负荷下运行的；加上5月和9月中下旬的时间，机器在50%负荷下运行的时间会更长。

案例一是政府在开发区布局并带有研究性质的医院，目前门诊区人员密度还没有达到规划的人员密度，数据可以作为相同性质医院作为参考。

案例二、建筑面积13万m²，地下四层功能是车库餐厅，地上1～6层低区功能是透析、静配、DSA、心外手术、ICU，地上中区7～15层为病房，地上高区16～25层为办公科研用房。夏季负荷计算结果如表4-10所示。

表4-10　　　　　　　　　某医疗建筑物冷负荷出现的频率

净化区独立运行			舒适区独立运行（湿度优先）			净化区与舒适区联合运行（湿度优先）		
负荷范围/kW	出现时间/h	占比	负荷范围/kW	出现时间/h	占比	负荷范围/kW	出现时间/h	占比
100～350	111	2.60%	350～700	408	10.07%	350～700	44	1.08%
350～700	59	1.38%	700～1 050	785	19.37%	700～1 050	86	2.12%
700～1 050	113	2.64%	1 050～1 400	201	4.96%	1 050～1 400	60	1.48%
1 050～1 400	248	5.80%	1 400～1 750	44	1.09%	1 400～1 750	101	2.49%
1 400～1 750	447	10.46%	1 750～2 100	29	0.72%	1 750～2 100	156	3.85%
1 750～2 100	684	16.00%	2 100～2 450	100	2.47%	2 100～2 450	148	3.65%

续表

净化区独立运行			舒适区独立运行（湿度优先）			净化区与舒适区联合运行（湿度优先）		
负荷范围/kW	出现时间/h	占比	负荷范围/kW	出现时间/h	占比	负荷范围/kW	出现时间/h	占比
2 100～2 450	241	5.64%	2 450～2 800	133	3.28%	2 450～2 800	198	4.88%
2 450～2 800	435	10.18%	2 800～3 150	149	3.68%	2 800～3 150	235	5.79%
2 800～3 150	507	11.86%	3 150～3 500	141	3.48%	3 150～3 500	254	6.26%
3 150～3 500	553	12.94%	3 500～4 200	349	8.61%	3 500～4 200	201	4.95%
3 500～4 200	802	18.76%	4 200～4 900	346	8.54%	4 200～4 900	124	3.06%
4 200～4 900	75	1.75%	4 900～5 600	360	8.88%	4 900～5 600	252	6.21%
			5 600～6 300	300	7.40%	5 600～6 300	254	6.26%
			6 300～7 000	259	6.39%	6 300～7 000	211	5.20%
			7 000～7 700	189	4.66%	7 000～7 700	293	7.22%
			7 700～8 400	123	3.03%	7 700～8 400	245	6.04%
			8 400～9 100	86	2.12%	8 400～9 100	275	6.78%
			9 100～9 800	41	1.01%	9 100～9 800	203	5.00%
			9 800～10 500	10	0.25%	9 800～10 500	203	5.00%
			10 500～11 200	0	0.00%	10 500～11 200	166	4.09%
			11 200～11 900	0	0.00%	11 200～11 900	141	3.48%
			11 900～12 600	0	0.00%	11 900～12 600	88	2.17%
						12 600～13 300	64	1.58%
						13 300～14 000	38	0.94%
						14 000～14 700	14	0.35%
						14 700～15 400	3	0.07%
						15 400～16 100	0	0.00%
						16 100～16 800	0	0.00%
						>16 800	0	0.00%

注：表中净化区剔除负荷小于 100 kW 的数据，舒适区负荷计算剔除了负荷小于 350 kW 的数据。

从表 4-10 中可以看出，净化系统独立运行且系统使用 1 台水泵供应时，水泵流量（冷机负荷）小于 60% 的时间占整个供冷季的 46.17%；系统使用 2 台水泵供应时，水泵流量（冷机负荷）小于 60% 的时间占整个供冷季的 17.15%。供应净化系统采用大小机搭配，使用 3 台水泵供应系统时，水泵流量（冷机负荷）小于 60% 的时间降到 5% 以下。对于净化区，内部有大量稳定热源，负荷变化不明显，经济条件一般时，选择 2 台机组和对应的水泵基本可以满足需求。

从表 4-10 中还可以推算出,舒适区独立运行时,当系统使用 2 台水泵及冷机供应系统时,使用流量(冷机负荷)小于 60% 的时间占整个供冷季的 60%;系统使用 3 台同样流量水泵及冷机供应系统时,使用流量(冷机负荷)小于 60% 的时间占整个供冷季的 45.94%。宜配置小机来解决大马拉小车的问题。

从表 4-10 中可以推算出,净化区与舒适区联合运行,选用四台同样大小制冷机,使用流量(冷机负荷)小于 50% 的时间是 11%。当选用 3 大 1 小时,使用流量(冷机负荷)小于 50% 的时间是 4.66%。净化区与舒适区联合运行还是宜配置小机,解决小负荷时与冷机配套的水泵能在高效点运行。

2. 水泵的扬程

设计者需要根据初始成本和能源成本之间的关系,对冷水机组蒸发器、换热器、冷热水盘管、过滤器等设备的阻力预设定,同时充分了解水量变化对负荷处理能力的影响。通常因为技术经济原因,设备阻力在后期实施时会有一定的变化,设计者应保留设备招标后,校正水泵扬程的权利。

输配系统的节能设计首先要减少管路系统的阻力降低输送水泵的扬程,考虑的因素有:
(1) 控制冷水机组蒸发器、冷凝器、水-水换热器的水阻力。
(2) 通过降低管路的水流速从而降低管路的沿程阻力。
(3) 采取选用低阻力过滤器、预留合理的电动调节阀阀权度等措施降低管路的局部阻力。

3. 水泵的调节特性

水泵的运行特性必须与系统运行要求相匹配,系统运行曲线与泵运行曲线相交很重要,设计必须确保系统运行在泵曲线高效区,如图 4-39 所示。

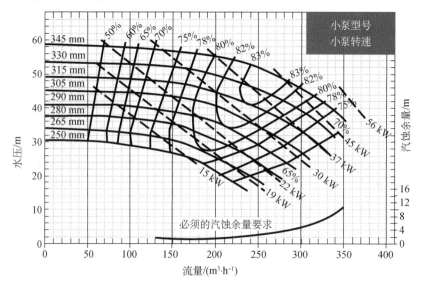

图 4-39 某制造商水泵曲线图

水泵变速调节的方法有：末端压力控制调节和无压差传感器调节。

（1）末端压力控制水泵变速调节最典型的应用是控制管网一个或多个支管的压差。在一般应用中，通过控制阀或阀门、盘管和支管感测压差。控制器的设定值等于设计流量下传感元件的压力损失。例如，一个 35 kPa 的压差被用来调整控制阀的尺寸；传感器连接来感应整个阀门的压差，感应控制器 35 kPa 的设定值。当控制阀根据控制信号（图 4-40）从①到②关闭时，通过支管的压差随着系统曲线沿泵曲线逆时针移动而升高。泵控制器感应到压差的增加，将泵的速度降低到③点，大约 88% 的速度。在一般控制阀应用中，当阀门从 100% 开度调整到 90% 开度时，合理选择的具有 50% 阀门权限的等百分比阀门应将流量减少约 30%。阀门 10% 的冲程变化应使泵的工作功率降低约 70%。

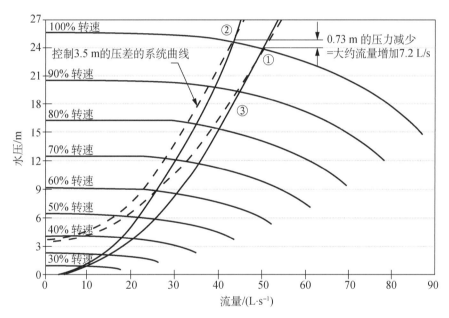

图 4-40　变速泵系统曲线示意

（2）无压差传感器调节变频泵变流量系统是一种全新的控制方式，它可以实现水泵出口恒压力、冷冻机房供回水总管之间恒压差、系统最不利环路末端入口恒压差等集中控制方式。根据水泵控制曲线自动运行。无传感器控制技术是根据采集变流量系统中管道特性曲线发生变化后的功率的变化，进而将水泵频率调整至预设控制曲线（控制曲线为水泵特性曲线与系统管道曲线的交点）上，实现变流量变压差控制。在变流量系统中，选择变频水泵时，应将满负荷工作点选定在水泵高效区的偏右侧，更利于降低其在整个生命周期中的运行费用。

4. 一级泵变流量系统设计[16-17]

一级泵变流量系统因为简单经济在医院建筑都有大量的运用。一级泵变流量使用中应注意的问题是冷水机组蒸发器需要一定的流速,蒸发器的选择通常限于最大流速 3.4 m/s,最小流速在 0.46～0.61 m/s,通常低速为 1.2 m/s。蒸发器内的水流速过低,会使冷水机组 COP 下降,工作性能恶化,当铜管内的水流速超过 3.6 m/s,会造成侵蚀现象。各个品牌的冷水机组都会给出最小流量限制,一般为额定流量的 50%～60%。同时这也是一次泵变频性能较佳的工况点。一级泵变流量还要考虑水泵减少流量时压力也减少对盘管换热能力的影响。[18-20]

由于一级泵和冷水机组的调节性能限制,要求一级泵和冷水机组搭配尽量能使冷机和水泵适应全年的空调负荷变化,且能使冷机和水泵都在高效区运行。

流量需求和扬程需求综合作用下的节能量如表 4-11 所示[21]。

表 4-11 泵类变频调速节电率

实需流量/%	实需扬程/%		
	90	80	70
	节电率		
90	9～12	12～16	15～20
80	15～20	17～23	20～27
70	19～26	22～30	25～34
60	23～31	25～34	28～38

医院一级泵变流量系统设计搭配案例:某专科病房楼,新建建筑面积 62 819.05 m²,地上建筑面积 41 186.47 m²,建筑共 22 层,地下建筑面积 20 754.35 m²,地下共 3 层,建筑高度 89.7 m,住院床位 650 张。

设有两个冷热源。

1# 集中冷热源位于病房楼地下一层 1# 制冷站房。内设 2 台制冷量为 1 934 kW 的高效离心机＋1 台制冷量为 1 231 kW、制热量为 406 kW 的热回收螺杆式冷水机组,1 台制冷量为 1 231 kW 的高效磁悬浮离心机机组。冷冻水供、回水温度为 6 ℃/12 ℃,热水供、回水温度为 60 ℃/45 ℃。冷冻水系统采用一级泵变流量系统。

2# 集中冷热源站位于净化机房屋面,共设 3 台全年全工况四管热泵冷水机组,具体配置为同时制冷量 428 kW/制热量 447 kW 的 2 台＋同时制冷量 232 kW/制热量 257 kW 的 1 台。1# 冷热源与 2# 冷热源站的冷源热源相通,全年有冷热源供应。

1# 冷热源如图 4-41 所示,2# 冷热源如图 4-42 所示。

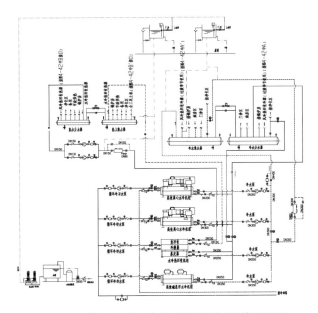

图 4-41　某一级泵变流量(带热回收)系统原理图

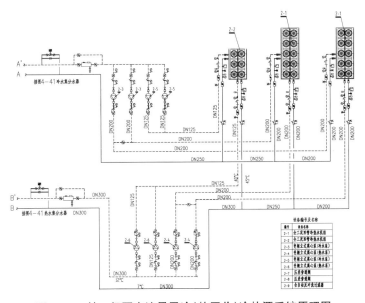

图 4-42　某一级泵变流量风冷(热回收)冷热源系统原理图

1#冷热源大冷机与小冷机可独立运行,可联合运行,满足初夏季节联合运行及夏季高温高湿季节洁净区与舒适区分开运行的要求。夏季普通区供水 7~9 ℃,洁净区供水 6~7 ℃。

2#冷热源满足净化区域冬季不间断冷热源的要求,同时在春季及秋季为大系统供热。

5.二级泵变流量系统设计

二级泵及多级泵在建筑中被使用很广泛,也很成熟。多级泵最大的优点是:冷源侧一级泵定流量能可靠保证冷水机组蒸发器的换热能力；二级侧可以设置多台水泵，可以更好地匹配二级侧全年的流量变化，而不用考虑冷水机组的流量限制问题。同时，水泵并联变频运行可以使水泵在高效区运行。

二级泵设计需要注意的问题是一级和二级侧的混水，供水温度可能会比设计温度高。二级泵设计另一个注意的问题是平衡管（盈亏管）的设计，平衡管管径与总管管径相同；平衡管上不应设置有关断功能的阀门，以避免阀门被误操作；可设置水流方向指示器和流量计，用于一级泵的控制。

医院项目中需根据服务区域的使用功能、时间、系统阻力确定二级泵的设置。郑州某医院二级泵机房图如图 4-43 所示。项目总制冷量 24 613 kW(7 000 RT)，冷冻机房 1 400 m²。二级泵设计了 6 个区域（包括二期预留），每个区域二级泵设置了 3 台水泵。系统运行正常。

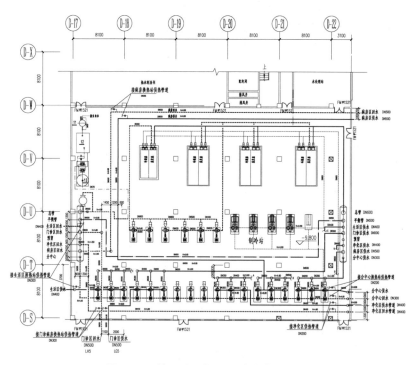

图 4-43　某医院二级泵系统站房平面图

4.2.3　空调冷水大温差输送

1. 医疗建筑空调冷水供水、回水温度的确定

对于人员密集的医院，夏季高温高湿季节，供水温度为 5~7 ℃，回水温度 12~13 ℃，可保证医疗环境的温度和湿度，营造微生物不宜生存的环境。某些地域及某些季节，室外温度高，但绝对含湿量不大，这时可以提高制冷系统的供回水温度，在满足冷却温度的需

求下,达到系统节能运行的目的。中国气候区很多,海拔高度也不同,室外绝对含湿量达到一定数值的时间也不同。设计人员可以根据医院所在地区,医院的经营性质,综合考虑人员密度和经济水平,同时考虑制冷机的制冷效率,确定系统的供回水温度。[22]

2. 大温差输送

医院中央空调系统 24 h 运行,空调水泵的能耗是相当可观的。采用大温差输送的主要目的是节省输送水泵的能耗,常规系统的冷水供水温差为 5 ℃,如果将冷水供回水温差加大到 6~9 ℃,水系统的输送能耗可大幅度降低。例如当供回水温差 6 ℃代替 5 ℃时,水泵流量减少 17%,能耗降低 17%;供回水温差 7 ℃代替 5 ℃时,水泵能耗降低 29%。此外,大温差输送可减小相应的水管管径,降低项目的初投资。

医院空调系统的末端通常以风机盘管为主,采用大温差时水量减小,某种条件下会造成风机盘管的制热制冷性能降低,因此,在设计大温差系统时应注意盘管的选型和水系统的流量分配以确保末端的供冷供热效果。

4.3 空调末端系统

4.3.1 根据使用功能合理采用末端系统

医疗建筑,特别是大型综合医院,其建筑特点是内部功能复杂、科室种类多,各科室往往形成独立医疗流线,同时部分科室之间又有较为紧密的联系。在医院建筑中,常见且主要的科室及功能分区,包括如门诊大厅、门急诊、医技、洁净手术部、病房、办公及后勤保障,等等,各个科室因不同的温湿度要求、洁净度要求以及使用功能、使用时间的不同,应根据具体的功能及使用要求来选用不同形式的末端,以此来达到在满足相关功能要求的同时还能更好地保证系统高效、节能地运行。

表 4-12 给出了医院典型功能区域常用的空调末端形式,以及常用能效提升措施。下面对各典型区域的末端系统设置做简要介绍。

表 4-12 医院不同功能区常用末端系统形式及能效提升措施

序号	区域名称	常用末端系统形式	常用能效提升措施	备注
1	门诊大厅	全空气系统	(1)设置可开启外窗自然通风; (2)设置可调新风比措施,过渡季可加大新风量运行; (3)风机设变频控制	
2	诊室	风机盘管＋新风系统	在投资允许的情况下可采用直流无刷风机盘管	

续表

序号	区域名称	常用末端系统形式	常用能效提升措施	备注
3	放射科、核医学科	变冷媒流量分体多联机	尽可能采用高效率机组；可采用三管制多联机实现同时制热；也可采用水环多联机结合周边外区空调实现制冷制热循环	后续表中房间发热量供参考
4	病房	风机盘管＋新风系统	(1)因病房需 24 h 运行,可采用直流无刷风机盘管,节能效果明显; (2)设置新排风显热回收	
5	发热门诊	风机盘管＋新风系统	(1)新排风量较大,有条件时可设置新排风显热回收; (2)考虑平疫结合,可采用双风机或风机变频,平时采用小新风量,疫时采用大新风量	负压隔离病房采用全新风直流系统
6	医办、会议	风机盘管＋新风系统	可设 CO_2 浓度监测,根据 CO_2 浓度调节新风量,节约新风处理能耗	

注:检验科、病理科、洁净手术部、中心供应等特殊功能区域,详见本书相关章节内容。

1. 门诊大厅

医院的门诊大厅是医院的门户,也是病人第一时间到达的地方,各种病人在此汇聚。国内医院门诊大厅呈现的主要特点是人员密集,故门诊大厅所需求的面积往往较大,同时为了营造一定的通透感,门诊大厅往往挑空几层或设部分挑空区。对于门诊大厅空调末端,设计时常常采用一次回风全空气空调系统;根据项目的特点,对于未挑空部分可采用顶送下回气流组织形式,对于门厅挑空部分可视其挑空高度、进深等采用侧送下回或顶送下回等气流组织形式。空调机组内需设置高中效及以上过滤器,加强对空调循环空气的过滤。同时,门诊大厅上空往往设置集中排风,及时排出余热及带病菌的污浊空气,确保新风的供应。门诊大厅人员出入频繁,冬季的冷风入侵负荷较大,特别对于严寒及寒冷地区,门诊大厅宜同时设置地板辐射供暖系统。

在建筑设计上,门诊大厅高位应尽可能设置可开启外窗,在过渡季实现自然通风,在确保门诊大厅通风换气、提升空气质量的同时,达到减少开启空调、通风系统的运行时间,实现节能运行。

2. 诊室

诊室设计时往往采用风机盘管加独立新风系统。在室内新风口布置时,应将新风口布置在靠医生侧,排风设置在病人入口侧或通过走廊、门诊大厅上空等集中排风,可实现更好的新排风气流组织,提高房间通风效率。

3. 医技科室

医技科室中主要有以诊断为主的科室(如影像科、检验科、病理科、功能检查、超声、内镜等)、以治疗为主的科室(如核医学科、放疗科、血透等)以及以供应为主的科室(如药剂科、营养科、中心供应等)。一般根据各科室的工艺要求、使用特性等选用合理的空调末端形式。对于检验科、病理科、中心供应等特殊功能区域详见本书相关章节内容。

1) 放射科(表 4-13—表 4-18)

医院放射科包含普通 X 线拍片、直接数字化 X 线摄影系统(DR)、乳腺钼靶 X 线摄影、计算机 X 线断层扫描(CT)、数字减影血管造影系统(DSA)、磁共振(MRI)等。上述放射影像设备均为贵重精密设备,若采用常规风机盘管水系统,一旦系统漏水将造成重大损失,故空调系统水管不应进入房间,所以上述功能房间多采用变冷媒流量分体多联式空调系统。

表 4-13　　DR 温湿度要求及散热量

房间	温度/℃	温度变化率/(℃·h⁻¹)	湿度	湿度变化率/h⁻¹	散热量/kW
检查室	22	≤8	30%~75%	≤8%	1.85
控制室	24	≤8	30%~75%	≤8%	0.4

表 4-14　　乳腺钼靶 X 线摄影温湿度要求及散热量

房间	温度/℃	温度变化率/(℃·h⁻¹)	湿度	湿度变化率/h⁻¹	散热量/kW
检查室	24	≤4	30%~75%	≤10%	3
控制室	24		30%~75%		0.4

表 4-15　　CT 温湿度要求及散热量

房间	温度/℃	温度变化率/(℃·h⁻¹)	湿度	湿度变化率/h⁻¹	散热量/kW
扫描间	22	≤3	30%~60%	≤5%	13.8
操作间	24	≤3	30%~60%	≤5%	2.6

表 4-16　　温湿度要求及散热量

房间	温度/℃	温度变化率/(℃·h⁻¹)	湿度	湿度变化率/h⁻¹	散热量/kW
扫描间	22	≤8	30%~75%	≤8%	1.87
操作间	24	≤8	30%~75%	≤8%	1.0
设备间	≤32	≤8	30%~75%	≤8%	9.75

注:DSA 是否设置净化需根据医疗工艺要求确定。

表 4-17   MRI 温湿度要求及散热量

房间	温度/℃	温度变化率/(℃·h⁻¹)	湿度	湿度变化率/h⁻¹	散热量/kW
磁体间	22	≤3	30%～60%	≤5%	3.4
操作间	24	≤3	30%～75%	≤5%	1.45
设备间	≤32	≤3	30%～75%	≤5%	22.4

注:所有房间温度梯度应严格控制在 3 ℃ 以内。

表 4-18   肠胃机温湿度要求及散热量

房间	温度/℃	温度变化率/(℃·h⁻¹)	湿度	湿度变化率/h⁻¹	散热量/kW
检查室	24	≤4	30%～75%	≤10%	5.5
控制室	24	—	30%～75%	—	0.4

放射功能区相关房间(扫描件、控制室、设备间等)空调末端系统工艺对温湿度范围以及温度变化率均有一定的要求,除 MRI 一般根据工艺配置恒温恒湿机组外,上述房间的温湿度允许变化范围及变化率范围较为宽泛,多联式空调系统可满足其使用要求。典型房间的温湿度要求及设备发热量供参考(具体项目参数需与工艺最终确定)。

2)放射科通风空调系统提升能效的常用措施

(1)采用高效率的通风空调设备。

(2)从系统可靠性角度看,有条件的相关房间尽可能设置不少于 2 台室内空调机,2 台室内空调机连接不同外机系统,且单台容量可按总负荷的 70% 来考虑,确保一台损坏后另一台能保证 70% 的运行能力,维持房间一定的温湿度;平时 2 台同时运行也能提高系统的运行效率。

(3)对于不同功能的检查室、控制室,其设备发热量悬殊较大,且有存在检查室、控制室制冷、制热需求不同步的情况,在选用多联机空调系统的时候,可以选用三管制多联机,可同时满足同一系统内不同房间的制冷、制热需求,也可以提高系统运行效率。

(4)对于放射科,其设备的发热量较大,且科室往往位于建筑内部,室内形成较为稳定的冷负荷,过渡季甚至冬季均有供冷需求。在系统设计上,对于有外区制热需求的区域,若冷热负荷可匹配,可采用水源多联机,不仅相对于空气源多联机可大大提高制冷效率,且冷凝热至水环空调系统后可用于冬季外区的供热,可提升系统整体运行能效。

3)核医学科

核医学是采用核技术来诊断、治疗和研究疾病的一门新兴学科。核医学包括临床核医学和实验核医学两部分。实验核医学包括核药学和核素失踪技术等,其任务是发展、创立新的诊疗技术和方法,推动临床核医学的发展,促进医学科学的进步。临床核医学又分为诊断核医学和治疗核医学两大部分。

对于核医学科的相关功能房间及设备机房中,r 相机、SPECT,PET,SPECT/CT(参照 CT)，PET/CT(参照 CT)均可采用多联机系统，PET/MR 空调及通风要求参照 MRI（表 4-19、表 4-20）。

表 4-19　　　　　　　　　PETCT 温湿度要求及散热量

房间	温度/℃	温度变化率/(℃·h⁻¹)	湿度	湿度变化率/h⁻¹	散热量/kW
扫描间	22	≤3	30%～60%	≤5%	18.35
操作间	24	≤3	30%～60%	≤5%	3.32

表 4-20　　　　　　　　　SPECT 温湿度要求及散热量

房间	温度/℃	温度变化率/(℃·h⁻¹)	湿度	湿度变化率/h⁻¹	散热量/kW
扫描间	22	≤3	40%～70%	≤5%	2.62
操作间	24	≤3	40%～70%	≤5%	0.53

注：SPECT 设备的晶体探测器对湿度要求非常严格，要求在扫描间配备专用的抽湿设备。

核医学科室暖通设计的重点应关注通风系统，空气流向应从非限制区到中低活性区再到高活性区，三个区域的通风系统应分别独立设置。对于高活性区排风应经高效过滤器和活性炭吸附后高空排放，对中低活性区排风应经活性炭吸附后高空排放。

上述核医学科室诊断中，涉及用于标记各种分子探针的正电子放射性核素，如 18F（氟-18）、11C(碳-11)、13N(氮-13)等，为减少其对人体的伤害，所使用的正电子放射性核素的半衰期往往较短，故需要就近设置回旋加速器即制即用。

表 4-21　　　　　　　　　回旋加速器温湿度要求及散热量

房间	温度/℃	温度变化率/(℃·h⁻¹)	湿度	湿度变化率/h⁻¹	散热量/kW	压力控制
回旋加速器室	22	≤3	30%～60%	≤5%	2	-15
放化合成室	24	≤3	30%～60%	≤5%	1	-15
设备间	25	≤3	30%～60%	≤5%	3	
操作间	24	≤3	30%～60%	≤5%	1	

回旋加速器运行时发热量如表 4-21 所示，但其在待机时也有一定的负荷需求。加之其往往放在地下室且有较厚的围护结构，其白天及夜间、过渡季甚至冬季均有供冷需求，空调系统可采用分体多联机空调或机房空调。房间排风口设置在低位，房间应保持 15Pa 负压且排风出口高空排放。

4) 放疗科

放疗是利用放射线治疗肿瘤的一种局部治疗方法。常见的射线放疗设备包括：直线加速器、螺旋断层放疗、X 刀、后装机、60CO、伽马刀、射波刀、同步加速器等。同时，现在放疗科室还包含了非射线治疗，如热疗、海扶刀、氩氦刀等(表 4-22)。

表 4-22　　　　　　　　直线加速器、光波刀、伽马刀温湿度要求及散热量

房间	温度 /℃	温度变化率 /(℃·h⁻¹)	湿度	湿度变化率 /h⁻¹	散热量 /kW	换气 次数
治疗室	22	≤3	30%～70%	≤5%	5	12
控制室	24	≤3	30%～70%	≤5%	2	
设备间	5～40	—	—	—	15	

对于直线加速器、螺旋断层放疗、X 刀、后装机、60CO、伽马刀、射波刀、同步加速器、热疗、海扶刀、氩氦刀中，氩氦刀属于微创手术，需与使用方沟通是否需要按洁净用房设计；断层加速器因工艺要求送风温度较低，适宜采用机房空调。其他房间可按分体多联式空调系统设计。

5）功能检查及内镜中心

功能检查主要包含心电图、B 超、肺功能等检查，相应的房间设备发热量不大，且房间一般面积较小，可按风机盘管加独立新风系统设计。

内镜中心主要包含支气管镜、胃镜、肠镜、膀胱镜等功能检查，相应的检查房间设备发热量也相对较小，且房间面积一般不大，一般也无净化要求，可按舒适性空调设计，采用风机盘管加独立新风系统。同时，对于内镜检查，相关房间应加强机械通风，及时排除房间异味。对于洗镜及消毒间，应确保排风系统换气次数每小时不小于 6～8 次。

6）输血及血透

输血科主要包含贮血、配血及合理用血功能。相关房间可按舒适性空调系统设计，如可采用风机盘管加独立新风系统。但对于血液保存，往往放置在 4 ℃冰箱（如储存血红细胞）或－20 ℃低温冰箱（如储存冰冻血浆）。对于储血间冰箱长期运行，房间应设置良好的通风措施以排除冰箱散热，有必要时应设置分体空调。

血透平面布局包括办公区及功能区，功能区包含如候诊、接诊、抢救室、透析间、隔离透析间等。隔离透析间主要为乙肝、丙肝、梅毒等传染病患者使用，但上述疾病不通过空气传播。相关房间（包括隔离透析间）均可以采用风机盘管加独立新风系统。在系统设计上，血透区域人员密度较高，同时因透析机每完成一次透析均需要消毒，室内应有良好的新风及排风措施。

7）药库、病案室等

药库是医院门诊、住院部的用药库房。按药品类别可分为中药、西药库。药库应保持良好的通风。对于特殊药品（如麻醉药品、一类精神药品、毒性药品、放射性药品等）的存贮要有专用的设施；对热不稳定的药品应冷藏，要有专用的冷库（冷柜、冰箱），对于部分有一定低温要求的药品需要存放在阴凉库（一般要求室温＜20 ℃），常规要求存在常温库（0～30 ℃）。对于中药库，空调需求要求不高，但是设计时应考虑配置除湿机，除湿机控制房间的相对湿度，避免中药材回潮、发霉等；对于西药库，设置舒适性空调系统即可；对

于常温库,一般无空调需求。对于阴凉库,要求室温常年小于20℃,建议配置独立的空调系统(如多联机、直膨机等)满足其独立的温度控制要求。

对于医院的病案室,各类病历存档较多,往往为密集库。病案室对于室内温度控制不严格,可不设置空调系统。但对于重要病历档案室,应设置空调或恒温恒湿空调系统。病案室往往设置在地下室,未设置空调系统的病案室建议配置除湿机,控制房间湿度,防止档案霉变。

4. 中心供应及静脉配置

中心供应在通风空调设计时,应按功能保持其有序的压力梯度和定向气流。同时,在功能流线上,主要分为灭菌前、灭菌后两个部分。灭菌前的区域(如接收、去污、清洗、分类等)可按舒适性空调选用空调末端,灭菌后的区域(如敷料打包、敷料存放、无菌存放等)应按洁净用房选用末端。舒适性空调区可采用风机盘管加新风系统,洁净区域可采用净化风机盘管加净化新风系统(可按洁净度8.5级设计)。

静脉配置中心(PIVAS)主要包括全胃肠外营养液、细胞毒性药物和抗生素等静脉药物配置。静脉药物配置区需设置净化空调系统,根据《静脉用药调配中心建设与管理指南(试行)》以及《医药工业洁净厂房设计标准》(GB 50457—2019)的相关规定,配液中心生产区空气洁净度应按洁净度7级设计;一些关键操作应在洁净度5级环境下进行,局部洁净度5级环境可由洁净工作台或生物安全柜来提供。对于全胃肠营养液配置,可采用常规一次回风系统;对于细胞毒性药物及抗生素药物配置间,虽其配置过程在生物安全柜内进行,但因其配置药物对人体有害,设计应采用全新风直流式系统。同时,新风系统应采用变频控制,与生物安全柜排风电动阀进行相应联动控制。在生物安全柜关闭时新风机调小运行频率,节约新风系统能耗。有条件时,也可对新排风进行热回收,热回收应采用新排风隔绝形式避免新排风交叉,如采用热管、新排风压缩冷凝机组等热回收方式。

5. 病房

1)普通病房

普通病房一般没有特殊的洁净要求,设计时往往采用风机盘管加独立新风系统。其风机盘管过滤器的设置要求同诊室。也有病房采用主动式冷梁、冷辐射吊顶、干式风机盘管等系统。但国内病房往往开窗的愿望比较强烈,采用干式风机盘管系统应慎重。

2)血液病房

白血病患者因基本丧失对疾病的抵抗力,故白血病患者的治疗需要在无菌环境中进行。白血病的治疗周期一般为1~2个月,甚至更长,在此期间内,患者不能离开病房,因此,血液病房需要长时间保持空气洁净要求。《综合医院建筑设计规范》(GB 51039—2014)中7.5.4条中对血液病房有相应的规定:治疗期血液病房应选用Ⅰ级洁净用房,恢复期血液病房宜选用不低于Ⅱ级洁净用房。应采用上送下回的气流组织方式。[23]

故对于血液病房,为了满足其百级的净化要求,其空调末端应选用全空气处理机组,机组内及末端送回风口按百级净化要求配置相应的过滤器,且空调机组内应设置独立的双风机并联,互为备用。房间应保持正压。送风应采用变频调速控制或设双速调节。整个机组 24 h 运行。

3) 烧伤病房

烧伤病房应根据需要,确定是否选用洁净用房。当采用洁净用房时,往往多为Ⅲ级洁净用房,其空调末端可采用净化型全空气处理机组,也可以采用净化风机盘管系统。多房间集中设置时,有条件可设置新排风热回收系统用于提升系统运行能效。

4) 负压隔离病房

负压隔离病房专用于收治呼吸道传染病病人,其主要功能是靠维持房间内相对于大气或周围环境呈负压状态,防止致病微生物以空气为媒介进行传播。对于可经空气传播的负压隔离病房应采用 12 次/h 全新风系统。

对于普通病房区域,其新风换气应不小于 2 次/h;对于有洁净要求的病房和负压隔离病房,新风量需求量更大,甚至为直流式,病房的新风系统需全天 24 h 连续运行且节假日无休。故病房区空调通风应尽可能节能,常用节能措施如下:

（1）对于新排风应尽可能设置热回收。热回收应采用新排风隔绝形式避免新排风交叉,如采用热管、新排风压缩冷凝机组等热回收方式。

（2）普通病房可采用直流无刷风机盘管,可达到明显节能效果。

（3）还可设计窗户磁开关与风机盘管电动水阀连锁,开启窗户时关闭水阀,实现节能运行等。

6. 传染病区(楼)

传染病区空调通风系统设计时,需执行的主要规范包括《传染病医院建筑设计规范》(GB 50849—2014)、《传染病医院建筑施工及验收规范》(GB 50686—2011)、《医院负压隔离病房环境控制要求》(GB/T 35428—2017)等相关规范。[23-25]

传染病区新风量要求较高,如非呼吸道传染病区新风换气不小于 3 次/h,呼吸道传染病区新风换气不小于 6 次/h,负压隔离病房一般采用全新风且新风换气不小于 12 次/h,新风系统的能耗较大。同时为了维持各污染区、半污染区的负压,排风量整体大于新风量。为节约新风系统处理能耗,新排风之间可设置热回收。热回收应采用新排风隔绝形式避免新排风交叉,如采用热管、新排风压缩冷凝机组等热回收方式。但需注意新排风口水平距离不应小于 20 m,若无法满足则排风口应高于新风口 6 m 以上。

7. 康复理疗保健等

对于康复、理疗、保健等功能房间,部分房间往往有些特殊功能,在设计时应充分和院方沟通具体用途。如部分病人在康复期内仍大小便失禁,设计时对应康复病房应加强通风换气;对于一些针灸、艾灸房间,应适当提高冬季室内设计温度;多个房间就近时,有条

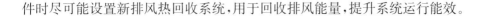

件时尽可能设置新排风热回收系统,用于回收排风能量,提升系统运行能效。

8. 办公、会议等房间

医院内办公、会议等房间,和常规办公楼设置一致,对于大空间可采用全空气处理机组(AHU),对于小房间可采用风机盘管(FCU)加新风系统。办公区可根据需要设置CO_2浓度监测,根据CO_2浓度调节新风量,可实现冬夏季按需供应新风,节约新风能耗;全空气系统在过渡季室外焓值低于室内焓值时,可加大新风比或采用全新风运行,相当于利用风侧免费冷却,可保持冷冻水阀关闭,节约冷机及水泵能耗。

4.3.2 排风热回收

1. 概述

我国从 20 世纪 80 年代逐步实施建筑节能。并制定了相关的建筑节能标准和规范,例如《民用建筑供暖通风与空气调节设计规范》(GB 50736—2016)、《公共建筑节能设计标准》(GB 50189—2015)、《民用建筑热工设计规范》(GB 50176—2016)、《旅游旅馆建筑热工与空气调节节能设计标准》(GB 50189—1993)等,在这些规范中都对排风热回收装置的使用条件进行了说明,并指出回收利用空调区域(或房间)排风中所含的能量,具有较理想的节能效益和环境效益。[26-28]

医院的空调系统不仅要控制室内温湿度,还需要控制医院内部交叉感染。所以为了保证各科室内的空气品质、维持合理的压差、空气流向,以达到防止通过空气交叉感染的效果,就需要加大新风量及送风量,并保证排风量与送风量比配合理。而这必然造成医院的新风负荷很大,运行能耗提高。有研究指出,若新风负荷占总负荷的 40%,能量回收装置的效率为 50%~70%时,可使建筑总负荷减少 25%。因此,可考虑将排风热回收技术应用于医院建筑中,虽然因增加能量回收装置、相应管道附件及新风机房的面积,会使初投资有所增加,但是总负荷的减少可以相应减少总装机容量,同时降低了运行费用。[29]

2. 常用热回收装置特点分析比较

按照工作原理不同,空气-空气热回收装置可分为:板翅式换热器、热管式换热器、溶液吸收式换热器、转轮式换热器、中间热媒式换热器、热泵式热回收装置。按照回收热量性质的不同,热回收分为全热回收和显热回收。全热回收装置有转轮式换热器、板翅式换热器、溶液吸收式换热器、热泵式热回收装置等。显热回收装置类型包括中间热媒式换热器、热管式换热器等。

1)板翅式全热回收器(图 4-44)

板翅式全热回收器的基材通常是多孔纤维性材料如经特殊加工的纸,对其表面进行特殊处理后制成波纹的传热传质单元,然后将单元体交叉叠积,并用胶将单元体的峰谷与隔板粘在一起,再与固定框相连接,组成一个整体的全热回收器。热回收器内部高强度滤纸的厚度一般小于 0.10 mm,从而保证了其良好的热传递,温度效率与金属材料制成的热交换器几乎相等。滤纸经过特殊处理,纸表面的微孔用特殊高分子材料阻塞,以防止空气直接透过。

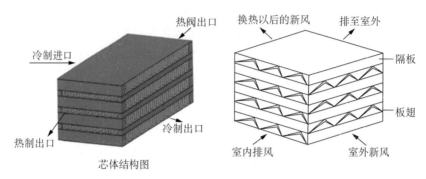

图 4-44　板翅式全热回收装置外形图

此类热回收器的湿传递依靠纸张纤维的毛细作用来完成。当热回收器隔板两侧的气流间存在温度差和水蒸气分压力差时,二者之间将产生热质传递过程,从而完成排风和新风之间的全热交换。板翅式显热回收器仅是构成热回收器的材质不同,多以铝箔为间质。

板翅式全热回收器没有传动装置,自身无需动力,是一种静止式热回收器。需要根据要求,在新风和排风的进口处安装不同等级的空气过滤器,防止尘埃阻塞通道,同时保持一定的洁净度。

板翅式全热回收器,适用于一般通风空调工程,当空气中含有有毒、有异味等有害气体时,不应采用。

优点:芯体重量轻,结构简单,设备费低;回收效率较高;与热管相比,不需中间热媒,没有温差损失;不需辅助设备和传动设备,自身不消耗能量。

缺点:设备体积偏大,占用建筑面积和空间较多;接管布置不够灵活;长时间使用,空气中的污物会在通道内堆积,阻塞通道;热回收效率小于转轮式热回收器;由于单元体交叉叠积,并用胶将单元体的峰谷与隔板粘在一起,用胶粘的部分不能有效地进行热湿交换;其中板翅式显热换热器只能回收显热。

2) 热管式热回收装置

热管是一种应用工质如 R134a 的相变进行热交换的换热元件,其结构如图 4-45(a)所示。当热管的一端(蒸发段)被加热时,管内工质因得热而气化,吸热后的气态工质沿管流向另一端(冷凝段),在这里将热量释放给被加热介质,气态工质因失热而冷凝为液态,在毛细管和重力的作用下回流至蒸发段,从而完成一个热力循环(图 4-45)。

优点:结构紧凑,单位体积的传热面积大;没有转动部件,不额外消耗能量;运行安全可靠,使用寿命长;每根热管自成换热体系,便于更换;热管的传热是可逆的,冷热流体可以变换;冷热气流间的温差较小时,也能取得一定的回收效率;本身的温降很小,近似于等温运行,换热效率高;新排风间不会产生交叉污染。

缺点:只能回收显热,不能回收潜热;接管位置固定,缺乏配管的灵活性。

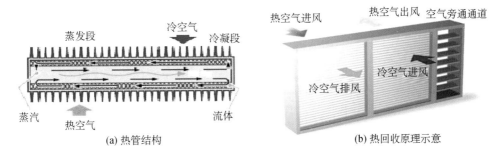

图 4-45　热管热回收装置

除湿热管就是将热管制作成 U 盘管,设置在空调机组表冷器的前后,可在夏季工况实现利用预冷盘管所获得的热量来再热处理过的冷空气,避免用其他热量来再热(图 4-46)。

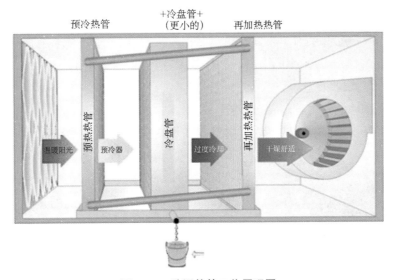

图 4-46　除湿热管工作原理图

如图 4-46 所示,除湿热管安装在表冷器两侧,由预冷段、再热段以及连接管组成,其尺寸可依据表冷器确定,体积小。

3) 溶液吸收式全热回收装置

对于溶液吸收式全热回收装置,它的循环介质是具有吸湿、放湿特性的盐溶液,如溴化锂、氯化锂、氯化钙及混合溶液等。利用溶液的吸湿和蓄热作用,在新风和排风之间传递能量和水蒸气,实现全热交换。在常温情况下,一定浓度的溶液表面蒸汽压低于空气中的水蒸气分压力,因此空气中的水蒸气向溶液转移,使空气的湿度降低,而溶液因为吸收了水分和吸附热,其浓度降低,温度升高。溶液温度升高,浓度降低后,其表面蒸气压就会升高,高到溶液表面蒸汽压大于空气中水蒸气分压力时,溶液中的水分蒸发转移到空气中,实现对空气的加湿过程。该热回收设备利用盐溶液的吸、放湿特性,实现新风和室内排风之间的热量和水分的传递过程。

溶液吸收式全热回收装置主要由热回收器和溶液泵组成,热回收器由填料和溶液槽组成,填料用于增加溶液和空气的有效接触面积,溶液槽用于蓄存溶液。溶液泵的作用是将溶液从热回收器底部的溶液槽中输送至顶部,通过喷淋使溶液与空气在填料中充分接触。溶液全热回收装置分为上下两层,分别连接在通风或空调设备的排风与新风侧。冬季,排风的温湿度高于新风,排风经过热回收器时,溶液温度升高,水分含量增加,当溶液再与新风接触时,释放出热量和水分,使新风升温增湿。夏季与之相反,新风被降温除湿,排风被加热、加湿。多个单级全热回收装置可以串联起来,组成多级溶液全热回收装置,新风和排风逆向流经各级溶液泵并与溶液进行热质交换,可进一步提高全热回收效率。

优点:设备的全热回收效率高,可达到 60%~90%;随着使用时间的延长,设备的回收效果不会衰减;设备有净化空气的功效,因为喷洒的溶液可去除空气中多种微生物、细菌和可吸入颗粒物;新风和排风之间相互独立,不存在交叉污染;设备的构造简单,便于维护;运行稳定可靠;不需防冻,所用溶液在 -20 ℃不会冻结。

缺点:设备体积大,会占用较多的建筑面积和空间;回风中不能含有能与溴化锂溶液发生化学反应的物质,否则不应采用。

4) 转轮式热回收装置

转轮式热回收装置由轮芯、密封装置、壳体、动力机构等组成(图 4-47),转轮以蜂窝轮芯为传递介质,当转轮旋转过程中,排风与新风逆向流过转轮并各自释放或吸收热量。

夏季运行时,室内排风通过热回收转轮时,轮芯吸收排风的冷量,温度降低,含湿量降低,当轮芯转到进风侧与室外新鲜空气接触时,转轮向高温的新鲜空气放出冷量并吸收了水分,使新鲜空气降温降湿。冬季与之相反,可升高新风的温湿度。

转轮式热回收装置的特点是热回收效率较高,适用于处理较大风量的空调系统,但由于其体积较大,会占较大空间,另外,新排风有交叉污染的可能,压力损失较大,同时,运行时需要消耗动力,使其在户式新风热交换中应用受到较大限制。目前已有厂商生产风量在 500 m³/h 以下的转轮式新风换气机组。

图 4-47　转轮式热回收装置外形图

5) 中间热媒式热回收装置

中间热媒式热回收装置,即通过泵驱动热媒工质的循环来传递冷热端的热量,在空气处理装置的新风进风口处和排风口处各设置一个换热盘管,并用一组管路将二者连接起来,形成一个封闭的环路。环路内的工作流体由循环泵驱动,在两个盘管之间循环流动,将热量由一端带到另一端。里面的流体工质可以是水,也可以是乙二醇水溶液等。具有新风与排风不会产生交叉污染和布置方便灵活的优点。缺点是需要配备循环泵输送中间热媒,因此传递冷热量的效率相对较低,本体动力消耗较大。其结构形式如图 4-48 所示。

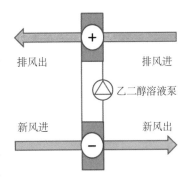

图 4-48　中间热媒式热回收装置结构形式

6）热泵式热回收装置

热泵式热回收装置的工作原理是将空调排风冷(热)量作为低温冷(热)源,增大空气源热泵在实际运行时的制冷(热)性能系数,利用热泵来获取高品位热能,达到节能的目的。这种类型的热回收装置的优点是节能效率高,不需要提供集中冷热源,减少了空调水管路系统。缺点是热泵排风热回收机组需配备压缩机、冷凝器、蒸发器等一系列部件,结构较为复杂,噪声与振动问题比较突出,设备投资与维修管理工作量均大于其他类型。热泵式热回收装置结构形式如图 4-49 所示。

 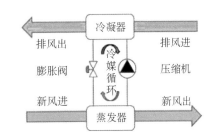

图 4-49　热泵式热回收装置结构形式

上述各种热回收设备各具特点,在热回收效率、设备费用、阻力特性等方面具有不同的性能,热回收设备性能比较如表 4-23 所示。

表 4-23　　　　　　　　　　　　热回收设备性能比较表

热回收装置	回收效率	设备费用	维护保养	辅助设备	占用空间	交叉污染	自身耗能	阻力/Pa	使用寿命
转轮式	高	高	中	电机	大	有	有	100~170	中
热管式	较高	中	易	无	中	无	无	100~500	优
板翅式	较高	中	中	无	大	有	无	25~370	中
中间热媒式	低	低	中	循环泵	中	无	有	100~500	良
热泵式	中	高	高	压缩机	大	无	有	—	良
溶液全热回收装置	高	最高	高	溶液泵	大	无	有		良

3. 排风热回收系统经济性

排风热回收系统的回收效率与热回收系统节能效益密切相关,并且有助于热回收运行策略制定,在确定适用的热回收装置类型时,需要进行系统的经济性分析,以便进行投资回收期的比较。

《公共建筑节能设计标准》(GB 50189—2015)中规定:设有集中排风的空调系统经技术经济比较合理时,宜设置排风能量回收装置[27]。《热回收新风机组》(GB/T 21087—2020)规定的热回收效率值如表 4-24 所示[30]。

表 4-24　　　　　　　　　热回收装置交换效率要求

类型	交换效率/%	
	制冷	制热
焓效率	>50	>55
温度效率	>60	>65

热回收系统全年回收能量的计算方法一般采用以下三种:

(1)焓频法:所谓焓频,就是根据某地全年室外空气焓值的逐时值,计算出来一定间隔的焓区段中焓值在全年或某一期间内出现的小时数,即焓值的时间频率。焓频从能量角度表征了室外空气全热分布特性。

(2)干频法:所谓干频,就是根据某地全年室外空气干球温度值的逐时值,计算出一定间隔的干球温度区段中干球温度值在全年或某一期间内出现的小时数,即干球温度值的时间频率。干频从能量角度表征了室外空气显热分布特性。

(3)逐时计算法:在全年 8 760 h 不同时间段,室外新风的逐时温度和逐时焓值均在不断变化,因此,合理地计算热回收能量需要计算逐时不同的温度和焓值下新风节能量,累加起来计算出全年节能量。

其中,逐时计算法计算结果更准确,因而得到广泛应用。

4. 排风热回收系统在医院空调系统的应用

(1)由于医院各部门、各科室使用功能和所处环境的特殊性,因此在选用空气热回收系统时,应考虑使用场所空气污染物的种类及危害程度,以避免排风中的污染物渗漏至新风系统中而污染室内空气。

医院集中排风热回收策略建议按表 4-25 考虑。

表 4-25　　　　　　　　　　排风热回收装置的建议使用范围

房间类型	建议采用热回收装置类型					
	显热回收装置		全热回收装置			
	中间热媒式	热管式	板翅式	转轮式	溶液吸收式	热泵式
普通病房	√	√			√	√
隔离病房	√	√				√
特殊病房	√	√				√
行政办公区域	√	√	√	√	√	
洁净手术部	√	√				√
门诊、急诊	√	√				√
病理科	√	√				
检验科	√	√				
消毒供应中心(无菌区)	√	√				√

5. 集中排风热回收工程应用案例(二维码链接)

4.3.3　温湿度独立控制系统

1. 概述

温湿度独立控制空调系统(the temperature and humidity independent air conditioning system)采用两套独立的空调系统分别对室内的温度与湿度进行控制。

在供冷工况下,湿度控制系统处理室内的所有潜热和新风负荷;而温度控制系统仅处理室内的显热,冷水供水温度从传统冷冻除湿空调系统中的 7 ℃提高到 12 ℃以上,电制冷冷水机组的制冷效率可提高 20%~30%,也为天然冷源(地下水、深层湖水等)的使用提供了条件。显热处理末端设备包括冷辐射板、干式风机盘管等,冷水供水温度高于室内空气露点温度 2 ℃以上,因而不会有冷凝水的产生以及存在结露的风险。

湿度控制系统一般有低温冷源+新风空调机组、直膨式新风空调机组和溶液式新风机组三种形式,新风处理负荷包括新风冷负荷和室内的全部潜热负荷。低温冷源+新风空调机组中,低温冷源制备 5~7 ℃的冷水提供给新风空调机组进行降温除湿,空调机组送风温度一般在 12 ℃左右。直膨式新风空调机组自带风冷热泵式冷热源和新风处理系统,可分为整体式和分体式,新风处理换热器直接采用制冷剂作为介质对新风进行降温除湿。溶液式新风机组利用溶液喷淋空气制取干燥新风,控制室内湿度。低温冷源+新风空调机组、直膨式新风空调机组均采用常规的设备和设计方法。以下仅对溶液调湿技术进行详细介绍(图4-50)。

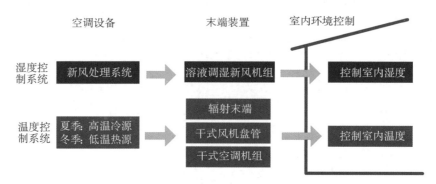

图4-50　温湿度独立控制系统原理简图

国家的相关技术标准《热泵式热回收型溶液调湿新风机组》(GB/T 27943—2011)于2011年12月30日发布,2012年10月1日实施[31]。该标准中对溶液类型、机组性能、送风携带离子量、试验方法、检验规则等做出了明确的要求。

2. 溶液调湿技术

(1) 基本原理。溶液调湿技术利用盐溶液的吸湿与放湿特性,通过盐溶液与空气的接触对空气中的含湿量进行控制。盐溶液与空气中的水分传递依靠二者之间的水蒸气分压力差,空气除湿工况时,溶液的表面蒸气压低于空气的水蒸气分压力,溶液吸收空气中的水分;空气加湿工况时,溶液的表面蒸气压高于空气的水蒸气分压力,溶液中的水分进入空气中(图4-51)。

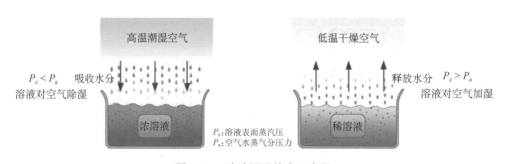

图4-51　溶液调湿技术示意图

(2) 应用领域。溶液调湿技术不仅被应用于民用舒适性空调,而且被广泛应用于各种要求严格的工艺环境中(24 h不间断运行),如动物实验中心、GMP药品生产车间、橡胶成型车间、电子厂房等。从产品技术标准、投放时间、应用规模以及运行效果来看,溶液调湿技术已是一项成熟可靠的技术。

(3) 温湿度独立控制空调系统的优点。该系统避免了传统空调系统中热湿联合处理所带来的能源品质损失,可采用高温冷源实现对室内空气的冷却。避免冷凝除湿-再热的空气处理过程,减少冷热抵消损失。克服了传统空调系统中温湿度参数难以同时满足的弱点,提高了温湿度控制精度。防止冷凝除湿的表面潮湿,避免细菌滋生,改善室内空气品质。处理潜热的系统采用溶液式新风机组,溶液喷淋空气可去除空气中的细菌与灰尘,在提高室内空气质量的同时严格控制室内湿度。

3. 溶液调湿新风机组的分类

溶液调湿新风机组分为热回收型溶液调湿新风机组和预冷型溶液调湿新风机组两种。当室内排风量大于新风量的 70% 时,采用热回收型溶液调湿新风机组,新风先经过溶液式全热回收段,再经溶液调湿后送入室内。常见的应用场合包括医院普通病房、诊室、医办等。当室内需要维持正压,可用于热回收的排风量较少,或室内排风含有异味或有害物质,不适合用于热回收时,采用预冷型溶液调湿机组,新风先经高温冷水盘管预冷,再经溶液调湿后送入室内。

1)热泵式热回收型溶液调湿新风机组

热泵式热回收型溶液调湿新风机组遵循以下空气处理流程:

(1)新风→溶液全热回收→溶液调湿。

(2)排风→全热回收→溶液再生。

机组结构原理如图 4-52、图 4-53 所示。

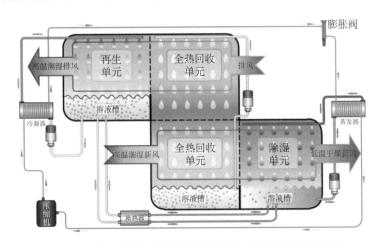

图 4-52 热泵式热回收型溶液调湿新风机组夏季运行模式

夏季供冷工况用盐溶液作为换热媒介,高温潮湿的新风在全热回收单元中与排风进行间接的全热交换,新风被初步降温和除湿,再进入除湿单元中进一步降温和除湿,最后到达送风状态点。调湿溶液在除湿单元中吸收水蒸气后浓度变稀,进入再生单元进行浓缩后恢复吸水能力。热泵循环提供的制冷量用于降低溶液温度以提高降温除湿能力,冷凝器排热量用于加热溶液进行浓缩再生,热泵的能源利用效率较高。

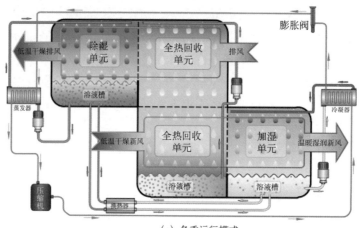

（a）冬季运行模式

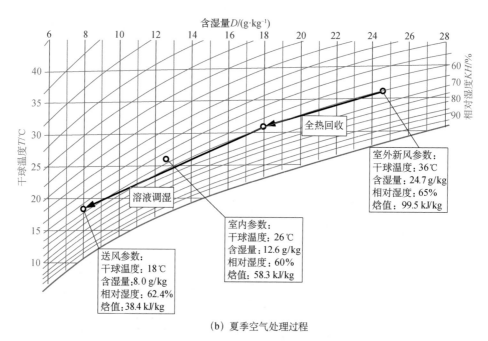

（b）夏季空气处理过程

图 4-53 热泵式热回收型溶液调湿新风机组

冬季供热工况,热泵循环通过切换四通阀改变制冷剂循环方向,实现空气的加热加湿功能。

2) 热泵式预冷型溶液调湿新风机组

预冷型热泵式溶液调湿新风机组的空气处理流程如下:

（1）送风侧:新风→预冷/预热→溶液调湿。

（2）排风侧:新风→溶液再生。

如图 4-54 所示,夏季供冷工况时,新风由用于控制温度的高温冷源提供的高温冷水降温除湿后,再进入溶液调湿单元进一步降温除湿,最终达到送风状态点。在溶液除湿的过程中,溶液吸收新风中的水分后变为稀溶液,为恢复吸收水分的能力,稀溶液被送入再生单元使用室外新风进行再生,再生后的浓溶液进入除湿单元进行下一次循环。热泵循环的制冷量用于降低溶液温度以提高除湿能力,冷凝器的排热量用于浓缩再生溶液。

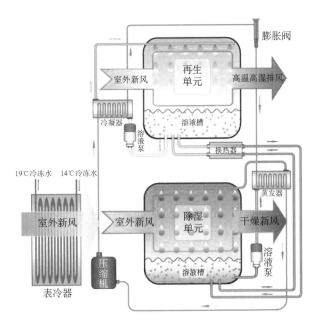

图 4-54 热泵式预冷型溶液调湿新风机组夏季运行模式

如图 4-55 所示,冬季供热工况时,室外新风被空调热水加热后,进入溶液调湿单元内与热泵加热后的溶液接触,吸收溶液中的水分,从而实现对新风的加热加湿。

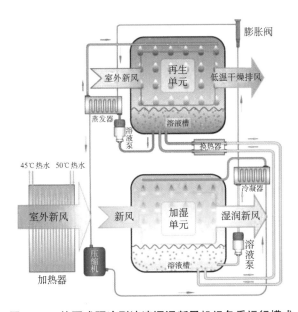

图 4-55 热泵式预冷型溶液调湿新风机组冬季运行模式

3）两种机组的应用分析

如表 4-26 所示，热泵式热回收型溶液调湿新风机组依靠热泵循环提供的供冷/供热能力及排风中回收的冷/热量处理新风，机组无需外界提供冷/热水，独立运行，采用室内的排风进行溶液再生；预冷型溶液调湿新风机组需依靠外界提供的冷水（热水）预冷（预热）新风，采用新风进行溶液再生（图 4-56）。

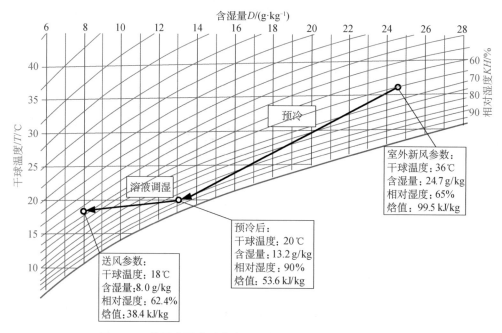

图 4-56　热泵式预冷型溶液调湿新风机组夏季空气处理过程

表 4-26　　　　　　　　　　　温湿度独立控制空调系统

系统组成	热泵式热回收型溶液调湿新风机组＋干式显热末端	热泵式预冷型溶液调湿新风机组＋干式显热末端
系统图	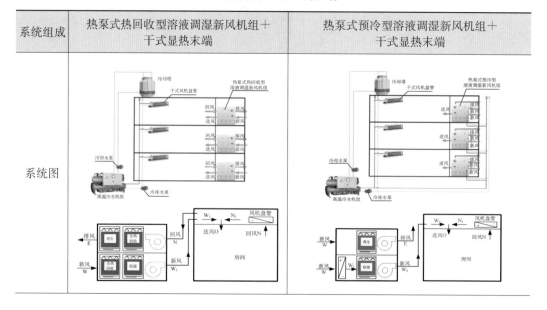	

续表

系统组成	热泵式热回收型溶液调湿新风机组＋ 干式显热末端	热泵式预冷型溶液调湿新风机组＋ 干式显热末端
焓湿图		
空气处理过程	$W \xrightarrow[\text{冷却}]{\text{溶液除湿}} W_1$ $N \xrightarrow{\text{冷却}} N_1$ ⟩ $\xrightarrow{\text{混合}} O \xrightarrow{\varepsilon} N$	$W \xrightarrow{\text{冷却除湿}} W_1 \xrightarrow[\text{冷却}]{\text{溶液除湿}} W_2$ $N \xrightarrow{\text{冷却}} N_1$ ⟩ $\xrightarrow{\text{混合}} O \xrightarrow{\varepsilon} N$
适用条件	适用于需要新风供应、排风可利用的场合	适用于需要新风供应、排风不足或无法利用的场合

4. 医技、门诊、病房区域的系统应用

1）系统应用形式

（1）医技、门诊、病房区域如果有充足的排风可用于热回收，可采用热泵式热回收型溶液调湿新风机组，如果没有充足的排风或排风中含有传染性极强的病菌，可采用热泵式预冷型溶液调湿新风机组。冷源采用高温冷水机组，末端采用干式风机盘管。新风机组的新风量应根据需排除的室内散湿量计算，最小新风量应满足表 4-27 中的数值。

表 4-27　　　　　　　　　　医院建筑设计最小新风换气次数

功能房间	每小时换气次数
门诊室	2
急诊室	2
配药室	5
放射室	2
病房	2

（2）医技、门诊、病房区域的空调系统运行工况。夏季（上班工况）：热泵式热回收型溶液调湿新风机组负责预处理新风，对新风降温除湿，并承担室内潜热负荷；室内末端风机盘管承担室内降温任务（图 4-57）。

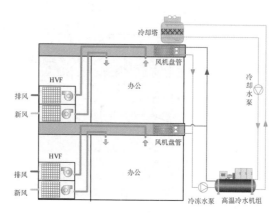

图 4-57　热泵式热回收型溶液调湿新风机组夏季运行模式

过渡季（或夜间加班）工况：新风负荷或室内显热负荷较小的情况下，可仅开启热泵式热回收型溶液调湿新风机组处理新风，利用新风承担室内显热负荷，此时，制冷机组可停止运行，降低制冷机组运行能耗（图 4-58）。

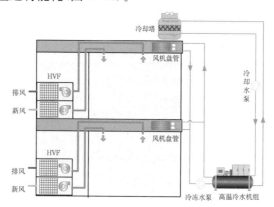

图 4-58　热泵式热回收型溶液调湿新风机组过渡季或夜间加班运行模式

冬季（新风加热加湿）：热泵式热回收型溶液调湿新风机组运行热泵制热工况，对新风加热加湿；风机盘管则通入热水，满足室内供热要求（图 4-59）。

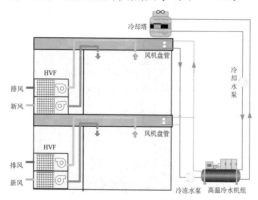

图 4-59　热泵式热回收型溶液调湿新风机组冬季运行模式

2）系统优势

医技、门诊、病房区域采用溶液调湿系统具有以下优势。

（1）降低空调系统能耗。空调系统能耗可下降25%～40%，主要节能因素包括：

① 设置溶液式全热回收装置，有效回收排风能量。

② 制冷机组可提高冷冻水供回水温度，制冷效率随之提高。

③ 在过渡季节或夜间加班等室内显热负荷较小的工况下，仅开启溶液式新风机组（带热回收装置）预处理新风，关闭制冷机组，可减少制冷机组运行时间。

④ 机组具备加热加湿功能，不需要额外配置蒸汽加湿、电加湿等加湿设备，降低了加湿能耗。

（2）提升室内空气品质。系统的空气品质的提升主要体现在如下两方面：

① 溶液是天然的杀菌剂，对细菌、病毒具有极强的灭杀能力，采用溶液式新风机组预处理新风有利于公共建筑的公共卫生安全（尤其在呼吸道传染疾病高发季节）。

② 溶液喷淋空气类似下雨的效果，可过滤空气中的可吸入颗粒物（$PM_{2.5}$），降低新风中灰尘含量。

（3）温湿度独立控制系统应用案例（二维码链接）。

5. 动物房的应用

1）空调系统应用形式

（1）实验动物环境设计要求简述。动物房的新风量参考《实验动物环境及设施》（GB 14925—2010），其中规定了实验动物生产、实验及检疫环境条件的技术要求及检测方法[32]，其特点和要求主要如表4-28、表4-29所示。

表 4-28　　　　　　　实验动物生产间的环境技术指标

项　　目	指标								
	小鼠、大鼠		豚鼠、地鼠			犬、猴、猫、兔、小型猪			鸡
	屏障环境	隔离环境	普通环境	屏障环境	隔离环境	普通环境	屏障环境	隔离环境	屏障环境
温度/℃	20～26		18～29	20～26		16～28	20～26		16～28
最大日温差/℃，≤	4								
相对湿度	40%～70%								
最小换气次数/（次·h⁻¹）	15	20	8	15	20	8	15	20	—
动物笼具处气流速度/（m·s⁻¹）	0.2								
相通区域的最小静压差/Pa，≥	10	50	—	10	50	—	10	50	10

续表

项 目	指标								
	小鼠、大鼠		豚鼠、地鼠			犬、猴、猫、兔、小型猪			鸡
	屏障环境	隔离环境	普通环境	屏障环境	隔离环境	普通环境	屏障环境	隔离环境	屏障环境
空气洁净度/级	7	5或7	—	7	5或7	—	7	5或7	5或7
沉降菌最大平均浓度/(CFU/0.5 h·Φ90 mm平皿),≤	3	无检出	—	3	无检出	—	3	无检出	3
氨浓度/(mg·m^{-3}),≤	14								

表 4-29　　　　　　　　　　　动物实验间环境技术指标

项 目	指标								
	小鼠、大鼠		豚鼠、地鼠			犬、猴、猫、兔、小型猪			鸡
	屏障环境	隔离环境	普通环境	屏障环境	隔离环境	普通环境	屏障环境	隔离环境	隔离环境
温度/℃	20~26		18~29	20~26		16~26	20~26		16~26
最大日温差/℃,≤	4								
相对湿度	40%~70%								
最小换气次数/(次·h^{-1})	15	20	8	15	20	8	15	20	—
动物笼具处气流速度/(m·s^{-1})	0.2								
相通区域的最小静压差/Pa,≥	10	50	—	10	50	—	10	50	50
空气洁净度/级	7	5或7	—	7	5或7	—	7	5或7	5
沉降菌最大平均浓度/(CFU/0.5 h·Φ90 mm平皿),≤	3	无检出	—	3	无检出	—	3	无检出	无检出
氨浓度/(mg·m^{-3}),≤	14								

注:表中氨浓度指标为动态指标。

① 实验动物生产区域(饲养区)和实验动物实验区域分别设置空调系统。主要是因为这两种区域的使用时间不同,实验动物生产区域一般是 24 h 连续工作的,而实验动物实验区域在未进行实验时,一般是不运行的(除值班风机外)。

② 实验动物设施一般采用全新风系统,降温除湿及再热的能耗远高于常规舒适性空

调系统,在满足使用功能的同时应尽可能降低运行能耗和费用。

③ 实验动物比较珍贵,如空调净化系统出现故障,将造成比较严重的经济损失,因此空调机组中的送、排风机应考虑备用。

④ 实验动物设施要求室内的温湿度相对恒定,过渡季节需同时供冷供热以确保温湿度,因此需考虑过渡季节冷热源的同时供冷供热问题。

(2) 传统空调系统能耗高的原因:

① 除湿方式采用冷冻除湿,冷冻除湿后空气温度很低,需要再热(蒸汽或电再热)后才能送入室内,造成了冷热抵消损失。

② 排风不设置热回收装置或仅设置显热回收装置。

③ 冷热源集中设置,过渡季节运行时,冷、热源均在低荷载状态下运行,制冷、制热效率较低。

④ 为避免细菌滋生,冬季空气加湿一般采用干蒸汽加湿装置加湿,如干蒸汽加湿器、电极式加湿器、电热式加湿器等,加湿费用较高。

(3) 实验动物环境专用溶液空调机组原理。实验动物环境专用溶液空调机组应专门针对实验动物环境开发,集冷热源、全热回收装置、风机、过滤系统等于一体的空气处理设备。机组由粗效过滤、空气净化装置、溶液调湿段(内置全热回收功能)、风机段、中效过滤器等功能段组成(图4-60)。

机组空气处理流程如下:

① 新风:粗效过滤→溶液调湿(内置全热回收)→送风机→中效过滤器→送风。

② 排风:粗效过滤→空气净化装置→溶液再生(内置全热回收)→排风机→排风。

图4-60 实验动物环境专用溶液空调机组

夏季工况,在除湿侧,高温潮湿的新风通过溶液调湿段(内置全热回收),被热泵蒸发器所冷却的溶液喷淋,实现降温除湿,再通过送风机、中效过滤器后送至室内。在再生侧,排风进入机组后,首先经过粗效过滤器,再经空气净化装置吸收其中的氨等可挥发性气体,经溶液再生单元(内置全热回收)后,排至室外(图 4-61)。

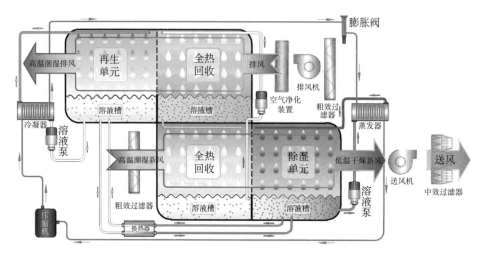

图 4-61 实验动物环境专用溶液空调机组夏季运行模式

在调湿单元中,调湿溶液吸收水蒸气后,浓度变稀,为了重新具有吸水能力,稀溶液进入再生单元进行浓缩。热泵循环的制冷量用于降低溶液温度以提高除湿能力和对新风降温,冷凝器排热量用于浓缩再生溶液。

冬季工况,只需切换四通阀改变制冷剂循环方向,便可实现空气的加热加湿功能(图 4-62)。

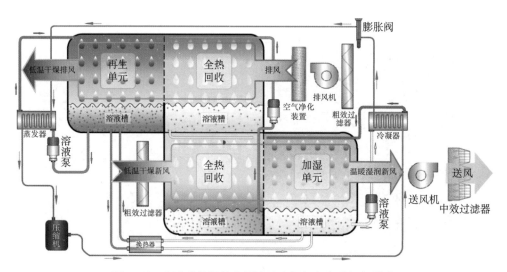

图 4-62 实验动物环境专用溶液空调机组冬季运行模式

过渡季工况:机组运行通风模式,新风经过滤后送入室内。

机组内置智能控制系统,可根据室内外空气条件自动转换为对应工况。

2）系统优势

（1）节省运行费用。采用溶液式空调系统后，与传统空调系统相比（图 4-63）：

① 利用溶液吸收水分的特性对空气进行除湿，除湿后不需要再热，避免了冷冻除湿-再热所造成的冷热抵消损失（图 4-64）。

② 采用溶液式全热回收装置，回收排风中的能量。

③ 采用溶液加湿，与电（蒸汽）加湿相比节省了加湿费用。

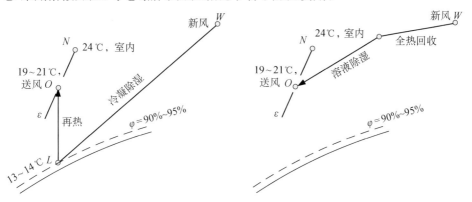

图 4-63　传统空调系统夏季空气处理过程　　图 4-64　溶液式空调系统夏季空气处理过程

（2）系统简单，维护便利。传统空调系统设备众多，包括冷水机组及附属设备、蒸汽锅炉、全新风洁净空调机组、排风机等（图 4-65）；溶液式空调系统将所有设备进行了整合，集冷热源、全热回收装置、风机、过滤系统等于一体，可独立启停，控制便利，并且可减少使用者空调系统维护工作量（图 4-66）。

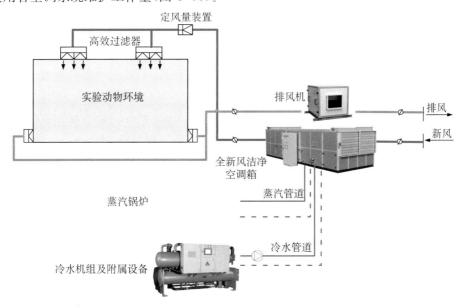

图 4-65　传统空调系统

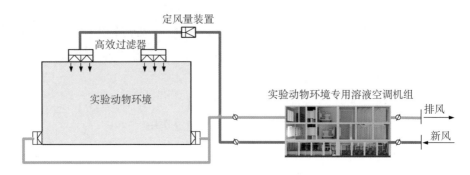

图 4-66　溶液式空调系统

（3）提高空气品质。盐溶液可有效杀灭细菌,净化空气,而且除湿过程完全不产生潮湿表面,杜绝霉菌滋生;溶液调湿处理后的空气相对湿度在 55%～65%,不利于细菌病菌存活,能够更好地保证空气的健康洁净。

（4）延长过滤器更换周期。盐溶液可有效过滤空气中的可吸入颗粒物（包括 PM_{10} 和 $PM_{2.5}$）,净化空气。通过溶液喷淋可以去除空气中的颗粒物,可以减小末端高效过滤器的负担,显著延长高效过滤器的使用寿命,中效过滤器更换周期从 3～6 个月延长到 1～2 年,高效过滤器更换周期从 1～1.5 年延长到 1.5～3 年。

3）实验动物环境应用案例（二维码链接）

4.3.4　空气输送系统能效提升

1. 空气过滤器

对于医院建筑而言,其空调系统通常采用粗效、中效和高效（或称粗级、中级和末级）三级过滤。系统中的中效过滤器安装在风机的正压段,高效过滤器安装在送风末端,回风口安装中效或粗效过滤器（图 4-67）。[33]

（1）高效空气过滤器。高效空气过滤器是指用于进行空气过滤且使用计数法检测,0.5 μm 以下颗粒灰尘过滤效率不低于 99.9% 的空气过滤器;其材料主要为滤纸,按过滤器滤芯结构分类可分为有隔板过滤器和无隔板过滤器。通常当终阻力超过 600 Pa 时,就认为达到其容尘量限值,需要进行更换。[34]

（2）中效过滤器。中效过滤器分为中效 1 型、中效 2 型、中效 3 型,代号分别为 Z1、Z2 和 Z3。通常采用纤维材料填充,一般终阻力≥350 Pa 时,需要更换。中效过滤器通常放置在高效过滤器的前端,起保护作用,以延长高效过滤器的使用寿命。

（3）粗效过滤器。粗效过滤器是空调系统的初级过滤器,主要用于过滤 5 μm 以上的尘埃粒子。粗效过滤器有板式、折叠式和袋式三种样式。过滤材料有无纺布、尼龙网、活性炭滤材以及金属孔网等,防护网有双面喷塑铁丝网和双面镀锌铁丝网。粗效过滤器过

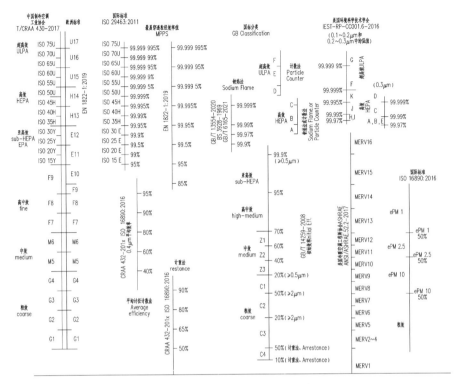

图 4-67　空气过滤器的分类比较

滤材料是以折叠形式装入高强度模切硬纸板内，迎风面积增大。流入空气中的尘埃粒子被过滤材料有效阻挡在褶与褶之间。通常当其终阻力达到 250 Pa 时，则需要进行清洗或者更换。

过滤器终阻力的确定直接关系到过滤器的使用寿命、系统风量的变化范围以及空调系统末端的运行能耗。设计过程中没有必要把终阻力值定得过高，过高的终阻力值并不意味着过滤器的使用寿命会明显延长，相反会使空调系统的风量锐减，因为达到一定程度后，过滤器阻力增长很快。

2. 超低阻高效率过滤器

超低阻高效率过滤器材料选用聚酯(PET)＋聚丙烯(PP)组合而成，PET 纤维具有强度高、刚度强的特点，作为材料的基材，保证材料有很好的强度，支撑材料在受到风阻时不变形，减少结构阻力；在 PET 基材上，熔喷 PP 超细纤维，在保证阻力不上升或上升较小的情况下，提高材料的使用效率。

超低阻高效率过滤器的一次滤菌率≥90%，计重效率≥97%，对 0.5 μm 粒子的初始过滤效率≥85%。表 4-30、图 4-68 和图 4-69 分别体现了超低阻高效率过滤器的阻力和过滤效率。

表 4-30 不同风速下过滤器的阻力值以及不同尘粒大小的滤尘效率

风速/(m·s⁻¹)	0.4	0.6	0.8	1.0	1.2	1.4
阻力/Pa	10	15	21	26	33	39
尘粒直径/μm	≥0.5	≥1.0	≥3.0	≥5.0		
滤尘效率 η	87%	93%	98%	99%		

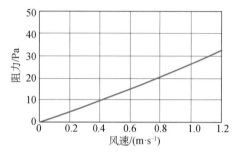

图 4-68 超低阻高效率过滤器阻力与风速关系

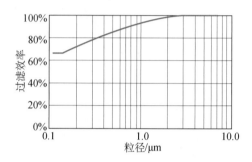

图 4-69 超低阻高效率过滤器过滤效率与粒径关系

末端因过滤器而产生的运行能耗与过滤器的阻力值成正比,阻力越小,能耗则越低,运行能耗 E 具体计算关系式如下:

$$E = \frac{q \times \Delta p \times n}{\eta \times 1\ 000} \tag{4-2}$$

式中 q ——风量,m³/s;

Δp ——阻力,Pa;

n ——年运行时间,h;

η ——风机效率,0.6~0.7。

医院建筑科室多且功能布局复杂,其空调系统通常按照防火分区及科室来划分。在设计时空调机房应尽可能靠近所服务的科室区域,缩短风管的长度,减少空调系统沿程及局部阻力,降低空调运行能耗。

医院空调系统中会设置粗效和中效过滤器或粗效、中效和高效过滤器来保证院区内空气质量及其洁净度,空调机组的全压会随着过滤器过滤段的增加而增加,空调机组的能耗也随之变大。采用高效低阻材料制作的过滤器,在能保证滤尘效率的前提下降低了过滤器的阻力,同传统的粗效过滤器(初阻力为 75~125 Pa)相比,在高滤速工况下,超低阻高效过滤器阻力值大大降低。系统运行时,由于过滤器的阻力降低,风机的可选范围大大增加,空调的运行能耗也随之降低。

3. 变频风机

传统风机流量的设计均根据其最大流量和全压需求来设计,无法根据实际运行

情况调整风机流量,缺少节能的观念。变频风机
采用感应电机驱动,利用变频控制技术来控制风
机,使得风机能够根据实际条件变频运行,达到节
能的效果。图 4-70 表示的就是风机在不同转速
下风机的运行特性曲线及在管网中的运行状态点
变化。

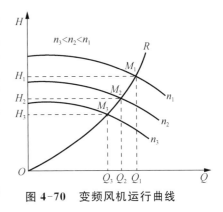

图 4-70 变频风机运行曲线

风机转速和频率的关系如下:

$$n = \frac{60 \times f}{p}$$ (4-3)

式中 n ——转速,r/min;

f ——频率,Hz;

p ——电机极数。

风机转速的调节实际上就是风机电机频率的调节,通过调节不同的频率值得到不同
的风机转速,得到风机实际运行的性能曲线。通常风机的电机频率可在 30~50 Hz 范围
内任意调节,实现风机变频运行;风机的电机频率不能无限降低,频率低会导致风机的全
压大大降低,导致系统全压不够,无法满足使用要求。

由于过滤器的初阻力、终阻力不同,且终阻力往往是初阻力的两倍之多,所以风机在
过滤器使用寿命内运行时其全压是在不断变化的,而且是不断增大的。风机末端运行能
耗与其阻力值的计算关系式如下:

$$E_{max} = \frac{q_{max} \times \Delta p_{max} \times n}{\eta \times 1\,000}$$ (4-4)

式中 q_{max} ——变频风机设计最大风量,m³/s;

Δp_{max} ——变频风机设计最大全压,Pa。

由上述可知,传统定频风机的运行能耗根据设计最大风量和最大全压计算而得;而变
频风机的运行能耗是根据其实际运行的风量和全压累加而得。风机滤阻变频节能技术就
是利用变频风机的全压变化这一原理,在变频时风机最小风量一定要满足功能需求的最
小风量要求。风机实际运行时全压随着过滤器阻力变化而变化,在最开始时过滤器阻力
小,风机全压低,则风机的运行能耗低;随着时间变长,过滤器阻力变大,风机全压高,则风
机的运行能耗高。这样变频风机在整个过滤器使用生命周期内运行能耗是小于传统定频
风机的运行能耗的。

4. EC 风机

EC 风机是指采用数字化无刷直流外转子电机的离心式风机或采用了 EC 电机的离心
风机。采用永磁无刷直流电机驱动的 EC 风机替代感应电机驱动的变频风机,具有很

大的优越性：

(1) 损耗小、效率高、振动小、噪声低。

(2) 功率因素高。

(3) 调速性能好、控制简单。

医院排风系统根据不同的科室及排风类别划分，排风系统多且复杂。由于医院建筑排风的特殊性，多数排风都需要高空排放，这样就会造成排风系统所需全压变大，风机能耗变高。此时，小容量范围的排风系统风机采用 EC 风机则可以大大降低风机的输送能耗。

4.3.5　基于辐射供冷供热末端加独立新风机组空调系统节能措施

1. 辐射供冷供热空调系统在医院的适用性

随着我国医学科技的不断发展，人们对医院环境要求越来越高，而国内医院功能用房的空调形式多为室内空气循环末端（风机盘管、多联机内机、分体式空调等）加新风系统的运行模式，室内冷凝水的产生为细菌提供了繁衍的温床，而室内空气循环末端也容易藏污纳垢。

从热舒适和健康出发，一般夏季室内设计干球温度 25 ℃，相对湿度 60%，露点温度 16.7 ℃。从室内热湿环境全面控制的角度出发，可以看作是在 25 ℃ 环境下排热，在 16.7 ℃ 环境下排湿，除去 10 ℃ 的传热传质温差，实现 16.7 ℃ 左右的露点温度需要 5～7 ℃ 的冷冻水，实现 25 ℃ 左右的室内环境温度的冷源只需 16～18 ℃。常规的室内空气循环末端＋新风系统是温湿度联合处理，即便是处理室内环境温度的冷源也同样是 5～7 ℃ 的冷冻水，这造成了能源（冷源）利用的浪费。

基于上述痛点，如采用辐射供冷供热＋独立新风空调系统将空调区域的显热负荷和潜热负荷分别处理，即夏季采用高温冷源由辐射冷盘管末端处理室内部分显热，采用低温冷源新风处理室内部分显热及湿负荷，室内无循环风，无冷凝水，在保证了室内卫生环境的安全条件下，同时保证了人员的舒适性。

2019 年，新冠肺炎疫情暴发初期，大量医院的院感为了确保住院病人的安全，选择了病房层不开启常规的空调内循环系统（风机盘管、多联机内机等），仅开启经消毒后的新、排风系统，无法保证住院病人的体感舒适性。为了使住院病人能够获得良好的舒适性环境，在后疫情时代的背景下，地板辐射制冷采暖＋独立新风机组的空调系统，必然会被广泛推广。

2. 辐射盘管系统设计要点

在某医院的设计过程中，考虑到医院的墙面上有大量的电气管线、医用气体插口和电气插座等，若采用壁面毛细管辐射系统，可以设置管线的面积较小，不能满足室内的负荷要求，最终选择采用地板辐射制冷采暖＋独立新风机组的空调系统，在设计过程中，首先需要计算地板的辐射制冷量，根据《辐射供暖供冷技术规程》(JGJ 142—2012)第 3.4.1 节辐射面传热量计算公式可以计算得出辐射制冷量[35]，在公式中，t_{fj} 为室内非加热表面的面积加权平均温度（℃），在夏季、冬季有不同的算法。

夏季：房间外墙的内表面温度需要进行一维非稳态计算，根据《民用建筑热工设计规范》（GB 50176—2016）中 C.3.1、C.3.2 的要求，使用自带隔热计算软件 Kvalue 计算得出室内外墙的内表面温度。[28]

由于受软件限制，无法添加窗户类型，考虑围护结构均为墙体，此处对病房模型进行简化计算（图 4-71）得到 t_{fj} 值。再根据公式，当夏季室内设计温度为 26 ℃，设计辐射面的表面平均温度为 20 ℃ 时，计算得到地板辐射传热量为 40 W/m²。由于医院病床为活动床，床头柜有活动滚轮架起的空间，家具遮挡效应较小，故此处不考虑家具遮挡传热。在不同工程设计中，可根据实际房间布局情况，调整家具遮挡系数。

上述夏季地板辐射制冷量仅为设计工况的计算值，还应验算地板面层在不同地板材质、不同管间距、不同水管管径、不同供回水温度下的辐射供冷供热量，以满足设计工况下的要求。

根据《实用供热空调设计手册》（第二版）[28]，第 6.6.4（3）条欧洲标准的经验公式可以进行地面供冷量验算，根据设计项目采用 PVC 地板，冷水盘管间距 200 mm、水管管径 De20、地面填充层厚度为 35 mm、供回水温度 16 ℃/21 ℃（实际运行时供回水温度可能仅为 18 ℃/21 ℃），室内温度 26 ℃ 的设计条件，通过计算，地面辐射传热量能达到 41.82 W/m²，也满足 40 W/m² 的辐射传热量，同时根据以往工程的经验数据，冷盘管辐射传热量 40 W/m² 为实际项目运行时能达到的合理指标，由于冷盘管制冷能力的限制，房间部分显热及湿负荷需由变风量新风系统来承担，下文将有所表述。

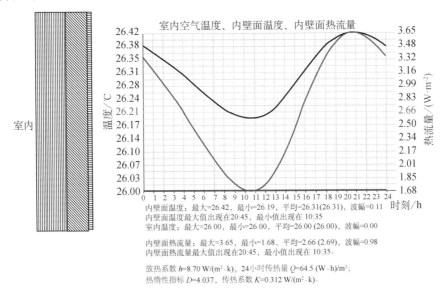

图 4-71 室内外墙的内表面温度变化曲线

注：外墙结构为 150 mm 加气混凝土，100 mm 矿棉保温，20 mm 水泥砂浆。

冬季:房间外墙的内表面温度可以通过稳态计算得到,根据《民用建筑热工设计规范》(GB 50176—2016)第 3.4.4 节及 3.4.16 节公式,计算得出内表面温度[32]。根据公式计算冬季室内设计温度为 18 ℃,设计辐射面表面平均温度为 26 ℃时,地板辐射传热量为 74 W/m²。

根据《辐射供暖供冷技术规程》(JGJ 142—2012)附录 B,在设计地板材质相同、设计水管管径相同的条件下,供回水温为 35 ℃/45 ℃,室内温度为 18 ℃时,辐射传热量能达到 107.7 W/m²,满足设计要求 74 W/m² 的辐射传热量。

3. 辐射末端新风系统设计要点

地板辐射制冷系统为控制地板结露,通常采用高温冷冻水 16 ℃/21 ℃供冷,地板辐射只能处理房间的部分显热负荷,无法处理潜热负荷,需要新风机组负担室内全部潜热负荷,病房室内设计温度为 26 ℃,相对湿度为 60%,在室内新风量确定的情况下,便可确定新风处理后的状态点。根据公式 $d_L = d_N - \dfrac{W}{G} \times 1\,000$ 可计算出新风处理后的状态点(图 4-72)。

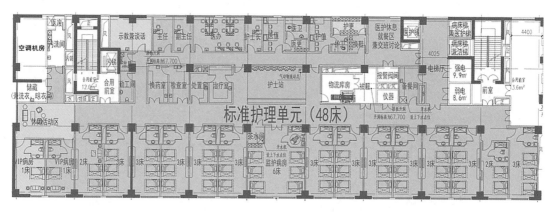

图 4-72 标准层辐射区域划分填色

以本项目一半标准层举例,此区域的新风量为 9 138 m³/h(根据《综合医院建筑设计规范》的要求得出)[25],通过上述公式计算得出,新风处理后状态点的含湿量为 10.42 g/kg(图 4-73)。

(1) d_L=10.42 g/kg 与 φ=95% 的交点 L_1 为深度除湿空气处理状态终点。

(2) 根据室内状态点 N(26 ℃,60%),为了防止新风送入室内产生结露以及保证室内舒适性效果,控制新风送风干球温度为 18 ℃(高于室内露点温度 17.64 ℃),送风状态点 O 为干球温度 18 ℃与 d_L 的交点。

(3) 考虑风机温升 0.5 ℃,即新风处理后状态点 L_2 的干球温度为 17.5 ℃。

(4) L_1 至 L_2 点需再热处理,再热采用直膨机组的冷凝热回收,考虑直膨机组的再热

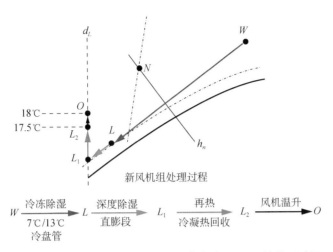

新风机组处理过程

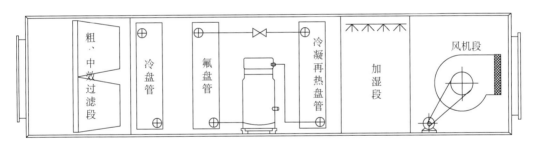

图 4-73 双冷源新风(水冷机组+直膨式机组)系统处理过程

量即为制冷量,则求出直膨式机组盘管进风点 L 的参数(L 同时是冷水盘管的出风点)。

新风空调机组需要满足冷却除湿、深度除湿、再热、加湿的功能(图 4-74)。

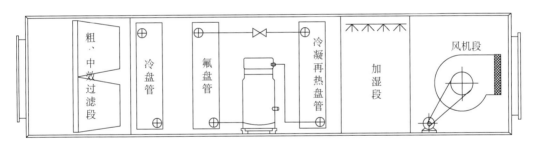

图 4-74 双冷源新风(水冷机组+直膨式机组)系统处理机组

由于辐射盘管的制冷能力只有 40 W/m²,在地板满铺的设计工况下,大部分房间的室内冷负荷都可以被辐射盘管+新风系统完全处理。但存在几种特殊情况:

(1)东西侧靠外围护结构的房间,围护结构传热使得室内热量较大,地板满铺的情况下,需要较高的新风换气次数才能处理全部负荷。

(2)顶层房间,由于辐射盘管是敷设在地板内的,在实际运行过程中,辐射盘管会同时向上和向下传热,中间标准层受到本层地板向上约 70% 辐射传热量,受到上层地板向下约 30% 辐射传热量,辐射传热量几乎没有损失(吊顶虽然会影响传热效果并有少量热损失,但地板辐射系统需要长时间运行,楼板和吊顶板之间的传热会在长时间运行后达到稳态,故热损失不计),但顶层房间没有上层地板向下的 30% 辐射传热量,因此无法满足去除室内显热负荷的要求,也需要较高的新风换气次数才能处理全部负荷。

以上两种情况的房间,需要在房间内补充设置风机盘管辅助制冷。

4. 新风系统的形式与节能

由于地板辐射制冷采暖＋独立新风机组系统的新风要承担全部室内湿负荷及一部分室内显热负荷,因此新风量的大小会影响室内的热湿环境,在设定的送风参数下,送入室内的新风量至少需要满足最小新风量(人均新风需求与 2 次/h 取大值),在高温天气下(天气炎热或室外极度潮湿),或需要加大新风量,去除更多的室内热湿负荷,在控制合理能耗的前提下,新风机组通常设置 2～4 次/h,根据室内负荷变化变风量运行。此时新风系统的末端就需要设置定风量阀门或末端动力系统(管道风机等),如图 4-75 所示,以保证送入室内足够的新风供应。同时在疫情期间,可适当提高新风量,在一定程度上提高室内的空气质量。

图 4-75　定风量阀门及末端动力系统

根据上述简化模型的计算,房间内壁面温度最大值出现在 20:45,在实际工程中,由于窗围护结构的影响,实际内壁面温度最大值可能出现在 13:00—15:00,此时可通过增大新风量的办法,使新风负担更多的室内冷负荷,处理临时的负荷高峰。在 2 次/h 的新风工况下,新风可承担室内约 30% 的显热负荷。负荷高峰时,可通过新风机组变频调节新风量至 4 次/h,此时新风最大可承担室内约 60% 的显热负荷。

新风量的提高,必然会导致空调机组的输送负荷提高,以及空调机组处理的冷热负荷提高。为了保证送入室内的新风不结露以及满足人员舒适性的要求,新风还需要再热,这存在了一定程度的冷热抵消,因此,新风侧节能措施的选择将十分重要。

(1) 选择高效绿色的冷源。空调机组第一段水冷盘管主要对室外高温高湿新风进行冷却除湿处理,需要处理的负荷在整个新风处理过程中占比较大,因此第一段水冷盘管的冷源可以选择 COP 较高的冷水机组,如磁悬浮式冷水机组;或配置利用可再生能源的冷热源形式,如水地源热泵机组。

(2) 再热的热源。新风再热这一过程带来的冷热抵消,对于非工艺空调是不允许的,可采用一些较低品位的热能或免费热能,减少能源的消耗,如直膨段自带的冷凝热回收、四管制风冷热泵的热回收、冷水机组的冷却侧热回收、项目邻近电热厂或工厂等的余热和废热。

(3) 溶液调湿新风机组。同时也可采用溶液除湿系统,去除新风处理过程中的深度制冷和再热环节,降低能源的消耗(溶液除湿系统介绍详见本书 4.3.3 节)。

(4) 排风热回收。可在排风机设置乙二醇溶液热回收系统,预冷新风,减少处理新风的冷负荷(乙二醇溶液热回收系统介绍详见本书 4.3.2 节)。

5. 综合冷热源形式与节能

地板辐射系统需使用高温冷源(16～18 ℃供水)供冷,该系统合适的冷源为高温冷水机组、水源热泵机组或地源热泵机组,在保证满足末端负荷要求的条件下,高出水温度将提高冷水机组 COP,降低能耗。

单一的冷热源调整也可做到节约能耗,如再热环节采用余热、废热、冷却水的热回收等,最不利的条件是使用锅炉,使用锅炉便存在冷热抵消,非工艺性空调杜绝使用。

辐射供冷供热末端+独立新风机组的空调系统能够在保证室内空气品质的同时,尽量满足人员的舒适性需求,但新风量的增加会导致能耗增加。在医院设计工作中,可根据实际情况选择合适的节能措施,结合经济计算再酌情考虑并进行设计(图 4-76)。

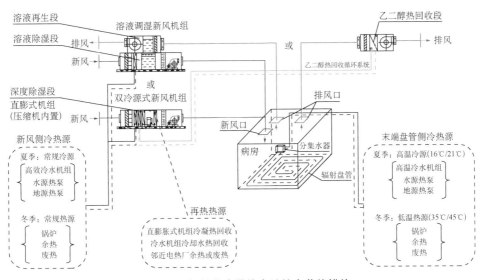

图 4-76　辐射供冷供热末端综合节能措施

4.4　洁净手术部的能效提升手段

4.4.1　合适的空气过滤器三级配置

空气过滤器在净化空调系统中应用非常广泛,以此来保证净化区域空气的洁净度满足需求(空气过滤器详见本书 4.3.4 节)。

净化空调系统的三级过滤器配置应按照粗级、中级和高级的顺序配置。根据净化要求确定最后一级的过滤器形式,然后再选择前置保护作用过滤器及新风过滤器。各级过滤器在满足过滤效率的前提下,应优先使用低阻力的过滤器或过滤装置。[36]

4.4.2 洁净手术部内的空调系统划分

净化手术室空调系统与一般的空调系统的主要区别在于既要控制微生物粒子,又要控制非微生物粒子(含尘浓度),还要控制相对湿度(相对湿度对病菌的滋生繁殖有很大影响)。为保障手术室内的尘埃粒子的颗数满足要求,需要通过换气、过滤等手段来实现,不同送风末端的过滤等级对不同粒径尘埃粒子的过滤效率不同,一般以 $3\ \mu m$ 和 $5\ \mu m$ 为主要控制粒径,换气次数越多,过滤的频率越高,室内的尘埃粒子数就越少,反之则相反。[37-38]

1. 一次回风全空气系统

一次回风全空气系统是最常见的一种空调系统,室内回风在空气冷却器前(即冷却或减湿处理之前)同新风进行混合后,经过滤和热湿处理后由风机送入空调房间。在空气处理过程中,大多数场合需要利用一部分回风。混入的回风量越多,使用的新风量则越少,系统运行越经济。

2. 二次回风全空气系统

二次回风全空气系统与一次回风全空气系统在手术室内的洁净度和温湿度参数是相同的,不同之处在于空气处理机组侧,一次回风的再热通过再热段(热盘管或电再热)来实现,而二次回风的室内回风与新风在空气冷却器前混合并经处理,再次与室内回风进行混合达到再热的效果,在能耗上与一次回风相比更加节能,且风量越大,节能效果越明显。若风量较小,节能空间很小,采用一次回风全空气系统从空调系统管理运营的角度来说,更加方便。[39]

3. 变新风空调系统

洁净手术部净化空调系统采用新风集中处理,处理后的新风送到各手术室的循环系统,这种净化空调系统的特点是,各手术室空调自成系统,可避免交叉感染,而且各手术室也可以灵活使用,新风集中控制有利于各手术室正压要求。

在夜间手术室停用时,为保证手术室的洁净度,要维持一定的正压值,这样必须有经处理的新风送入手术室,而送入的新风量与白天正常使用的量往往不一样,这样对新风机来说就存在两个不同的送风量,为降低能耗往往采用风机变频技术解决。

夜间维持洁净室正压的新风(风量3~4次换气)不通过空调箱,直接经新风机处理后送入洁净室内,此时新风机变频至较小风量,送风压头降低,恰巧此时新风直接送至房间,由于没有了空调箱的阻力,夜间通过定风量阀可以保证气流送至房间,维持房间正压。

4. 新排风热交换(Ⅳ级手术室)

新风预处理在能耗中占很大的比例,像北京、上海、广州这样潜热负荷都占夏季冷负荷80%左右的地区,可以利用全热回收,排风通过热交换器预处理新风达到节能的目的。为防止产生交叉感染,所以这个措施一般适用于级别较低的洁净手术室(Ⅳ级手术室)。

5. 变风量变级别运行

根据我国国家标准《医院洁净手术部建筑技术规范》(GB 50333—2013)要求,洁净手术室应根据不同级别要求在室内中心设置相应不同送风面积的送风装置,以保证手术部位的洁净与无菌要求。而《医院洁净手术部建筑技术规范》规定了不同级别的洁净手术室与之适用的手术(表4-31)。[40]

表4-31 洁净手术室级别与适用手术

等级	手术室名称	手术切口类型	适用手术提示
Ⅰ	特别洁净手术室	Ⅰ	关节置换、器官移植、脑外科、心脏外科和眼科等手术中需要高度无菌的手术
Ⅱ	标准洁净手术室	Ⅰ	脑外科、整形外科、泌尿外科、肝胆胰外科、骨外科及取卵移植手术和普通外科中一类无菌手术
Ⅲ	一般洁净手术室	Ⅱ	普通外科(除去一类手术)、妇产外科等手术
Ⅳ	准洁净手术室	Ⅲ	肛肠外科及污染类等手术

在实际中,如果低级别手术较多,需要借用高级别手术室进行手术,此时只需要将高级别手术室的送风量降下来,但手术室送风装置采用的是局部置换流或称层流或单向流,不是普通风口送出湍流气流,需维持截面风速(不能低于0.15m/s),否则不能保持置换气流特性,也无法达到手术要求的洁净与无菌水平。传统的手术室设计思路与措施无法实现变风量、变换手术室级别的运行,需要使用特殊的变风量、变级别手术室送风装置来实现[41-42]。

变风量、变级别手术室送风装置的示意图如图4-77所示。

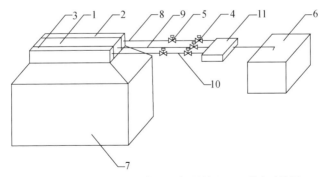

1—第一送风箱;2—第二送风箱;3—第三送风箱;4—定风量阀;5—双位电动风阀;6—空气处理机构;
7—手术室;8—第一送风管;9—第二送风管;10—第三送风管;11—静压箱。

图4-77 变风量、变级别手术室送风装置

本装置将手术要求作为控制参数,可以直接控制双位电动风阀的开与闭来变化送风量,以此来实现高级别手术室与低级别手术室之间的切换。利用送风静压箱将空气处理机组送

风总管分成三路送风管,采用定风量装置将每路风量固定在所需的风量。当手术要求将级别调低时,按下设置在手术室内的控制钮。关闭左侧和右侧独立送风装置管路上的双位电动风阀,同时控制变频装置调低空气处理机组送风量。由于左侧和右侧独立送风装置不送风,只有中心独立送风装置送风,手术室由高级别转换成低级别,送风装置只是缩小送风面积,而不改变送风截面风速,从而保证手术室级别,降低能耗。当手术要求将级别调高时,按下设置在手术室内的控制钮。开启左侧和右侧独立送风装置管路上的双位电动风阀,同时控制变频装置调高空气处理机组送风量。由于左侧和右侧独立送风装置与中心独立送风装置同时送风,手术室由低级别转换成高级别。同样,送风装置只加大送风面积,而不改变送风截面风速。

4.4.3　双冷源温湿度分控系统方案

1. 洁净手术部空调系统现状分析

传统洁净手术部空调系统大多采用冷水作为制冷剂,将新回风混合后通过表冷器冷却至室内空气露点温度,然后再把温度提高到室内状态点。净化空调系统为了达到除湿效果,在冷却除湿过程中会把温度降到很低,然后需要进行再热处理才能送入室内,这样会使能耗变大,同时制冷剂(水)过低的蒸发温度会造成主机效率降低,增加主机运行能耗。

2. 双冷源新风调湿技术

(1) 技术简介。在过渡季(梅雨季或回南天),室外空气湿度过大,传统的洁净空调系统新风机组实际冷却除湿能力常常无法满足除湿要求,最终引起室内湿度偏高的问题,严重影响室内的热舒适性和卫生要求。[43]

双冷源新风调湿技术是指为新风机组增设新的低温冷源,通常采用直接蒸发、冷却的方式实现深度冷却除湿,即为新风机组设置双冷源,实现两级冷却除湿。其第一级冷源为新风机组原有的冷源,利用高温冷冻水(14 ℃)对室外新风进行预冷,初步降温除湿;其第二级冷源为新风机组新增设的蒸发器对新风深度降温除湿,新风深度调湿技术原理如图 4-78 所示。

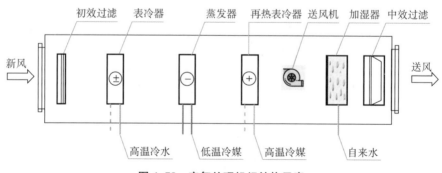

图 4-78　空气处理机组结构示意

双冷源调湿空气处理过程如图 4-79 所示:首先新风进入第一级冷源表冷器,处理至
21 ℃/95%/15 g;然后新风进入第二级冷源蒸发器,处理至 7.3 ℃/95%/6 g;最后新风进
入再热盘管,再热至 15～25 ℃/6 g。

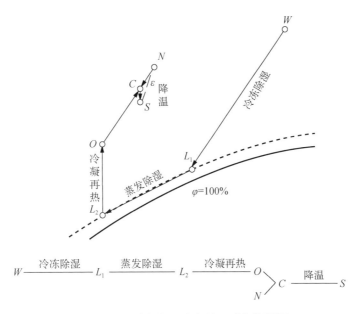

图 4-79 双冷源调湿空气处理过程焓湿图

(2) 技术优势。洁净手术室空调系统采用双冷源新风调湿机组,在特殊高湿时段仍
能承担室内的全部湿负荷和部分冷负荷,不仅具备超强的除湿能力,而且能确保系统末端
的循环空调机组处于干工况的条件下运行,避免了冷凝水引起的细菌滋生问题。[47]在过
渡季,(梅雨季或回南天)双冷源调湿机组可独自运行,无须开启制冷主机,从而降低能耗。
夏季送风温度可低至 15 ℃,能够消除一定量的室内显热。在夏初和夏末阶段,可不用开
启制冷主机就能满足室内的供冷需求,每年夏季都可以减少至少 1 个月的冷水主机的开
启时间,通过这样大幅度减少制冷主机的运行时间,可以节省运行费用。

在氟利昂侧,内嵌热泵循环的制冷剂从压缩机排出后首先进入排风热回收冷凝器,一
部分冷凝热从制冷剂转移到排风中,由于压缩机排气温度高达 70 ℃,可将排风加热至
45 ℃以上,充分利用回风的冷量,节约运行能耗;从排风冷凝器出来的制冷剂进入水冷凝
器(板式或壳管式),剩余的冷凝热全部转移到水中,可制备出 25 ℃以上的热水。在再热
介质(水)侧,进入水冷凝器的水,一般为 14 ℃的高温冷冻水,也可以是 19 ℃的冷冻水回
水;当水从水冷凝器出来时,将会被加热到 24～29 ℃。热回收型双冷源新风调湿机组的
热水被分成两路,一路直接回到冷冻水回水管,另一路流经新风通道的再热表冷器对新风
进行再热之后,再回到冷冻水回水管路;通过电动调节阀可以精确调节 b 路的水流量,从
而精确调节新风的送风温度,精度一般可达到±0.5 ℃(图 4-80)。

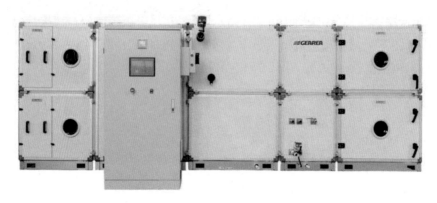

图 4-80　热回收型双冷源新风调湿机组

3. 温湿度独立控制方案

1）方案概述

洁净手术室特别是对室内温湿度要求较高的手术室,需要严格控制室内的温湿度,并可以随周围环境的改变及时、准确进行调节,保持室内温湿度的稳定,因此,科学、合理、高效的智能控制系统必不可少。

在温湿度独立控制空调中,高温冷源作为主冷源,它承担室内全部的显热负荷和部分的新风负荷,占空调系统总负荷的 50% 以上;低温冷源作为辅助冷源,它承担室内全部的湿负荷和部分的新风负荷。温湿度独立控制系统由 4 个核心部件组成,分别为高温冷水机组、双冷源调湿新风处理机组、去除显热的室内末端装置(毛细辐射管网或干式盘管)、去除潜热的室内送风末端装置[44],如表 4-32 所示。

2）与常规空调系统对比

（1）运行能耗的比较分析:以上海某医院洁净手术部运行能耗进行计算。

① 计算原则。为便于计算,按照以下原则进行计算:

按照上海室外参数,全年手术室 24 h 运行空调系统,室内温度维持 24 ℃,相对湿度按 40%~50% 计算,暂不考虑系统刚开启时的负荷,仅计算系统稳定运行后的负荷。

表 4-32　　　　　　　　　　　温湿度独立控制系统

控制系统	空调设备	末端装置	室内环境控制
湿度控制系统	双冷源新风调湿机组	置换通风口	控制室内湿度与 CO_2 浓度
		个性化送风口	
		其他	
温度控制系统	夏季:高温冷源 冬季:供热热源	毛细辐射管网	控制室内温度
		干式盘管	
		其他	

设定新风含湿量大于 8.3 g/kg 时系统需要进行除湿，含湿量小于 5.5 g/kg 时需要加湿。

组合型空调机组额定送风温度按照 22 ℃计算。

基于以上原则，按照新风参数确定空调系统的运行方式如表 4-33 所示。

表 4-33　　　　　　　　　　　　空调系统运行方式

新风含湿量/ (g·kg⁻¹)	新风焓值/ (kJ·kg⁻¹)	冷冻除湿	蒸发除湿	加热加湿	后表冷
≥8.3	≥54.3	新风除湿至 13.5 g/kg	新风除湿至 7.4 g/kg	不开启	混风降温至 22 ℃
≥8.3	<54.3	不开启	新风除湿至 7.4 g/kg	不开启	混风降温至 22 ℃
5.5~8.3	>10.5	均不开启			混风处理至 22 ℃
≤5.5	6~10.5	不开启		加湿至 5.5 g/kg	混风处理至 22 ℃

② 冷热量需求量计算。基于以上计算原则，按照上海市日平均温度和含湿量计算该手术室全年的运行能耗，统计如表 4-34 所示。

表 4-34　　　　　　　　　　　　手术室全年的运行能耗

类别	冷冻水用量（室外 湿球温度高于 10 ℃） kW·h	蒸发器冷量 kW·h	冷却水用量 kW·h	热水用量 kW·h	冷冻水用量（室外 湿球温度低于 10 ℃） kW·h
1 月	0.0	0.0	0.0	2 800.9	1 448.6
2 月	175.6	0.0	0.0	2 132.1	1 182.7
3 月	540.2	280.8	248.6	701.0	888.6
4 月	1 915.8	1 459.3	1 065.1	23.1	361.6
5 月	3 265.6	4 942.8	4 766.1	0.0	0.0
6 月	5 528.4	6 024.6	6 145.6	0.0	0.0
7 月	8 401.1	6 305.6	6 457.3	0.0	0.0
8 月	8 131.6	6 305.6	6 457.3	0.0	0.0
9 月	4 866.4	6 030.6	6 153.6	0.0	0.0
10 月	2 970.5	3 297.4	3 075.5	41.1	211.7
11 月	1 324.2	385.1	261.8	280.6	656.0
12 月	53.4	0.0	0.0	1861.4	1 369.4
合计	37 172.5	35 031.9	34 631.0	7 840.2	6 118.6

③ 能耗计算如表 4-35 所示。

表 4-35　能耗计算

类别	冷冻水用量	冷却水用量	蒸发器冷量	热水量
冷/热量/(kW·h·年$^{-1}$)	43 291.1	34 631.0	35 031.9	7 840.2
系统能效比	3.6	/	3.6	/
耗电量/(kW·h·年$^{-1}$)	12 025.3	921.6	9 731.1	/
蒸汽用量/(kg·年$^{-1}$)	/	/	/	12 677.4
能源单价	电价:0.9 元/(kW·h),蒸汽:280 元/t			
运行费用/(元·年$^{-1}$)	10 822.8	829.4	8 758.0	3 549.7
总运行费用/(元·年$^{-1}$)	23 959.9			

注:(1) 冷源按照风冷热泵系统计算(供回水温度 14 ℃/19 ℃)。
　　(2) 热源按照蒸汽供热,排除凝结水热量后的蒸汽热值按照 530 kcal/kg 计算(1 kcal=4.186 kJ)。
　　(3) 冷却水用电按照全年蒸发除湿开启的时间计算,即冷却塔及水泵工频运行 192 天,每天 24 小时。
　　(4) 室外湿球温度低于 10 ℃时的冷水用量暂按照冷冻水计算,条件允许时也可采用冷却塔自然冷却,系统运行能耗将更低。

④ 系统冷热源配置对比。根据两种方案冬夏季工况的冷热水量需求确定冷热源配置负荷(表 4-36)。

表 4-36　冷热源配置负荷对比

类别	冷源/kW	热源/kW	冷却水/kW	蒸汽加湿/(kg·h^{-1})
一次回风系统	47.9	26.4	/	3.8
双冷源系统	15.7	7.4	8.7	/

一次回风系统冷热源配置负荷约为双冷源温湿度分控系统的 3 倍以上,且一次回风系统需要接入蒸汽进行加湿,蒸汽接入费用较高。

⑤ 运行能耗系统对比如表 4-37 所示。

表 4-37　运行能耗对比

类别	一次回风系统		双冷源系统	
	电	蒸汽	电	蒸汽
总用电量/(kW·h·年$^{-1}$)	65 106.6	—	22 678	—
总蒸汽用量/(kg·年$^{-1}$)	—	202 207.6	—	12 677
总运行费用/(元·年$^{-1}$)	58 596.0	56 618.1	20 410.2	3 549.7
总运行费用/(元·年$^{-1}$)	115 214.1		23 959.9	
节约费用/(元·年$^{-1}$)	91 254.2			
节能率	79.2%			

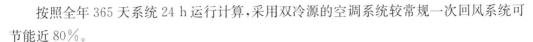

按照全年 365 天系统 24 h 运行计算,采用双冷源的空调系统较常规一次回风系统可节能近 80％。

(2) 湿度控制方式对比。

常规一次回风系统:除湿工况根据室内湿度控制表冷器的冷冻水量,加湿工况根据室内含湿量控制干蒸汽加湿量。

双冷源温湿度独立控制系统:所有湿负荷均由新风承担,除湿工况根据室内湿度控制新风段的冷冻水量以及机组自带压缩机的运行频率,加湿工况根据室内湿度控制新风段的热水量。[①]

采用新风承担室内所有湿负荷的方式避免了冷冻除湿后再热的问题,极大地降低了系统的再热能耗。采用双冷源的方式对新风进行深度除湿,对冷冻水的温度需求可由常规的 7 ℃供水提升为 14 ℃供水,提高了冷水机组的蒸发温度,降低了整个制冷系统的运行能耗。

(3) 温度控制方式对比。

常规一次回风系统:除湿工况根据室内温度控制再热盘管的热水量,其他工况根据室内温度选择采用制冷或制热工况并相应调整冷/热水量。

双冷源温湿度独立控制系统:根据室内温度选择末端装置(毛细辐射管网或干式盘管)为制冷或制热工况并相应调整冷/热水量。

3) 运行能耗对比分析结论

我国在医院建筑洁净空调系统研究方面取得了一定的成果,但在设计和运行过程中仍然存在着诸多缺陷和不节能环节,因此,探索适宜医院洁净室的空调技术与方案,将有利于医院建筑节能、健康地发展。

4.5 医院科学实验室用房节能提升技术

4.5.1 医院实验室概述

1. 医学实验室的概念

由于《综合医院建筑设计规范》(GB 51039—2014)中对医院实验室的要求及表述较少[25],在实际设计过程中,要满足实验室工艺需求还需对更多国家规范内容有一定的了解,如《实验室生物安全通用要求》(GB 19489—2008)、《生物安全实验室建筑技术规范》(GB 50346—2011)、《实验动物设施建筑技术规范》(GB 50447—2008)、《医学实验室建筑技术规范》(T/CAME 15—2020)、《科研建筑设计标准》(JGJ 91—2019)等,本章先对医院实验室的概念进行梳理,以便设计把握正确的方向。[45-49]

---

① 刘拴强,何强勇.格瑞双冷源调湿新风机组技术规程,2019.

《医学实验室质量和能力的要求》(GB 22576.1—2018)、《医学实验室建筑技术规范》(T/CAME 15—2020)中对医学实验室、临床实验室的定义:以提供人类疾病诊断、管理、预防和治疗或健康评估的相关信息为目的,对来自人体的材料进行生物学、微生物学、免疫学、化学、血液免疫学、血液学、生物物理学、细胞学、病理学、遗传学或其他检验的实验室,该类实验室也可提供涵盖其各方面活动的各方面的咨询服务,包括结果解释和进一步的适当检查的建议[48, 50]。

医学实验室在医疗系统中的地位至关重要,其为诊断、治疗和研究等医学活动提供了坚实的基础。

2. 生物安全实验室的分级

医院中的医学实验室大多都需要对生物样本进行检验检测,属于生物安全实验室范畴。

生物安全实验室(biosafety laboratory),也称生物安全防护实验室(biosafety containment for laboratories),是通过防护屏障和管理措施,能够避免或控制被操作的有害生物因子危害,达到生物安全要求的生物实验室和动物实验室。

根据《生物安全实验室建筑技术规范》(GB 50346—2011)、世界卫生组织《实验室生物安全手册》,以实验室所处理对象的生物危害程度和采取的防护措施,生物安全实验室分为四级。[51]

根据表 4-38 的分级情况,微生物实验室级别可采用 BSL-1,BSL-2,BSL-2+,BSL-3,BSL-4 表示;动物生物实验室可采用 ABSL-1,ABSL-2,ABSL-3,ABSL-4 表示。

表 4-38　　　　　　　　　　　　生物安全实验室分级

分级	实验室类型	生物危害程度	操作对象	安全设施
一级	基础实验室:基础的教学、研究	低个体危害,低群体危害	对人体、动植物或环境危害较低,不具有对健康成人、动植物致病的致病因子	不需要,开放实验台
二级	基础实验室:初级卫生服务;诊断、研究	中等个体危害,有限群体危害	对人体、动植物或环境具有中等危害或具有潜在危险的致病因子,对健康成人、动物和环境不会造成严重危害。具有有效的预防和治疗措施	开放实验台,此外需 BSC 用于防护可能生出的气溶胶
三级	防护实验室:特殊的诊断、研究	高个体危害,低群体危害	对人体、动植物或环境具有高度危害性,通过直接接触或气溶胶使人传染上严重的甚至是致命疾病,或对动植物和环境具有高度危害的致病因子。通常有预防和治疗措施	BSC 和/或其他所有实验室工作需要的基本设备

续表

分级	实验室类型	生物危害程度	操作对象	安全设施
四级	最高防护实验室:危险病原体研究	高个体危害,高群体危害	对人体、动植物或环境具有高度危害性,通过气溶胶途径传播或传播途径不明,或未知的、高度危险的致病因子。没有预防和治疗措施	Ⅲ级 BSC 或 Ⅱ级 BSC 并穿着正压服、双开门高压灭菌器、经过滤的空气等

注:BSC 为生物安全柜。

3. 医学实验室的分类

根据实验室运营主体不同,可分为医疗机构医学实验室(临床实验室);教学科研类医学实验室;第三方独立医学实验室称第三方检验检测机构,各级疾控中心;省级、国家级医学实验平台(表 4-39)。

表 4-39　　　　　　　　　　根据运营主体划分的生物安全实验室类型

实验室运营主体	分类	主要职责	实验室生物安全级别
公立、私立医院	医疗机构医学实验室(临床实验室)	对医学材料样本的基础检验与诊断,医学类实验研究	BSL-1,BSL-2,ABSL-1,ABSL-2
高校、专业培训机构	教学科研类医学实验室	高校的实践训练、科研教学平台	BSL-1,BSL-2,ABSL-1,ABSL-2
第三方检验检测机构	第三方独立医学实验室(ICL)/各级疾病预防控制中心/省级、国家级医学实验平台	解决中小型医疗机构检验外包的问题,为大医院提供难度较高、危险性较高的检验检测,高风险病原体的研究	BSL-1,BSL-2,BSL-2+,BSL-3,BSL-4,ABSL-1,ABSL-2,ABSL-3,ABSL-4

医院设置的实验室需要对常规的生物样本有基本的检测、诊断能力。同时,市级三甲综合医院还会设置部分动物实验室进行相关医学类实验研究,或与高校联合进行一定的医学实验研究。对于高危高致病生物样本,通常需要送至第三方检验检测机构施以防护措施后使用三级或以上级别生物安全实验室进行检测,因此,医院实验室通常为三级以下生物安全实验室。

根据《生物安全实验室建筑技术规范》(GB 50346—2011)[46],生物安全实验室根据所操作致病性生物因子的传播途径,可分为 a 类和 b 类,具体分类如表 4-40 所示。

表 4-40　　　　　根据致病因子传播途径的生物安全实验室分类

传播途径分类			类别说明	对应生物安全实验室级别
根据所操作致病性生物因子的传播途径分类	a 类		非经空气传播生物因子的实验室	BSL‐2/ABSL‐2，BSL‐3/ABSL‐3
	b 类	b1 类	可有效利用安全隔离装置进行操作的实验室	BSL‐2/ABSL‐2，BSL‐3/ABSL‐3
		b2 类	不能有效利用安全隔离装置进行操作的实验室	ABSL‐2，ABSL‐3

注：(1) 由于二级和三级实验室检测的致病因子范围最广，存在多种传播类型，因此对二级和三级实验室的操作致病因子传播途径进行分类。

　　(2) 一级生物安全实验室不具有对健康成人、动植物致病的致病因子，不对传播途径进行分类。

　　(3) 四级生物安全实验室对人体、动植物或环境具有高度危害性，通过气溶胶途径传播或传播途径不明，因此需要最高级别的安全防护措施，不需要再对传播途径进行分类。

在医院设置的常规实验科室，如病理科、检验科等或部分大型综合医院设置的科研教学类的动物实验室，通常可按照基础实验室 BSL-1/ABSL-1，基础实验室 BSL-2/ABSL-2 中的 a 类和 b1 类进行设计。而 b2 类生物安全实验室通常设置在第三方检验检测机构，如市级、省级的疾病预防控制中心。

为了阐述医院的能效提升技术，本书针对医院常规设置以传播途径为分类基础的 a 类和 b1 类的一级与二级生物安全实验室为研究对象，传播途径为 b2 类的二级生物安全实验室，三级、四级生物安全实验室不再论述。

4. 医学实验室常用通风设备简介

根据《实验室生物安全通用要求》(GB 19489—2008)、《生物安全实验室建筑技术规范》(GB 50346—2011)及《医学实验室建筑技术规范》(T/CAME 15—2020)对一级和二级实验室的要求，医院实验室多会用到生物安全柜、通风柜、万向排气罩等。这些实验排风设备的设置与否，对实验室空调送、排风系统的设置方式有较大影响。[45-46,48]

(1) 生物安全柜作为医学实验室的一级屏障防护设备，对操作人员、实验样本材料及实验室内的环境起到保护作用，避免操作过程中可能产生的气溶胶等有害物质溢出。表 4-41 为不同级别、不同种类生物安全柜与排风系统的连接方式。

医院医学实验室。根据检验检测样本的种类，常用Ⅱ级 A 型和Ⅱ级 B 型，以 A2 型和 B2 型最常见，生物安全柜长度规格通常为 1 200 mm，1 500 mm，1 800 mm，通风量根据工作面平均风速及工作面开启窗的面积(工作窗高 600～650 mm)1 200～1 800 m³/h 不等，再根据生物安全柜循环风及排风比例对空调通风设备进行选择，由于生物安全柜内排风出口设置有高效(HEPA)过滤器，设置排风系统时需考虑安全柜风阻，国内与国际品牌安全柜额定阻力差距较大(350～800 Pa)，设计需在最终设备厂家确认后校核所选风机全压是否满足要求。

表 4-41　　　　　　不同级别、不同种类生物安全柜与排风系统的连接方式

生物安全柜级别		工作口平均进风速度/(m·s⁻¹)	循环风比例/%	排风比例/%	连接方式
Ⅰ级		0.38	0	100	密闭连接
Ⅱ级	A1	0.38~0.50	70	30	可排到房间或套管连接
	A2	0.5	70	30	可排到房间或套管连接或密闭连接
	B1	0.5	30	70	密闭连接
	B2	0.5	0	100	密闭连接
Ⅲ级		—	0	100	密闭连接

设计医学实验室通风时应对不同类型安全柜考虑相应的通风量及连接方式。需要注意的是,A型生物安全柜可直接向室内排风,再通过室内排风口排除室内空气,这样设置时,建议室内排风口靠近安全柜排风;或与风管连接时可采用套管连接方式,套管与生物安全柜排风管之间留有 25 mm 的空隙[48],排风系统可通过空隙吸入房间空气,以保持排风系统的风量平衡(图 4-81)。

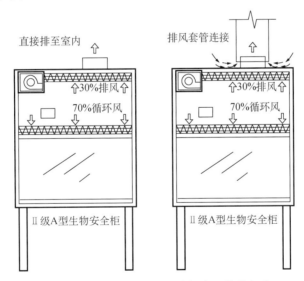

图 4-81　Ⅱ级 A 型生物安全柜常用排放方式

B型生物安全柜需要采用风管密闭连接,由于安全柜排风量是固定值,通常采用定风量阀维持排风量稳定。

(2) 排风柜主要在操作有挥发性、刺激性或有毒物质时使用,使挥发物在柜内排出室外,防止有害物溢出,保护实验室环境和操作人员。

目前医院使用的排风柜通常为变风量排风柜,根据排风柜窗口开启大小联动调节排风柜排风量。根据《实验室变风量排风柜》(JG/T 222—2007),变风量排风柜的主要参数如表 4-42 所示。[52]

表 4-42 变风量排风柜主要参数

常规通风柜类型 通风柜宽度/mm	工作面高度/mm	平均面风速/(m·s⁻¹)		排风阻力/Pa	最大风量/(m³·h⁻¹)	最小风量/(m³·h⁻¹)	备 注
		无人操作	有人操作				
1 200	800～900	0.3	0.5	≤70	1 200	最大风量的20%～30%	排风机根据工作窗口开口面积与面风速要求,调节风量变化。受限于变频风机最小频率,最小风量(值班风量)通常为最大风量的20%～30%
1 500					1 500		
1 800					1 800		

注:排风柜工作窗口完全关闭时,仍有缝隙开口,此时保持最小(值班)风量,使排风柜内试剂等易挥发物质在非实验状态时不外泄。

图 4-82 万向排气罩

(3) 万向排气罩(图 4-82)具有可活动旋转的关节,通常采用高密度 PP 材料(也可选择不锈钢材质),可对实验台局部实验设备的产气进行排放,可在一定范围内移动灵活,但排风量较小,排风量通常为 100～200 m³/h,风阻可按照 200～300 Pa 考虑。在医院的实验室中,万向排气罩的设置相对较少,如有设置,设计时可参照相关排风量参数及阻力考虑。

医院医学实验室内不同类型的通风设备对设计有不同的要求,设计时应根据具体的通风设备类型、数量进行详细风量平衡计算,并应考虑通风设备不同工况运行时的风量平衡设计。这是医院医学实验室设计的难点。

4.5.2 医学实验室空调通风设计与节能

1. 基本设计原则

医学实验室是医院开展一切医学活动的基础,属于生物安全实验室。生物安全实验室中通常会构建屏障设施来保障待检测生物样本的安全及操作人员的安全。

一级屏障主要包括各级生物安全柜、动物隔离设备和个人防护设备等,二级屏障主要包括建筑结构、通风空调、给水排水、电气和控制系统。

二级屏障的通风空调系统根据《生物安全实验室建筑技术规范》(GB 50346—2011)设置[46],医院中的一级、二级生物安全实验室可采用自然通风、空调通风系统,也可根据需要设置空调净化系统。当操作涉及有毒、有害溶媒等强刺激性、强致敏性材料的操作时,一般应在排风柜、生物安全柜等能有效控制气体外泄的设备中进行,否则应采用全新风系统。二级屏障主要技术指标如表 4-43 所示。

表 4-43　　　　一、二级生物安全主实验室二级屏障的主要技术指标[46]

级别	相对于大气的最小负压	与室外方向上相邻相同房间的最小负压差/Pa	洁净度级别	最小换气次数/(次·h⁻¹)	温度/℃	相对湿度	噪声/dB(A)	平均照度/lx	维护结构严密性(包括主实验室及相邻缓冲间)
BSL-1/ABSL-1	—	—	—	可开窗	18～28	≤70%	≤60	200	—
BSL-2/ABSL-2中的 a 类和 b1 类	—	—	—	可开窗	18～27	30%～70%	≤60	300	—

注：表中"—"表示不做要求。

　　相关规范标准并未对一级、二级生物安全实验室的压力梯度、洁净度等指标做特殊要求，因此，对于不同的医学实验室，应明确实验室级别、实验室内的实验仪器设备、是否有一级屏障设施(生物安全柜等)、局部排风设施等具体情况，并针对性地进行设计。

　　同时需注意的是，虽然规范未对一级、二级实验室的压力梯度做明确要求，但在设计时，应使实验室房间(核心实验区域)与相邻房间保持一定负压，这样更加符合生物安全防护的原则。

　　现代医院的医学实验室，室内仪器及室内排风设备多样。当实验区内设置有多种类实验排风设备时，空调送排风系统将变得复杂。满足国家对实验室的要求并进行正确合理的空调通风系统设计是实验室能效提升的前提。

2. 检验科与病理科(图 4-83—图 4-86)

1) 设计原则

　　检验科通常设置临床检验、生化检验、微生物检验、血液实验、细胞检查、血清免疫、洗涤、试剂和材料库等用房；实验室内通常设置通风柜、仪器室、试剂室(柜)、防振天平台、贮藏贵重药物和剧毒药品的设施。主要有免疫实验室、生化实验室、临检实验室、细菌实验室等多类专业实验室。检验样本多为血液、尿液、粪便或人体组织。

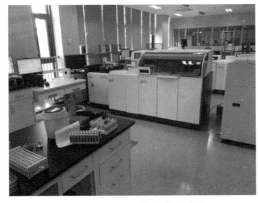

图 4-83　某医院检验科实验室 1　　　　　图 4-84　某医院检验科实验室 2

图 4-85 某医院病理科实验室 1 图 4-86 某医院病理科实验室 2

病理科主要通过活检、尸检和细胞学检等检查做出相应疾病的病理诊断[23]，通常设置取材、标本处理（脱水、染色、蜡包埋、切片）、制片、镜检、洗涤消毒和卫生通行等用房，可设置病理解剖和标本库用房。

检验科与病理科作为医院最常见的医学实验室，实验区内从事生物样本检验操作的房间可归属于生物安全实验室 BSL-2 类别，实验区建筑布局多由小面积房间组成，空调设计末端多为风机盘管加新风系统、多联机加新风系统；部分较大面积开间的检验实验中心也可设置全空气系统；低级别医院如社区卫生中心、县级以下医院也有设置分体式空调的案例。

医院设置的实验室多为小房间布局，室内常规末端（风机盘管、多联机室内机、分体式空调）的设计选型与室内负荷的匹配程度是决定实验室是否节能的基础。检验科部分实验室内实验仪器繁多，但在进行设计时，通常无法获得实验室内准确的实验仪器，因此在负荷计算中多为预估实验仪器发热量，为了确保"安全"，预估量往往会大于实际值。当后期实验仪器明确时，设计应重新校核调整预估设备发热量，调整末端设备选型。整理的医院病理科及检验科常见实验设备如表 4-44、表 4-45 所示。

表 4-44 病理科常见仪器功率

科室	常规仪器名称		参考功率/W
病理科	取材台	照明灯	65
		紫外灯	15
病理科	病理通风柜	紫外灯	30
		LED 日光灯	15
		插座负载功率	500
	标本冷藏柜 250 L	2～8 ℃	400

续表

科室	常规仪器名称	参考功率/W
病理科	脱水机	1 000
	包埋机	500
	生物组织快速处理仪	500
	石蜡切片机	300
	冷冻切片机	580
	漂片仪	350
	烘片仪	350
	漂烘仪	600
	组织染色机	400
	病理图文分析(电脑)系统	300
	离心机	300
	制片机	400
	快速混匀器	40

表 4-45　　　　　　　　　　检验科常见仪器功率

科室	常规仪器名称		参考功率/W
检验科	细胞遗传	恒温磁力搅拌器	电机功率	15
			加热功率	800
		电子 pH 计		55
		恒温培养箱	160 L	660
		恒温水浴箱	20 L	1 500
		水平离心机		1 100
		荧光显微镜	卤素灯	100
	血液	自动血流变仪		200
		全自动血凝仪		250
		流式细胞仪		2 000
		血小板聚集仪		100

续表

科室		常规仪器名称		参考功率/W
检验科	微生物	生物安全柜		500
		隔水式电热恒温箱	5～65 ℃	1 200
		CO_2 培养箱		400
		电热消毒烧灼器		100
		立式压力蒸汽灭菌器	75 L	3 500
	临检	尿液干化学分析仪		250
		尿液有形成分分析		500
		半自动血沉仪		60
		自动血沉仪		60
		血液细胞分析仪		550
		发学发光仪		800
		电解质仪		100
		冰点渗透压仪		150
	生化	全自动生化分析仪		75
		糖化血红蛋白分析仪		215
		蛋白电泳仪		1 000
		离心机		1 100
	免疫	全自动酶免		100
		酶标仪		50
		洗板机		30
		微量振荡器、摇床、振荡器		500
		全自动酶免疫发光仪		1 100
		特定蛋白分析仪		400
		冰箱		1 200

注:科室仪器较多且有多种型号选择,表中仅列出常见仪器供参考。

2) 空调送排风系统划分

(1) 室内不设置生物安全柜、排风柜、排风罩等排风设备的检验与病理实验室。

室内不设置生物安全柜、排风柜、排风罩等通风设备的实验室类似于医院的大多数医疗房间,应在确定了室内设计参数后再进行详细负荷计算。根据计算结果对室内末端设备及新排风机组进行选型,其中需要注意的是实验室新、排风设计。当无压力梯度要求

时,实验室宜设置微负压,更有利于实验室区域的环境安全。此时风量平衡关系应为

实验室新风量＋渗透风量＝实验室排风量

风量平衡见表4-46。

表4-46　　　　　　　室内不设置局部通风设备的风量平衡

类型		室内风量取值计算	
实验室送风	实验室最小新风量	当地卫生要求/新风量通常不小于人均30 m³/h	《综合医院建筑设计规范》/《医学实验室建筑技术规范》要求	
			人均40 m³/h	2次/h
		取最大值作为实验室新风量	
	渗透风量	按照排风量的10%～20%考虑或按门窗缝隙法计算	
实验室排风		当无压力要求时,从生物安全角度考虑,排风量宜大于新风量,使实验室维持一定的负压	
风量平衡关系		实验室新风＋渗透风量＝实验室排风量	

（2）室内设置局部排风设备的检验与病理实验室。

当实验室内设置了生物安全柜、排风柜、万向排气罩等局部排风设备,室内的空调通风系统的组合就存在多种可能性,室内可以只有一种局部排风设备,也可以同时存在多种排风设备。

如图4-87所示,在这样一个实验室系统中,包含局部排风设备房间和无局部排风设备房间。各实验室内排风设备形式、排风量均不相同,且存在排风设备是否会同时使用的情况,各种使用组合使实验室送排风系统变得复杂。

在排风设备不开启时:实验室仅需要满足人员最小新风量及相应的负压风量平衡。

在排风设备开启时:实验室需要同时满足人员最小新风量、工艺排风及相应的负压风量平衡。

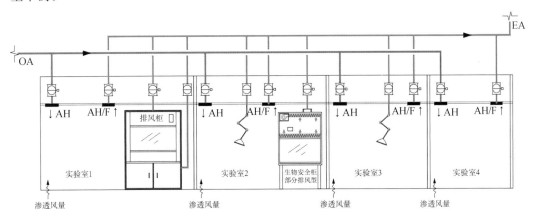

图4-87　实验室送排风示意

表 4-47 室内设置局部通风设备的风量平衡

类型		室内风量取值计算	
实验室送风	实验室最小新风量	当地卫生要求/新风量通常不小于人均 30 m³/h	《综合医院建筑设计规范》/《医学实验室建筑技术规范》要求
			人均 40 m³/h | 2 次/h
		取最大值作为实验室新风量	
	排风设备补风量	对应室内排风设备联动开启补风	
	渗透风量	按照排风量的 10%~20% 考虑/或按门窗缝隙法计算	
实验室排风	排风柜	操作台柜内,变风量	20%~100% 范围调节,排向室外
		下试剂柜,固定风量	排向室外
	生物安全柜（Ⅱ级 A1/A2/B1 型）	固定风量	部分排风直接排向室内或排向室外,部分排风在安全柜内循环
	生物安全柜（Ⅱ级 B2 型）	固定风量	排向室外
	万向排气罩	固定风量	排向室外
	实验室全面排风	无压力要求时,从生物安全角度,宜大于新风量,使实验室维持一定的负压	
风量平衡关系		实验室新风＋排风设备补风＋渗透风量＝排风设备排风＋实验室全面排风	

① 当室内排风设备开启时,所需补风量小于人员最小新风量(室内仅有排风量较小的设备),图 4-88 中实验室 3,此时室内风量平衡关系为

人员最小新风量＋排风设备补风量＋渗透风量＝实验室全面排风＋排风设备排风

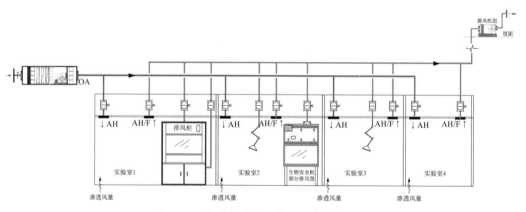

图 4-88 实验室送排风空调系统示意(一)

② 当室内排风设备开启时,所需补风量大于人员最小新风量,如图 4-88 中实验室 1 及实验室 2,为节约能耗,局部排风设备开启时,可将实验室内全面排风口及新风口关闭,此时室内风量平衡关系为

$$排风设备补风量+渗透风量=排风设备排风量$$

对于一个包含多样性局部排风设备的实验区,划分合理的空调系统是保障实验室安全及运行节能的关键。如图 4-88 所示,将实验室内各类型排风归为一个系统,虽然设计便捷,但存在诸多运行时的弊端。

如图 4-88 所示,系统通风柜内的实验与生物安全柜内的实验种类不同,排风系统合并容易引起实验废气交叉污染;对于排风柜,无人操作时,需维持最大风量 20%~30% 的值班风量,排风系统一直在运行;对于生物安全柜及万向排气罩,仅开关功能。仅设置一个排风系统将导致系统风量过大,当夜间值班排风时,变频风机最小风量可能远大于值班风量,造成不必要的浪费;根据室内排风设备开启的多少,新、排风系统风量持续不断变化,风管内压力波动易造成室内压力控制不稳定。

因此,建议根据不同的实验室排风种类、实验室的性质及实验区的大小来综合考虑划分空调送排风系统。如图 4-89 所示,将通风柜及局部排气罩划分为一个排风系统,将生物安全柜划分为一个排风系统,实验室全面排风设置为一套排风系统。可将大风量排风设备(通风柜、生物安全柜等)的补风设置为一套系统,方便一一对应控制,实验室新风及小风量局部排风设备的补风设置为一套系统。这样划分的系统,室内负荷仍然由风机盘管或多联机内机和相应的新风系统承担。而实验室的补风系统仅与局部排风系统相匹配,以维持实验区的风量平衡。

有目的地划分实验室空调送排风系统,可以使后期调试运行时,更容易实现对实验室内气流、压力的控制。

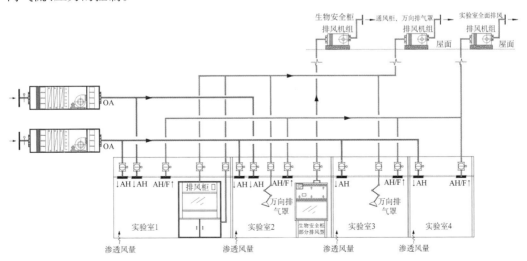

图 4-89 实验室送排风空调系统示意(二)

3. PCR 实验室

1) 设计依据

PCR 聚合酶链式反应是一种分子生物技术,有效应用于临床,能更好地为疾病的预防、诊断及治疗提供服务,在当代医疗体系中有着至关重要的作用。新冠疫情以来,国家更明确提出,各级疾控机构、二级以上综合医院需加强核酸检测能力。

PCR 的设计建设需符合国家相关规范标准,合理的设计能有效保障实验室检测环境的生物安全,确保检验检测的准确。目前执行的标准及规定有:

《实验室生物安全通用要求》(GB 19489—2008);

《生物安全实验室建筑技术规范》(GB 50346—2011);

《病原微生物实验室生物安全通用准则》(WS 233—2017);

《临床基因扩增检验实验室工作规范》卫医发[2002]8 号文;

《临床基因扩增检验实验室管理暂行办法》卫医发[2002]10 号文及附件;

《临床基因扩增检验实验室设置标准》;

《医疗机构临床基因扩增检验实验室管理办法》卫办医政发[2010]194 号文及附件;

《医疗机构临床基因扩增检验实验室工作导则》;

《疾病预防控制中心建筑技术规范》(GB 50881—2013);

《科研建筑设计标准》(JGJ 91—2019)。

医院的 PCR 实验室布局通常为标准的四区加缓冲及专用走道形式,四区完全相互独立,各区域无论在空间上还是在使用中,应当始终处于完全分隔状态,不能有空气直接相通。

根据《医疗机构临床基因扩增检验实验室工作导则》要求:临床基因扩增检验实验室的空气流向可按照试剂储存和准备区→标本制备区→扩增区→扩增产物分析区进行,防止扩增产物顺空气气流进入扩增前的区域。可通过安装排风扇、负压排风装置或其他可行的方式实现[1]。

根据《疾病预防控制中心建筑技术规范》(GB 50881—2013)的要求,组合型 PCR 实验室的试剂配置室、样品处理室、核酸扩增室及产物分析室之间的空气,应通过缓冲间隔绝,上述房间不应共用空调回风系统。核酸扩增室及产物分析室应维持相对临时或缓冲间的微负压。附录中对 PCR 实验室的设计参数要求见表 4-48[53]。

根据《科研建筑设计标准》(JGJ 91—2019)要求:试剂准备、标本制备、扩增三个区域可设置缓冲间;在缓冲间内宜设置正压。扩增、产物分析区应为负压[49]。

---

① 卫办医政发[2010]194 号文.附件:医疗机构临床基因扩增检验实验室工作导则,2010.

表 4-48　　《疾病预防控制中心建筑技术规范》对 PCR 实验室的设计参数要求

项目名称		项目功能	室内压力	冬季室内温度/℃	夏季室内湿度/℃	夏季室内温度/℃	夏季室内湿度/℃	洁净度等级	备注
PCR实验室	试剂配置室	聚合酶链反应实验	微正压	18～20	40～60	25～27	45～65	—	单向流
	样品处理室		—	18～20	40～60	25～27	45～65	—	单向流
	核酸扩增室		微负压	18～20	40～60	25～27	45～65	—	单向流
	产物分析室		微负压	18～20	40～60	25～27	45～65	—	单向流

2）设计原则

综合医院 PCR 实验室用于多种类型病毒检测,对于检测病毒的种类不同,需综合考虑相关规范要求,结合实际的检测工艺性质,确定实验室内隔间压力梯度等具体要求。如检测高致病性病毒的 PCR 实验室有对压力甚至洁净度的严格要求。但需要注意的是,PCR 实验室设置净化空调不是必须的。设置净化的核心目的在于能更好地控制压力梯度与气流流向,从而保证环境安全及样本安全,然而在后续的运行中,净化空调系统会带来系统运维成本的提高。因此,在设计 PCR 实验室时需充分了解其工艺需求,再根据要求有针对性地进行设计。医院 PCR 实验室常规设置气流流向如图 4-90 所示。当试剂准备间前缓冲仅设置新风且正压设置时,之间的气流流向可有多种考虑方式。

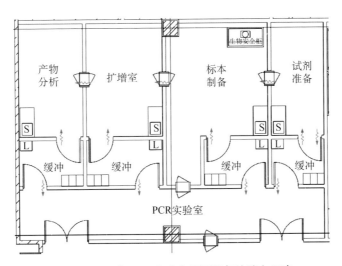

图 4-90　医院 PCR 实验室平面及气流流向示意

综合相关文件与规范要求,从实验环境安全角度出发,保障监测样本不受污染,确保监测结果准确,医院 PCR 实验室建议设置全新风直流系统,分区设置排风系统,生物安全柜设置独立的送排风系统,使每个分区风系统不受到其余系统压力波动而产生影响。

由于单间实验室面积较小（25 m² 左右）,实验室内气流很容易受多个因素影响:

（1）实验室门开启时产生气流卷吸。

（2）实验人员走动带来气流扰动。

（3）大风量生物安全柜启停时带来管网压力波动。

通过设置缓冲间并不能杜绝开关门时气流扰动的影响，但是它产生了一个正压隔绝空间，开关门时，室内与外部空间的气流交换将在缓冲间被隔绝，从而降低交叉污染的风险。并且通过对专业实验人员的规范培训，可以做到在实验过程中实验室门不会有开关动作，实验时人员动作轻缓，减少人员活动带来的扰动。

因此，可认为在实验过程中整个 PCR 实验环境是相对静态的，全新空调风直流系统与独立排风系统的设置，主要保障的是这个环节实验区的有序气流流向（压力梯度）。设计的难点在于配置生物安全柜的实验房间，安全柜启停带来的气流变化，因此需要先确定生物安全柜类型，这是正确设置排风系统的前提。需特别注意的是，标本制备区设置 B2 型全排生物安全柜的情况，其送、排风系统管道的阀门应能快速联锁反应动作。如阀门动作响应时间过长，大风量的生物安全柜送、排风量将产生瞬时不平衡状态，房间内压力容易反转而产生污染的风险。表 4-49 为医院 PCR 实验室的常规配置标准，包括但不限于以下配置。

表 4-49　　　　　　　　　　　医院 PCR 实验室常规配置

工作区	配置标准	备注
试剂准备区	超净工作台	
	冰箱	2～8 ℃
	离心机	低速
	混匀器	
	微量加样器	
	紫外灯	移动式
标本制备区	Ⅱ级生物安全柜	A2 或 B2 型
	医用冰箱或低温冰箱	2～8 ℃ 或 −40 ℃
	离心机	高速
	微量加样器	
	水浴箱	
	核酸提取仪	
	紫外灯	移动式
核酸扩增区	核酸扩增仪	
	Ⅱ级生物安全柜（可选）	A2 或 B2 型
	紫外灯	移动式

续表

工作区	配置标准	备注
产物分析区	电泳仪	
	凝胶成像分析系统	
	紫外灯	移动式

3）PCR 实验室空调系统设计

PCR 实验室空调系统的设计难点在于生物安全柜启闭时能保持室内气流稳定。若采用一套送风系统，则安全柜启闭会造成风管管网压力的波动，宜造成室内气流不稳定，这样的系统对控制要求较高，并且对安全柜排风及补风管阀门要求也较高。根据系统配置形式，补风、排风房间支管需选择压力无关型定风量阀门或变风量阀门，阀门之间响应速度是保障室内压力的重要因素，关于阀门的选用在 4.5.3 节介绍。

这里介绍一个较为简单的控制设计方法。根据 PCR 实验室的特点，维持各个区的压力稳定，保持一定的气流流向，对于每个房间来说风量是固定的，而生物安全柜的启闭也是恒定风量的启闭，没有变风量要求，因此可将补风系统与实验室新风系统分开设置，排风系统各区独立设置，于房间风管支管设置定风量阀以维持送排风量的恒定。在设计时需要注意的是，先根据 PCR 实验室具体的工艺需求，确定室内压力值及气流流向，再根据门缝及传递窗等漏风部位计算渗透风量（压差风量），结合送排风系统详细风量平衡再得出房间风量设计值（图 4-91）。

设计时房间的压差风量通过门缝漏风法、换气次数法或经验值计算确定。由于实际采用的房间门、传递窗制作工艺差别及施工工艺的差别，设备安装完成进行调试时，房间漏风量往往与设计值存在一定的差异，因此在设计时可以稍微考虑一些压差风量的余量，可称之为"调节风量"，以便后期调试时更容易满足设计压力要求。这样的余量也需要通过详细的风量计算来支持，不能盲目放大，造成不必要的浪费。

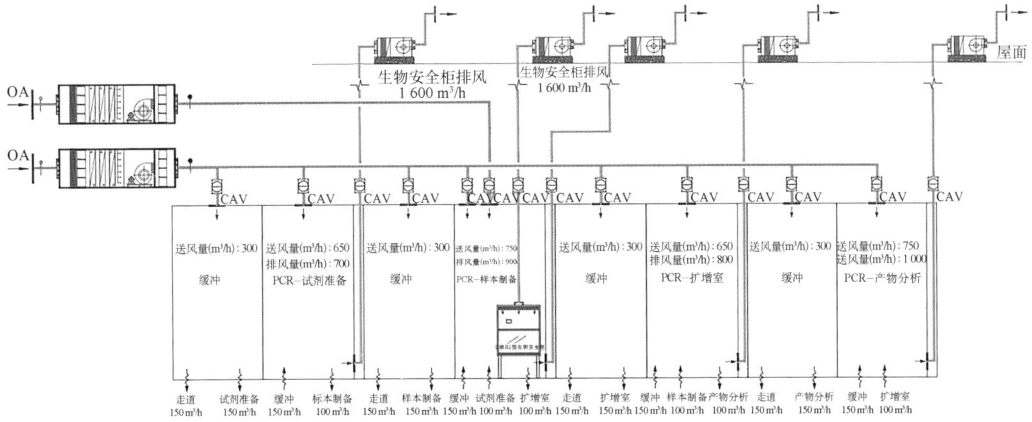

图 4-91 PCR 实验室送、排风系统示意

实际运行时,在样本制备间独立设置的生物安全柜排风和补风系统同时动作,风量相同。房间压差仍然由室内的送、排风差值实现。由于房间面积小和阀门响应速度的原因,瞬时开启的生物安全柜送排风系统一定会存在短时波动。实验人员应提前开启相关送排风系统,压力稳定后再将前室制备好的样本送入并进行实验。

综上所述,合理的实验室系统设计需要结合完善的实验室使用管理体系来共同保障实验环境安全及实验数据的准确。

4. 医院实验室空调系统能效提升措施

(1) 对于卫生要求较高的医院实验室,可由新风承担全部潜热负荷及部分显热负荷,末端风机盘管仅承担部分显热负荷干工况运行,使环境无冷凝水产生,以杜绝细菌的滋生,使实验区环境更加安全。

对于常规空调系统,要满足新风的深度除湿,冷冻水供水温度一般需要小于 7 ℃,采用降低冷机蒸发温度的方法往往会使冷机制冷量下降、能耗增加,而干工况风机盘管可用高温冷冻水 15~19 ℃,与低水温新风供水温度背道而驰。因此在工程中往往采用双冷源新风机组,在新风机常规冷水盘管后再设置一套直接膨胀式冷却盘管,而干工况风机盘管的高温水采用高温冷水机组、高温热泵等冷源来实现。

也可采用温湿度独立控制系统,如溶液除湿新风机组对新风进行深度除湿。采用高温冷源为末端提供高温冷冻水,既提高了冷源能效,也使新风侧深度除湿处理能耗降低,从而达到节能的目的(图 4-92)。温湿度独立控制系统的介绍详见本书第 4.3.3 节。

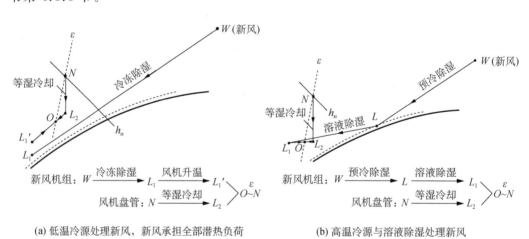

(a) 低温冷源处理新风,新风承担全部潜热负荷　　　(b) 高温冷源与溶液除湿处理新风

图 4-92　干式风机盘管加新风系统

(2) 对于一级、二级生物安全实验室,过渡季室外空气质量优良时可采用自然通风的方式使实验室节能效果最大化。需要注意的是,检验科每天需要对大量的人体血液、体液等进行检测,这些生物样本中通常存在不同种类的微生物、病菌等,在实验操作时,

可能产生大量的气溶胶。保持实验室内的全面通风非常必要,当采用自然通风时,宜开启室内排风设备,由外窗自然进风,这样既达到自然通风节能的目的,又保障了实验室环境的安全。

过渡季室外空气不理想的情况下,或是考虑外窗进风对室内气流组织的影响,过渡季通常采用新风机引入室外新风以消除室内余热的方式,过渡季($h_w < h_N$)引入室外新风与室内空气状态 N 混合至 C 点,过 C 点做 ε 线的平行线,与室内状态 N 点的等温线相交于 N' 点上,此时,室内温度满足要求,湿度小于夏季室内设计工况湿度,而通常实验室内相对湿度要求为 ≤65%,因此也满足设计要求(图 4-93)。

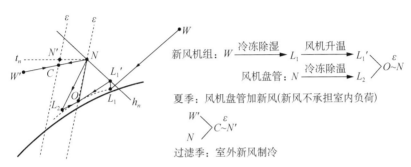

图 4-93 风机盘管加新风系统夏季及过渡季空气处理过程

新建大型三甲综合医院实验区面积往往能达到 1 000 m² 以上,存在较多内区房间。加上常年使用实验仪器、医用冰箱等设备会存在发热、照明、人员潜热等,在冬季往往有制冷需求。可结合冷却塔免费制冷技术,需根据项目地域的气象条件,结合详细的负荷计算确定冷却水的供回水温度。根据冬季实验室内区的负荷特点,实验区仪器设备发热较多,实验人员相对较少,负荷多为显热量,可适当提高供回水温度,使冷却塔开启时间延长,尽可能地利用免费制冷。同时,需要根据实际项目的综合使用情况逐年优化冬季制冷模式。

在实际运行模式中,采用优先考虑新风直接消除室内余热的方式结合冬季冷却塔免费供冷,将使内区实验室运行能耗大大降低。

(3) 实验区内新风机组通常风量较大,通常根据室内排风设备工艺需求设置变频控制。机组内至少设置粗效、中效两级过滤,当室外 PM 10 超过年平均二级浓度限值地区,需再增设一道高中效过滤,设计时需针对过滤器级数、过滤终阻力数值选择风机全压。随着过滤器的使用,阻力越来越大,需及时关注新风机组过滤器压差报警,及时更换过滤器,以在新风输送环节节约能耗。在考虑过滤器终阻力的设计条件下,如图 4-94 所示,风机性能曲线为 n_1,管路性能曲线为 R_1,此时对应工况为 A_1。当设备初始运行时,过滤器初阻力

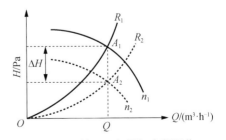

图 4-94 设计工况与风机变频调节

较小,实际工况均偏离设计工况,此时,风机性能曲线为 n_2,管路性能曲线为 R_2,此时对应工况为 A_2,风机变频降低转速运行。随着运行时间增加,过滤器阻力增加,工况点逐渐接近设计工况点。

因此,空调机组宜贴临实验区设置,使风管系统尽量平直,减少输送距离与局部阻力损失,以减少管路阻力对变频系统的影响。

在设置多级过滤的新风系统中,根据过滤器阻力变化来设置变频调速风机能有较大能效提升意义。

(4) 排风热回收系统:设置局部排风设备的医院实验室,补风系统带来了额外的新风负荷,若能合理回收排风能量,将大大降低系统能耗(图 4-95)。

医院实验室排风含有实验检验过程中产生的各种微生物气溶胶、有毒有害物等,排风热回收必须保障足够的安全,因此设置新排风非接触式热回收系统较为合理。

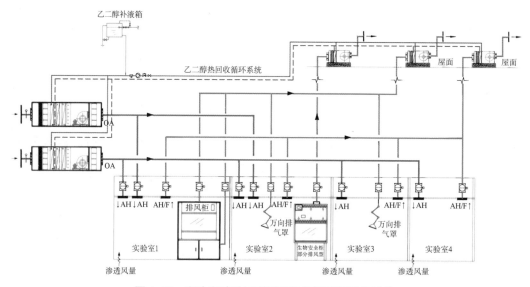

图 4-95　实验室送排风空调系统与溶液循环热回收

① 溶液循环式显热热回收系统:针对不同地域,需计算设置热回收系统带来的经济效益是否合理。通过计算全年热回收量带来的经济收益,来对比新排风机组增加热回收盘管带来的风机能耗的增加、溶液循环泵带来的额外电耗、热回收介质的年使用量、增加热回收设备带来的初投资增加等因素。以某地区为例,冬季室外空气计算温度为 $-2.2\,^{\circ}\mathrm{C}$,夏季室外空气计算温度为 $34.4\,^{\circ}\mathrm{C}$,冬季室内设计温度为 $20\,^{\circ}\mathrm{C}$,夏季室内设计温度为 $25\,^{\circ}\mathrm{C}$,热回收效率按照 50% 考虑,计算乙二醇溶液循环热回收系统热回收量,如表 4-50 所示。

可以看出,由于冬季室内外温差较大,冬季热回收量远大于夏季,因此在夏热冬冷、严寒及寒冷地区冬季热回收经济效益均有较好的表现。冬季室内外温差过大时可考虑热回收作为防止结霜的措施(表 4-51)。

表 4-50   某地乙二醇溶液循环热回收量计算

总新风量	总排风量	换热盘管	水气比	乙二醇浓度	密度（查表）	溶液循环量	
m³/h	m³/h	排数	%	%	kg/m	kg/h	m³/h	m³/h(安全系数)
8 000	10 000	6.00	0.30	25	1 055	3 600	3.41	4
冬季新风	冬季排风	夏季新风	夏季排风	热交换效率	冬季回收量	夏季回收量	冬季换热后新风温度	夏季换热后新风温度
℃	℃	℃	℃	%	kW	kW	℃	℃
−2.2	20	34.40	25.00	50	134.53	56.96	8.9	29.7

表 4-51   溶液循环热回收系统防结霜措施

防结霜措施	特点	控制逻辑
溶液循环管供回水之间设置电动三通调节阀	常用做法，控制方便，便于运维管理	根据新风热回收盘管出水温度及排风热回收盘管回水温度控制三通阀开度
热回收盘管前设置预热盘管	增加机组长度、增加机组阻力、增加预热能耗，经济性不佳	新风热回收盘管出水温度与热回收排风出口温度相等时，开启预热措施

此外，还需考虑过渡季旁通措施，如在机组内增加旁通通道、额外连接旁通管等。但实际工程机房面积往往受到限制，如过渡季仅关闭溶液循环系统，则全年均需要考虑溶液循环回收盘管带来的能耗增加。

实验室新、排风往往有多套系统设置，溶液循环热回收系统通常为多对多设置。

② 分离式热管式显热热回收系统。由于实验室含有实验时产生的污染物（气溶胶）等，因此排风机组应设置在屋顶。而新风机组通常设置在实验室层面，新排风机组为分散布置，可采用分离式热管热回收方式。由于热管无主动输送动力，靠管内工质蒸发与冷凝（相变）产生动力，因此有距离限制，通常控制在 40～50 m 内。

（5）实验室局部排风设备的补风系统及 PCR 实验室设置的新风直流系统。空调处理过程是一个高能耗过程，而医院实验室通常为小房间，夏季经过降温除湿处理过的补风送入房间容易造成过冷，需要在新风除湿后设置再热以使送风温度控制在合适的范围。

设置预冷再热型热管（U 形热管），U 形热管布置于表冷器前后，热空气经过表冷器前热管，将吸收的热量传递到表冷器后的热管，实现表冷器前除湿预冷，表冷器后再热的功用，减少出风后的再热量，甚至无需再热，解决了实验室过冷的问题，也节省了部分再热能耗。

在试算经济性合理的情况下，也可结合溶液循环热回收系统或分离式热管热回收系统，新风先经排风热回收预冷，再经过预冷再热热管二次降温，后经表冷器处理后通过预冷再热热管再热后送出（图 4-96）。

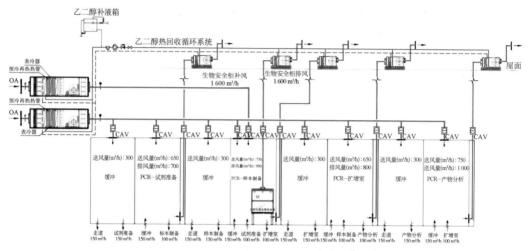

图 4-96 实验室新风系统与溶液循环热回收＋预冷再热热管

图 4-96 中系统室内设计温度 25 ℃,相对湿度 55%,新风经乙二醇换热盘管换热后经过预冷再热热管前段、表冷段、预冷再热热管后段送出,空调机组冷水设计温度为 7 ℃/13 ℃。空气状态经计算选型如图 4-97 所示,可以看出,经过乙二醇换热盘管及预冷再热热管前段换热后,室外空气状态由干球温度 34.4 ℃、湿球温度 27.9 ℃,降至干球温度 26.8 ℃、湿球温度 26.09 ℃,大大降低了表冷器需要处理的冷量,同时经预冷再热热管后段,送风温度升高至干球温度 21.37 ℃、湿球温度 17.74 ℃,省去了热水再热环节。

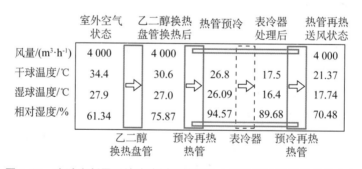

图 4-97 实验室新风系统溶液循环热回收＋预冷再热热管处理状态点

经预冷再热热管后段的送风状态,是否仍需设置热水再热盘管,需要根据具体系统设计风量及设计状态参数计算后确定,图 4-98 为新风同时设置排风显热回收(溶液循环热回收或热管热回收)及预冷再热热管的空气处理过程。

(6)实验室属于复杂功能需求的功能用房,根据工艺的不同,空调系统随之变化,多元化的系统带来了多元化的节能手段,医院实验室仅是综合医院的一部分,需结合每个医院项目的实际情况,如地理位置、冷热源配置、空调末端配置等,结合实验室工艺,因地制宜,在确保实验环境安全的前提下,运用合适的变频技术、热回收技术、自然通风冷却技术、可靠的自控方式等来提升实验室能效。

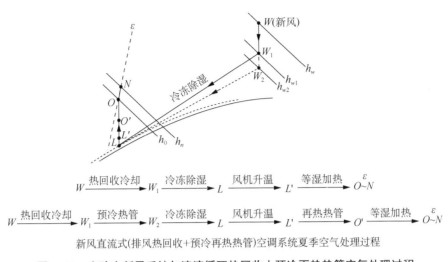

新风直流式(排风热回收+预冷再热热管)空调系统夏季空气处理过程

图 4-98　实验室新风系统与溶液循环热回收+预冷再热热管空气处理过程

4.5.3　医院实验室空调通风自控与节能

1. 实验室的气流控制

医院实验区内保持室内气流流向从走道流向实验室、从清洁区流向实验区,是保障实验区环境安全的有效方法,通过对实验室送、排风系统的运行加以合理控制来实现。

1) 定风量控制

根据国内医院现状,二级医院、县级医院、基层医疗卫生机构的数量远超过三级综合医院。非三级医院内的实验室建设面积小,建设标准较低,因此国内大部分医院实验室采用常规的控制方法——定风量差值控制,便于操作、系统简单且具有经济的特点。

在无局部通风设备的实验室恒定送入定量新风,排出定量室内空气,以维持室内气流流向。在设置生物安全柜的实验室,由于生物安全柜也是恒定风量的局部排风设备,如果独立设置安全柜的送排风系统,仍然可以采用定风量控制,排风与补风系统同时动作以平衡室内风量(图 4-99)。恒定的风量通过风管上设置的定风量阀实现,也有较多普通实验室风管设置对开多页调节阀,在调试时调节至设计风量值来完成风量的分配。但生物安全柜排风与补风系统需设置定风量阀以确保实验环境安全。

这样的系统适用于低级别、小型医院实验室,室内局部通风设备少,实验室没有严格的压差要求。需要注意的是,在自控动作上排风系统与补风系统的短暂延迟,易使室内气流反向流出。为更好地控制实验区环境,通常设定排风系统先于补风系统启动,后于补风系统关闭。

2) 生物安全柜送排风系统的变风量控制

大型三级综合医院的实验区建设有一定规模,功能较为复杂,实验区可能存在多个生物安全柜排风系统或多个排风柜排风系统的情况。对于存在多个生物安全柜的送排风系

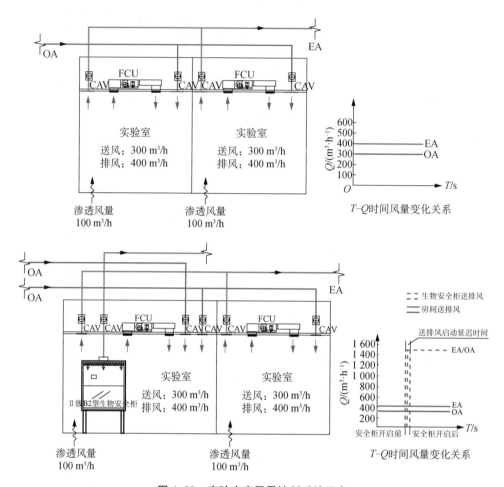

图 4-99　实验室定风量控制系统示意

统,其房间排风及补风仍可设置定风量阀,以维持风量平衡,但排风系统与补风系统则根据排风设备的使用台数变化,风量随之发生变化,需联动新风机、排风机组做出相应变速反馈,如图 4-100 所示。房间温湿度及压差仍然由风机盘管与房间新排风控制,生物安全柜排风及补风系统独立设置,安全柜排风与安全柜开关及相关风阀联动控制,补风系统与排风系统连锁控制,补风启动时间设置仍然晚于排风系统、关闭时先于排风系统,区域内房间风阀启闭状态均可接入监控系统,实时了解运行状态。

3)变风量排风柜送排风系统的变风量控制

对于存在多个排风柜的实验室送排风系统,目前常用排风柜均为变风量排风柜,其风量根据工作窗口开启大小变化,维持工作窗口风速 0.5 m/s,当工作窗口关闭后,排风柜仍然保持低风量运行(值班风量)。因此设置排风柜的实验室,送排风系统应为一个动态的变风量系统,其送排风支管上通常设置压力无关型变风量阀或文丘里阀,以满足单个排风柜调节风量时,其余工作中的排风柜风量不受影响。风管阀门的选用及变风量排风柜的控制是保障系统安全可靠的重要环节。

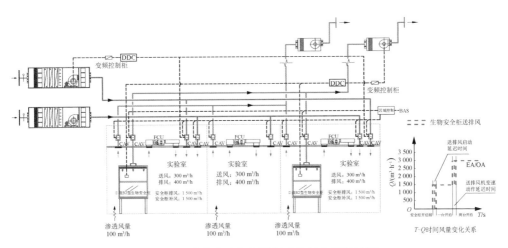

图 4-100　生物安全柜送排风系统的变风量控制

（1）压力无关型变风量阀①。用于实验室通风系统的压力无关型变风量阀需具备快速响应的特点,响应时间需小于 1 s,动作平衡时间小于 3 s,因此通常采用单叶快开特性阀。需配置压差传感器及压差控制器,可以精确设定压差值,当风管系统环境压差变动时能快速响应,达到既定系统压差,且能在多个通风柜使用时各自独立调节,互不影响。但压力无关型变风量阀在小风量时控制精度不高。在综合医院大型实验区压力无关型变风量阀基本已经能够满足其风系统工艺要求,压力无关型变风量阀如图 4-101 所示。

图 4-101　压力无关型变风量阀

（2）文丘里阀是根据文丘里效应的原理制作而成的控制阀,文丘里阀②具有很高的控制精度,依靠阀芯位置的前后移动,调整风量流通过曲井的面积来调节风量变化,或搭配支架悬扭或是直行程电动执行器来实现风量调节（图 4-102）。阀芯内置的精密不锈钢弹簧,依靠纯机械运动的补偿作用达成压力无关性。针对风管中压力波动变化精确快速做出自适应调节,文丘里阀响应时间小于 1 s,在阀体两端压降 150～750 Pa 的使用环境下,风量控制精度在±5%。

---

①　上海埃松气流控制技术有限公司产品样本。
②　上海科仕控制系统有限公司产品样本。

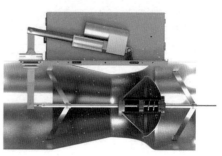

图 4-102　文丘里阀

文丘里阀多用于对房间压差有严格控制要求的高级别（BSL-2＋或 BSL-3）实验室及系统风量较大、连接排风柜台数较多的大型实验室，并且价格昂贵，在常规医院实验室系统中较少使用。

（3）变风量排风柜。变风量排风柜的主要参数已在 4.5.1 章节做过介绍。如图 4-103 所示，用于医院实验室的排风柜，要实现变风量控制，需具备一些必要的控制功能。

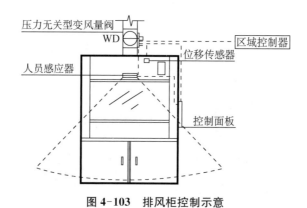

图 4-103　排风柜控制示意

通过工作窗位移传感器，当窗口发生位移时，快速反馈（小于 1 s）至风阀控制器以调节当前窗口状态下合适的风量。

人员离开时可根据柜前的人员感应器，反馈风阀控制器调节风量，将工作窗口风速降低至 0.3 m/s 节能运行。

工作窗通常设有限位器或常开条缝通风，当工作窗关至最低位置时，阀需维持排风柜最小排风量。

排风柜的控制面板可以对排风柜状态进行显示、故障报警等，阀门控制器均接入区域控制器，实时采集实验室排风柜及阀门状态。

从图 4-104 可以看出，设置多台排风柜的系统，其风量根据实际使用情况随时发生变化。使用中的排风柜可能关闭至最小窗口（值班风量），能随着实验人员离开而切换至无

156

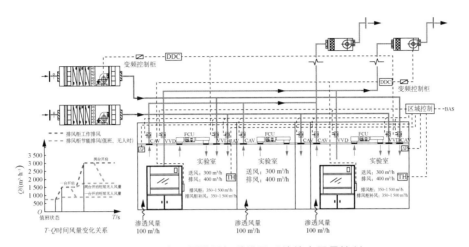

图 4-104　变风量排风柜送排风系统的变风量控制

人模式,也可能由于实验不同、操作人员不同而移动工作窗口。当多台排风柜合用一套排风系统时,系统内风量的变化是随机无序的,但是对实验室的变风量控制要求很高,需要系统阀门、风机、排风柜等设备在短时间内响应并做出相互联动控制动作。医院实验室设计中,实验区面积相对较小,排风柜数量也较少,建议排风柜送排风系统与平时空调新排风系统分开设置,分别控制,各自承担相应功能。

根据实验室的需求,可在房间设置压差传感器、温湿度传感器、空气质量传感器等,通过连接区域控制器,可实时监控房间相关参数。

2. 自动控制与运维

合理的变风量系统及完善的控制方案能使实验室运行更加节能。

(1)医院实验室送排风系统均需设置过滤器,新风系统至少两级过滤(粗效过滤、中效过滤),排风设置中效过滤器,生物安全柜内常规配置高效过滤器。风机选型按照过滤器终阻力选型,实际运行初期风机通常在系统阻力较低时降低转速运行,随着过滤器使用过程中系统阻力增加,风机运行状态也在逐步调整变化,以维持房间的需求风量。可根据风阀最小工作压差对风机运行转速进行反馈控制,这样的运行模式能使风机在过滤器全生命周期运行有良好的节能性。同时,过滤器前后压差报警提醒及时更换过滤器,使系统风机运行工况维持在高效合理的状态。

(2)根据室内外温度监测,新排风机组热回收系统切换冬夏季最小新风量运行模式、热回收系统启停及过渡季新风模式。过渡季室内外温度反转时,控制不及时将引起末端设备对冷量需求增大,从而增加能耗;冬季温度过低时,防止结霜措施控制不及时将引起末端设备对热量需求增大,从而增加能耗。热回收系统是重要的节能调控手段,需建立在可靠的自动控制系统下才能合理节能。

(3)自控系统需监测控制实验室空调、通风设备状态参数、阀门状态、风管系统内温湿度、压力值及室内温湿度及压力状态、室外温度等，同时需有故障报警点位，如风机故障、过滤器前后压差报警、温湿度超过限值报警、防冻报警、风阀所需最小压差报警等。当系统出现任一报警状态，能够及时找到问题所在，并根据逐年记录数据，合理优化实验室运行策略，保障实验室环境安全。

（4）合理的系统配置离不开使用人员的合理使用，目前国内大多实验室用房末端都采用风机盘管、多联机、分体式等，可单独控制，操作灵活。提高使用人员的节能意识也是系统运行节约能耗的重要手段。

4.5.4　医学实验室发展趋势与展望

前文针对医院实验室常用空调节能技术做了介绍，在研究医院实验室技术的同时，放眼整个医学实验室建设的行业发展，在宏观层面了解医学实验室的建设规模，了解行业发展给实验室暖通设计带来的机遇与挑战。

从历年我国医院建筑数量的统计数据可以明显看到国内医院建筑数量在逐年增加，一级、二级医院的增速远超三级医院，而一级、二级医院中医学实验室通常仅为满足普通病理样本监测的实验室，监测能力一般，对设计要求不高。随着后疫情时代的到来，国家及人民群众都对医学实验室的重要性有了更新的认识。表4-52梳理了近年来国家对加强实验室建设的政策。

表4-52　　　　　　　　　鼓励医学实验室行业发展的政策梳理

时间	文件名称	发布部门	相关实验室建设内容
2015-09	《国务院办公厅关于推进分级诊疗制度建设的指导意见》	国务院办公厅	探索设置独立的区域医学检验机构、病理诊断机构、医学影像检查机构、消毒供应机构和血液净化机构，实现区域资源共享。加强医疗质量控制，推进同级医疗机构间以及医疗机构与独立检查检验机构间检查结果互认
2017-01	《"十三五"深化医药卫生体制改革规划》	国务院、国家卫生计生委	鼓励社会力量举办医学检验机构，鼓励公立医院面向区域提供相关服务，实验区域资源共享
2017-01	《"十三五"卫生与健康规划》	国务院	大力发展第三方服务，引导专业的医学检验中心和影像中心
2017-02	《战略性新兴产业重点产品和服务指导目录》	国家发展改革委	第三方诊断中心、健康检查中心、健康信息采集中心、分子诊断中心等被纳入战略性指导新兴产业重点产品和服务目录
2017-02	《国家卫生计生委关于修改〈医疗机构管理条例实施细则〉的决定》	国家卫生计生委	新增医学检验实验室、病理诊断中心、血透透析中心等医疗机构类别
2017-04	《国务院办公厅关于推进医疗联合体建设和发展的指导意见》	国务院办公厅	医联体内可建医学影像中心、检查检验中心等，在加强质量的基础上，医联体内互认检查结果

续表

时间	文件名称	发布部门	相关实验室建设内容
2017-05	《国务院办公厅关于支持社会力量提供多层次多样化医疗服务的意见》	国务院办公厅	支持社会力量举办独立设置的医学检验等专业机构,面向区域提供相关服务
2018-06	《关于进一步改革完善医疗机构、医师审批工作的通知》	国家卫生健康委、国家中医药管理局	明确提出了第三方医疗机构的共享机制:医疗机构与独立设置的医疗机构签订协议,可作为相关诊疗科目的登记依据,独立设置的医疗机构参与医疗机构、城市医疗集团和县域医供体等均有了明确的实施路径
2019-03	《国家卫生健康委办公厅关于开展社区医院建设试点工作的通知》	国家卫生健康委	在医技等科室方面,至少设置医学检验科(化验室)。影像诊断、临床检验等科室可由第三方机构或医联体上级医疗机构提供服务
2019-05	《关于开展促进诊所发展试点的指导意见》	国家卫生健康委	在10个城市开展诊所建设试点工作,鼓励将诊所纳入医联体建设,鼓励医联体二级以上医院、基层医疗卫生机构和独立设置的医学检验中心与诊所,建立协作关系,实现医疗资源共享
2019-05	《关于推进紧密型县域医疗卫生共同体建设的通知》	国家卫生健康委、国家中医药管理局	鼓励以县为单位,建立开放共享的影像、心电、病理诊断和医学检验中心,推动基层检查、上级诊断和区域互认
2019-06	《关于促进社会办医持续健康规范发展的意见》	国家卫生健康委、国家发展改革委科技部等	在品牌效应打造、公立医院和第三方医学检验机构分工合作、医保结算以及多种合作模式探索等方面,作了具体的政策支持
2020-04	《关于进一步做好疫情期间新冠病毒检测有关工作的通知》	国务院联防联控机制综合组	各地要结合新冠疫情防控和检测需求,加强医疗卫生机构实验室建设。三级综合医院均应当建立符合生物安全二级及以上标准的临床检验实验室,具备独立开展新型冠状病毒检测的能力;各级疾控机构和有条件的专科医院、二级医院、独立设置的医学检验实验室也应当加强实验室建设,提高检测能力
2020-06	《关于加快推进新冠病毒核酸检测的实施意见》	国务院联防联控机制综合组	加快提升检测能力,加强实验室建设,强化质量控制和生物安全,加强人员规范培训,加快设备产能提升,确保信息安全畅通
2020-07	《关于进一步加快提高医疗机构新冠病毒核酸检测能力的通知》	国务院联防联控机制综合组	做好核酸检测应对准备工作:掌握本地区核酸检测资源和能力现状;做好核酸检测能力储备并制订应急预案;全面加强医疗机构实验室能力建设
2020-08	《进一步推进新冠病毒核酸检测能力建设工作方案》	国务院	(1)到2020年9月底前,实现辖区内三级综合医院、传染病专科医院、各级疾控机构以及县域内至少1家县级医院具备核酸采样和检测能力;(2)到2020年年底前,所有二级综合医院具备核酸采样和检测能力

现有医院加大了对实验室的改建扩建力度,新建大型综合医院对实验区更加重视,甚至规划了更多的面积、投入更多的资金建设医学实验室。

由于一级、二级实验室检测能力的限制,国内第三方医学实验室(independent clinical laboratory,ICL)正在迅速发展。随着第三方医学实验室的大量建设及医院对实验室的重视,暖通专业将迎来更全面、更精细化的实验室设计。第三方医学实验室建设规模及要求均高于医院实验室,大量的全新风系统实验室、净化工艺需求的高标准实验室在更精准的医疗诊断及更有深度的医学研究的同时,也带来了高能耗。

保障高标准实验安全是设计的首要原则,成规模的医学实验室系统如何划分值得我们深入探讨,如何减少高标准带来的高能耗也值得我们深思。

(1) 根据实验室工艺要求划分空调通风系统,根据实验类型划分局部排风设备(生物安全柜、排风柜)的排风、补风系统,根据建筑形态、层高等因素考虑系统划分后大尺寸风量风管系统如何排布。

(2) 根据实验室工艺及使用特点,确定室内压力要求,了解实验仪器使用情况,如功率、发热量等,更需要根据每个项目的实际使用特点确定大风量排风设备(生物安全柜、排风柜)的使用系数,这对实验区送排风系统风量选择至关重要。

(3) 优化布置室内气流组织。

(4) 规划空调通风系统控制逻辑,往往越简单的控制逻辑越有效,应避免系统过于复杂。

(5) 考虑合理选择高效冷热源,考虑合适的热回收技术、废热再利用技术、免费供冷技术。

(6) 末端排风系统热回收技术应在保障实验室环境安全的前提下设置,并规划合理的回收自控系统。

(7) 新型节能实验室设备、新材料的不断升级更新,医疗技术的不断进步需要设计人员紧跟脚步,不断学习了解,有针对性地进行设计。

4.6　空调系统的平疫转换技术

4.6.1　平疫转换空调系统各工况的参数要求

平疫结合改造项目给暖通专业提出的挑战是:系统既能在平时使用,也满足疫情时的防控需要,同时还要兼顾其平时运行的经济性和节能性。将普通诊室、病房转换为适应传染病医治要求的负压诊室、负压病房,首先需要在建筑平面布局上通过设置卫生通道、缓冲间,实现清洁区、半污染区、污染区的物理分隔。并用尽可能简单有效的转换措施,使得空调系统的温湿度、新排风量、洁净度、压力梯度、气流组织满足传染病医院的使用要求,同时兼顾平时空调系统运行的经济性及舒适性。[54]

平疫转换空调系统,需同时满足《综合医院建筑设计规范》(GB 51039—2014)、《传染病医院建筑设计规范》(GB 50849—2014)等相关规范的要求[23]。医疗建筑平疫转换中诊室及病房的空调系统设计参数要求包括室内温湿度、换气次数、新风量、压力控制、气流组织、过滤等级等。表4-53为综合医院各房间设计参数,表4-54为传染病医院各房间设计参数。

表 4-53　　　　　　　　　　综合医院各房间设计参数

房间类型	夏季		冬季		换气次数/(次·h⁻¹)	新风换气次数/(次·h⁻¹)	压力值/Pa	气流组织
	温度/℃	相对湿度	温度/℃	相对湿度				
普通病房	27	60%	20	40%	6	2	—	上送上回(排)
普通门诊	26	—	18	—	6	3	—5	
普通诊室	27	—	19	—	6	6	—5	
中心供应室	24	60%	18	30%	—	—	—5	
手术部	26	65%	20	30%	6	6	正压	
医技科室	26	65%	22	30%	—	—	—	

房间类型	过滤要求			
	新风	回风	送风	排风
普通病房	粗效+中效+高中效	微生物一次通过率不大于10%,颗粒物一次计重通过率不大于5%	—	—
普通门诊				
普通诊室				
中心供应室				
手术部	粗效+中效+亚高效			
医技科室				

表 4-54　　　　　　　　　　传染病医院各房间设计参数

房间类型	夏季		冬季		换气次数/(次·h⁻¹)	新风换气次数/(次·h⁻¹)	压力值/Pa	气流组织
	温度/℃	相对湿度	温度/℃	相对湿度				
非呼吸道负压病房	26	60%	22	40%	6	3	—5	上送下回(排)
呼吸道负压病房	26	60%	22	40%	6	6	—5	
负压隔离病房	26	60%	22	40%	12	12	—5	
各种实验室	26	60%	22	45%	6	6	—5	
诊室	26	60%	20	40%	6	6	—5	
候诊室	26	60%	20	40%	6	6	—5	
管理室	26	60%	18	40%	—	—	—5	

续表

房间类型	过滤要求			
	新风	回风	送风	排风
非呼吸道负压病房	粗效＋中效＋亚高效	微生物一次通过率不大于 10%，颗粒物一次计重通过率不大于 5%	—	—
呼吸道负压病房			高中效	高效
负压隔离病房				
各种实验室			—	—
诊室				
候诊室				
管理室				

　　传染病医院建筑设计规范与综合医院规范的区别概括起来主要有：传染病区、诊疗区均设置机械通风系统；而医院内清洁区、半污染区、污染区的机械送风、排风系统均独立设置；建筑内的气流组织应形成从清洁区至半污染区再至污染区的有序压力梯度；送风口位置使清洁空气首先流过医务人员工作区域，然后流过传染源，进入排风口，通常采用上送下回（排）的气流组织形式。

4.6.2　平疫转换设计要点

　　平疫转换空调系统的设计，需要在气流组织、压力梯度控制、送排风过滤等级、房间换气次数/新风换气次数等方面同时满足综合医院规范和传染病医院规范的要求。在设计阶段，气流组织采用上送下回（排）的形式；压力梯度需对房间进行风量平衡计算，确定不同工况下送、排风的风量取值；送风排风过滤等级可通过转换时更换对应等级的过滤器来实现，需要指出的是不同过滤等级的过滤器的初阻力、终阻力有较大的差值，相应的送排风设备的压力需对应做调整控制；对于不同房间换气次数要求和新风换气次数要求通常有以下解决方案：

　　（1）根据不同的工况分设设备，该方案造价较高但控制逻辑较简单。

　　（2）根据最大需求风量并联设置多台设备，采用台数控制并结合变频控制，实现多种工况的风量调节。

4.6.3　平疫转换的能效提升技术

1. 平疫转换空调机组

　　平疫转换空调机组由两组空调机组组成，下层为新风空调机组，上层为回风空调机组。空调机组功能段分别由进风段＋过滤段＋加热段＋冷却段＋再热段＋加湿段＋风机段＋出风段组成（图 4-105）。对应房间采用一次回风定风量系统或一次回风变风量系统。如空调系统采用风机盘管＋新风的形式,回风空调机组可调整为新风空调机组。平疫转换空调机组采用叠层设计,充分利用机房高度,空调机组的占地面积较小,特别适用于既有建筑改造项目。

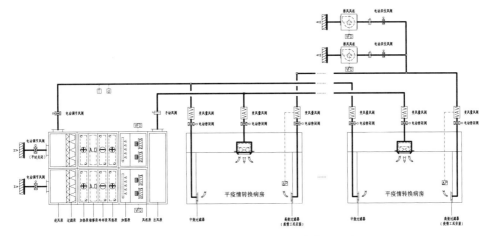

图 4-105 平疫转换空调机组及系统应用示意图

新风空调机组和回风空调机组风机建议采用风机墙的构造形式,可实现台数＋变频的控制方式应对不同工况下的系统风量、压力要求。

新空调机组根据房间湿负荷控制送风参数,回风空调机组根据房间显热负荷控制送风参数。该设备可以解耦送风温度和送风湿度,可以实现对房间热负荷、湿负荷的独立控制,减小再热损失。以普通病房和负压隔离病房工况为例,空调机组热湿处理过程如下(图 4-106)。

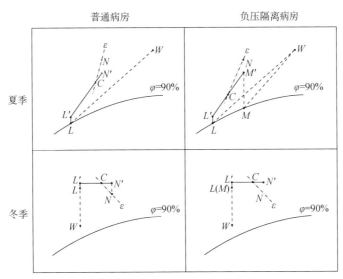

注:W—室外状态点;N—室内状态点;C—室内外空气混合状态点;L—新风处理后状态点;L'—新风处理后经风机温升状态点;N'—回风处理状态点;M—新风经冷盘后处理状态点;M'—新风送风点。

图 4-106 不同工况夏季-冬季图

1) 普通病房模式

夏季工况:新风经新风机组冷水盘管冷冻除湿处理至状态点 L,经风机温升至状态点 L' 送入室内,状态点 L 根据各房间最大湿负荷确定;回风经回风空调机组冷水盘管等湿降温后送入室内,状态点 N' 根据各房间最小送风温差确定,回风空调机组通常情况下为干工况运行;当房间负荷变小,最小换气次数低于规范允许值时提高送风温度,以保证换气量。

冬季工况:室外新风经冷水盘管等湿加热至状态点 L,经等温加湿后送入房间;回风经回风空调机组热水盘管等湿加热后送入室内,状态点 N' 根据各房间最大热负荷确定。

2) 负压隔离病房模式

在呼吸道传染病房和负压隔离病房模式下,回风空调机组转为全新风直流模式。

夏季工况:新风经新风机组冷水盘管冷冻除湿处理至状态点 L,经风机温升至状态点 L' 送入室内,状态点 L 根据各房间最大湿负荷确定;新风经回风空调机组冷水盘管处理至机器露点,再热后送入室内,状态点 M' 根据各房间最小送风温差确定。

冬季工况:室外新风经热水盘管等湿加热至状态点 L,经等温加湿后送入房间。

2. 空气过滤器的使用

新风经粗效过滤器、中效过滤器过滤后送入室内,排风系统平时可根据需要选择合适的过滤器,疫时采用粗、中、高三效过滤、消毒杀菌达标后排放,对于平时按疫时设计的系统,可在过滤器处增设旁通管及阀门,平时只打开旁通系统管路。

3. 利用阀门进行压差控制

在平疫不同工况下,系统具有不同的新风量、排风量要求,送、排风支管上的定风量阀可以采用两种方式维持不同工况下支管路的风量恒定:一是采用普通定风量阀,按照不同的工况调控要求设置定风量整定值;二是在送、排风支管上设置文丘里变风量阀或压力无关型变风量阀来实现不同工况下的定风量转换。后者造价较高,但是工况转化更简捷。新风用作回风工况的系统,平时同时打开新风阀及回风阀,疫情时仅开启新风阀,回风阀关闭。

4. 变频技术的运用

新风机及排风机由于平时与疫时风量不同可采用变频技术,平时低频运行,疫情时高频运行。系统的送风量和回风量,配合室内压差传感器和建筑门窗密封性等级,根据实际要求进行房间的正负压切换。

正确的空调通风系统形式、合理的气流组织方式、完善的空气处理措施是有效防止空气感染的关键技术要点。根据房间压力控制要求,依据房间空气平衡原理进行新排风量计算,采用设置定(变)风量阀或文丘里阀、保证围护结构气密性等方法达到压差制的目标。在设计中考虑平疫工况的转换,可以有效降低医院在平时工况下的运行费用。

4.7 直流供电空调在医院建筑能效提升中的应用探讨

由于医院建筑使用功能的复杂性与安全性要求,其建筑空调系统的节能必须从冷热源、输送系统、暖通空调设备、控制系统与运行管理等方面综合考虑。系统的能效提升也是医院建筑节能中一个迫切需要解决的问题,其结果也将影响医院建筑整体能效提升与节能降耗的效果。

对于部分使用交流供电空调系统的医院建筑,可采用直流供电空调系统替代交流供电空调系统。

4.7.1 直流供电空调系统工作原理

直流变频空调①的工作原理,就是将 50 Hz 工频交流电源转换为直流电源,并送至功率模块主电路,功率模块也同样受微电脑控制,所不同的是模块所输出的是电压可变的直流电源,压缩机使用的是直流电机,所以直流变频空调器应该称为直流变速空调器。直流变频空调器没有逆变环节,在这方面比交流变频更加省电。

所谓直流变频是不准确的,直流不存在变频,而是通过改变直流电压来调节压缩机转速,从而改变空调的制冷量,其采用的直流调速技术要远远优于调频技术,因此直流变转速才是正确的叫法。它只能说是一种直流变转速空调,并不是严格意义上的变频空调。

采用直流变转速技术的能耗比采用调频调速技术要小。另外,由于这种直流电机的转子是永磁的,又省却了三相交流异步电机的转子电流消耗。所以,它从电网电源到电动机这一段的功率因数要比调频调速方式高,从而降低了系统损耗,节省了一定的能量。

直流变频压缩机效率比交流变频压缩机高 10%~30%,噪声低 5~10 dB(A),但相对成本稍高。总体来说,在医院建筑一定场合中,以直流供电空调系统替代交流供电空调系统具有效率高、耗电省、使用成本低的优势。

更为有意义的是,如果在医院建筑中,将直流供电空调系统与光伏发电系统和蓄电池储能系统实现整合应用的话,那么可以省去变流变换环节,将大大地提高系统效率,降低系统损耗,与一般意义上的空调相比,将提升能效 50%~70%,产生可观的效益。

4.7.2 交流供电空调与直流供电空调的效率对比

交流供电空调一般是空调的压缩机以某一固定频率进行运行,花费一定的时间工作达到所需的温度,然后停止运行,当温度低于某一数值再次启动运行,用这样的频繁启停

---

① 直流变频空调[EB/OL].(2006-11-21)[2021-01-27].https://baike.baidu.com/item/直流变频空调.

方式将房间的温度控制在某一区间。交流供电空调的缺点是耗电大、噪音大、房间温度忽冷忽热;优点是制造成本低、工艺成熟简单、易实现。

直流供电空调一般是压缩机以变化的频率运行。相比于交流供电空调,正好克服了所有交流供电空调的缺点。直流供电空调能利用调节压缩机的工作频率,快速达到所设定的温度,然后再用另外频率保持温度。这样做不但节能,还高效节能,房间温度恒定,舒适度高。直流供电空调相对于交流供电空调,唯一的缺点是制造成本较高。

直流供电空调的主要原理是采用变频压缩机将冷媒压缩后经换热器进行散热或蒸发的过程。供电源是将市电经整流成直流后送到变频控制器,然后由变频控制器按照预先设定好的程序来控制压缩机的运行,从而达到精准控制冷媒换热,调节房间温度的目的。从上述原理中可知,直流供电空调的每一个部件的工艺制造、部件之间的连接控制的方法以及精细程度的要求都非常高。空调生产厂家的不同,空调应用场合的不同,决定了直流供电空调的性能、价格甚至外观的差异。

直流供电空调属精密空调,在温度控制、舒适性、可靠性,尤其是节能环保方面,具有明显优势:

(1)采用高效低噪的稀土永磁变频压缩机,产品有多年生产使用经验。

(2)使用传热系数更高的亲空气铝箔表冷器。

(3)使用经过严格的动静平衡调试的离心风轮,并采用直流高压无刷电机。

(4)亲空气铝箔表冷器、离心风轮以及无刷电机的合理组合,保证热传导效率达到最高。

(5)具备多电源输入接口、DC+AC输入混合接口。有太阳能和蓄电池的直流输入接口,交流220 V,380 V输入接口,保证相互独立且自动无缝切换。

(6)控制软件经过若干次的修正和更新,更加契合医院建筑应用场景和功能。

(7)采用高强度防腐壳体,持久耐压,保证空调长时间不间断运行。

(8)一体化设计,既可独立运行,也可通过5G或者WIFI无线连接平台,由系统管控运行。

直流供电空调在需要高质用能的医院建筑应用上具有独特优势,实际应用可实现平均节电率50%～70%、连续24 h运行3年。

参考文献

[1] 中华人民共和国生态环境部.医院污水处理技术指南:环发[2003]197号[A/OL].[2003-12-10] https://www.mee.gov.cn/ywgz/fgbz/bz/bzwb/other/hjbhgc/200312/t20031210_88352.shtml.

[2] 姚军.医院建筑污水源热泵系统设计探讨[J].空调暖通技术,2019(4):39-43,49.

[3] 朱学锦,姚军,朱喆,等.污水源热泵空调系统在某医院建筑的应用研究[J].绿色建筑,2018(6):32-36.

[4] 朱喆,朱学锦.第二军医大学第三附属医院安亭院区工程空调设计[J].空调暖通技术,2014(2):

22-27,31.

[5] 陈国亮.综合医院绿色设计[M].上海:同济大学出版社,2018.

[6] 李永安.空调用封闭式冷却塔[M].北京:中国建筑工业出版社,2008.

[7] 马最良.冷却塔供冷技术的原理及分析[J].暖通空调,1998,28(6):27-30.

[8] 滕泛颖.上海质子重离子医院工艺冷却水及空调水系统节能设计[J].制冷空调与电力机械,2011
(3):16-20.

[9] 刘东.建筑环境能效研究[M].上海:同济大学出版社,2016.

[10] 赵文成.中央空调节能及自控系统设计[M].北京:中国建筑工业出版社,2018.

[11] 美国供热制冷与空调工程师学会.医院空调设计手册[M].方肇洪,周伟,译.北京:科学出版
社,2004.

[12] 中国电子工程院.空气调节设计手册[M].3版.北京:中国建筑工业出版社,2017.

[13] 钱以名.简明空调设计手册[M].2版.北京:中国建筑工业出版社,2017.

[14] 胡仰耆,杨国荣.医院用能与节能[J].暖通空调,2009,4:1-4.

[15] 沈晋明,俞卫刚.医院冷热源及其系统设计浅谈[J].暖通空调,2009,4:10-14.

[16] 泵技术者联盟水泵编辑委员会.水泵手册[M].严登丰,译.北京:水利电力出版社,1983.

[17] 周谟仁.流体力学泵与风机[M].北京:中国建筑工业出版社,1979.

[18] 符永正.供暖空调水系统稳定性及输配节能[M].北京:中国建筑工业出版社,2014.

[19] 汪善国.空调与制冷技术手册[M].2版.李德英,赵秀敏,译.北京:机械工业出版社,2006.

[20] 张建一,李莉.制冷空调装置节能原理与技术[M].北京:机械工业出版社,2007.

[21] 王树.变频调速系统设计与应用[M].北京:机械工业出版社,2007.

[22] 石文星,田长青,王宝龙.空气调节用制冷技术[M].5版.北京:中国建筑工业出版社,2016.

[23] 中华人民共和国住房和城乡建设部.综合医院建筑设计规范:GB 51039—2014[S].北京:中国计划
出版社,2015.

[24] 中华人民共和国住房和城乡建设部.传染病医院建筑施工及验收规范:GB 50686—2011[S].北京:
中国计划出版社,2012.

[25] 中华人民共和国国家质量监督检验检疫总局,中国国家标准化管理委员会.医院负压隔离病房环境
控制要求:GB/T 35428—2017[S].北京:中国标准出版社,2017.

[26] 陆耀庆.实用供热空调设计手册[M].2版.北京:中国建筑工业出版社,2008.

[27] 中华人民共和国住房和城乡建设部.公共建筑节能设计标准 GB 50189—2015[S].北京:中国建筑
工业出版社,2015.

[28] 中华人民共和国住房和城乡建设部.民用建筑热工设计规范:GB 50176—2016[S].北京:中国建筑
工业出版社,2017.

[29] 许钟麟.空气洁净技术原理[M].北京:科学出版社,2014.

[30] 国家市场监督管理总局,国家标准化管理委员会.热回收新风机组:GB/T 21087—2020[S].北京:中
国标准出版社,2020.

[31] 中华人民共和国国家质量监督检验检疫总局,中国国家标准化管理委员会.热泵式热回收型溶液调
湿新风机组:GB/T 27943—2011[S].北京:中国标准出版社,2011.

[32] 中华人民共和国国家质量监督检验检疫总局,中国国家标准化管理委员会.实验动物环境及设施:

GB/T 14925—2010[S].北京:中国标准出版社,2011.

[33] 中华人民共和国住房和城乡建设部.空气过滤器:GB/T 14295—2019[S].北京:中国标准出版社,2019.

[34] 中华人民共和国住房和城乡建设部.高效空气过滤器:GB/T 13554—2020[S].北京:中国标准出版社,2020.

[35] 中华人民共和国住房和城乡建设部.辐射供暖供冷技术规程:JGJ 142—2012[S].北京:中国建筑工业出版社,2013.

[36] 魏革,陈少桃,林华,等.洁净手术部的环境管理与对策[J].解放军护理杂志,2000(4):25-26.

[37] 谷立静,郁聪.我国建筑能耗数据现状和能耗统计问题分析[J].中国能源,2011,33(2):38-41.

[38] 周亮.模块化综合医院建筑的系统化分级研究[D].上海:同济大学,2008.

[38] 陈尹,朱竑锦,郭玟.洁净手术部节能设计概论[J].中国医院建筑与装备,2011,12(12):63-67.

[40] 中华人民共和国住房和城乡建设部.医院洁净手术部建筑技术规范:GB 50333—2013[S].北京:中国计划出版社,2014.

[41] 沈晋明,刘燕敏,俞卫刚.级别及风量可变洁净手术室的建造与应用[J].中国医院建筑与装备,2014(3):52-54.

[42] 俞卫刚,沈晋明.一种洁净手术室变风量变级别的送风装置[P].江苏:CN203286673U,2013-11-13.

[43] 沈晋明,聂一新.洁净手术室控制新技术:湿度优先控制[J].洁净与空调技术,2007(3):17-20,31.

[44] 邢孔祖.考虑室内空气品质的新风独立除湿系统优化运行控制研究[D].广州:华南理工大学,2016.

[45] 中华人民共和国国家质量监督检验检疫总局,中国国家标准化管理委员会.实验室生物安全通用要求:GB 19489—2008[S].北京:中国标准出版社,2009.

[46] 中华人民共和国住房和城乡建设部.生物安全实验室建筑技术规范:GB 50346—2011[S].北京:中国建筑工业出版社,2011.

[47] 中华人民共和国住房和城乡建设部.实验动物设施建筑技术规范:GB 50447—2008[S].北京:中国标准出版社,2008.

[48] 中国医学装备协会.医学实验室建筑技术规范:T/CAME15-2020[S].北京:中国标准出版社,2020.

[49] 中华人民共和国住房和城乡建设部.科研建筑设计标准:JGJ 91—2019[S].北京:中国建筑工业出版社,2020.

[50] 国家市场监督管理总局,国家标准化管理委员会.医学实验室质量和能力的要求第1部分:通用要求:GB/T 22576.1—2018[S].北京:中国标准出版社,2019.

[51] 世界卫生组织.实验室生物安全手册[M].3版.日内瓦:[s.n.],2004.

[52] 中华人民共和国建设部.实验室变风量排风柜:JG/T 222—2007[S].北京:中国标准出版社,2007.

[53] 中华人民共和国住房和城乡建设部,中华人民共和国国家质量监督检验检疫总局.疾病预防控制中心建筑技术规范:GB 50881—2013[S].北京:中国建筑工业出版社,2013.

[54] 刘祥.病房室内热环境与人体热舒适研究[D].重庆:重庆大学,2014.

5 医院建筑其他机电系统能效提升技术

5.1 医院建筑电气专业能效提升适用技术

5.1.1 供配电系统

（1）医疗建筑的供配电系统应根据其等级、规模、建筑的布局、用电设备的容量、供电连续性和安全性的要求、运行管理的要求和发展规划等进行设计，应在满足可靠性、经济性和合理性的基础上，提高整个供配电系统的运行效率，力求降低建筑供配电系统的损耗。

（2）医疗建筑按照功能划分，通常可分为综合性医院、专科医院、康复中心、急救中心、疗养院等；按照医院等级划分，可分为三级、二级、一级医院；按照床位数量，可分为300床、400床、500床、600床、800床及1 000床。医疗建筑的供配电系统架构应与其功能、等级、规模等因素相匹配。

（3）医疗建筑的供配电系统设计通常采取以下措施，以降低系统的能耗：

① 措施一：10(6)kV供配电线路深入负荷中心。由于大型医疗建筑面积大、占地广，通常供配电系统需根据负荷容量的分布设置若干个分变电所，将配变电所靠近用电负荷中心位置，使得10(6)kV供配电线路深入负荷中心，尽可能减少380 V/220 V低压配电线路的距离，以降低供电传输线路的电能损耗，提高电源质量，节省线路投资。

② 措施二：大、中型医疗建筑设置冷热源专用配变电所（或专用变压器）。大型医疗建筑的功能布局通常需要设置能源中心，能源中心集中设置冷冻机房、锅炉房、高压总配变电所、发电机房等，这样既可以有效避免大型机电运行对医疗设备和医疗环境的影响，又可以集中管理大型机电设备，提高运行管理的效率。供配电系统应根据能源中心的负荷容量、运行特点，设置专用的配变电所（或专用变压器），这样可以根据季节变化，针对冷冻机组、锅炉、水泵等大型用电设备的运行状况，制订相应的专用变压器的运行策略，以减少变压器无功损耗、提高变压器的运行效率。如：在春秋季节，冷冻机组、锅炉、水泵等大型用电设备通常处于极低负载状态，甚至是停运状态，在此种状态下，冷热源专用变压器可根据负荷需求，确定投入专用变压器的数量，以减少变压器无功损耗。对于中型医疗建筑，也应分析冷冻机组、锅炉、水泵等大型用电设备的负荷需求，在经济合理的前提下，宜设置冷热源专用变压器。

③ 措施三：采用节能型变压器。根据《电力变压器能效限定值及能效等级》（GB 20052—2020）相关规定[1]，电力变压器能效等级分为3级，医疗建筑内应采用节能型干式变压器，可采用电工钢带变压器或非晶合金变压器。医疗建筑中选用的变压器的空载损

耗和负载损耗值均应不高于规范规定的能效限定值。

（4）供配电系统应用案例（二维码链接）。

5.1.2　谐波预防与治理

供电系统中的谐波将导致系统的功率因数降低、电流增大，从而造成供电系统的额外损耗，主要是热效应的损耗；谐波使变压器的损耗增大，包括电阻损耗、导体中的涡流损耗、导体外部因漏磁通引起的杂散损耗，等等。谐波电流还会加剧电机的机械振动和噪声，产生额外的机械损耗，并使电机的出力减少。

1. 谐波源设备

电力系统中的谐波源通常是指各类非线性用电设备，即非线性电力负荷。按照谐波产生的机理划分，医疗建筑的配电系统中谐波主要由以下两大谐波源产生：

（1）半导体型。半导体型包括可控硅整流装置、双向可控硅开关设备等，按其功能可分为整流、逆变、交流调压和变频等设备。医疗建筑电气领域通常涉及下列类型：①变频空调、变频水泵、变频电梯等；②荧光灯、LED灯、高压气体放电灯、晶闸管型调光设备等；③电子计算机、电视机、显示屏、打印机等；④UPS电源设备、EPS电源设备；⑤核磁共振成像设备（MRI）、CT设备、数字减影造影设备、X射线设备、医用高能射线设备等。这些大大小小的非线性用电设备在工作时，都会将谐波电流注入配电系统，是医疗建筑中最常见的谐波源设备，也是医疗建筑无法回避的设备。

（2）铁芯型。铁芯型包括变压器、电抗器以及旋转电机等，各种旋转电机都含有铁芯，铁芯具有磁饱和性，铁芯磁饱和是非线性的。变压器铁芯通常工作在磁通密度较高的区段，其容易因饱和而产生谐波。因此，电力系统中的变压器和铁芯电抗器都是谐波源。医疗建筑中除了变配电系统中的降压变压器外，手术室、ICU等二类场所中IT配电系统采用的隔离变压器都属于此类谐波源设备。

2. 谐波骚扰强度分级

谐波除了使供配电系统产生额外的损耗外，还会影响敏感设备的正常工作，甚至会损坏电器设备。医疗建筑中有大量对谐波敏感的设备和贵重设备，其供配电系统设计需特别关注电源质量的问题，避免谐波骚扰对敏感设备和重要场所的设备造成影响，其中胸脑外科手术室、重症监护室、数据中心等对谐波骚扰敏感的配电干线，其谐波骚扰强度不应劣于二级标准；其他医疗场所的配电系统的谐波骚扰强度不应劣于三级标准，如表5-1所示。

3. 谐波预防

在医疗建筑供配电系统设计中，应采用以下措施预防谐波：

（1）在变压器出线侧总开关及大功率谐波源设备所在回路设置具有谐波检测功能的仪表，来检测与监视谐波情况。

表5-1 低压电源系统中谐波骚扰强度分级及其限值（以基波电压的百分比表示）

骚扰强度	THDu	非3次整数倍奇次谐波分量								3次整数倍谐波分量					偶次谐波分量			
		5	7	11	13	17	19	23~25	>25	3	9	15	21	>21	2	4	6~10	>10
一级	5	3	3	3	3	2	1.5	1.5	*	3	1.5	0.3	0.2	10	2	1	0.5	0.2
二级	8	6	5	3.5	3	2	1.5	1.5	*	5	1.5	0.3	0.2	0.2	2	1	0.5	0.2
三级	10	8	7	5	4.5	4	4	3.5	**	6	2.5	2	1.7	1	3	1.5	1	1
四级	大于三级，具体视环境要求而定																	

注：（1） * =0.2+12.5/n（n 为谐波次数）。

（2） ** =3.5 至 10（随频率升高而降低）。

（3） 上述数值代表的骚扰水平是：在95%的统计时间内，电网中最严重点的谐波骚扰水平不会高于表中列值。

（2）配电变压器选用 D,Yn-11 型绕组结线形式,以阻断 $3n$ 次谐波对上级电网的影响。

（3）在电力电容器补偿柜中串接谐波抑制电抗器,以针对相应频率的谐波进行抑制。

（4）设计中所选用荧光灯具均配用有 3C 标志和安全认证的高功率因数、低谐波含量的电子镇流器,功率因数不小于 0.9;选用 LED 光源均应配用通过 CCC 和 EMC 认证的驱动电源,功率因数不小于 0.9。

（5）变频调速器和电机软启动器的设备谐波电流应符合《建筑电气工程电磁兼容技术规范》(GB 51204—2016)的相关规定。[2]

（6）大功率谐波源设备应从变压器低压母线经专用回路供电,尤其是为核磁共振成像设备(MRI)、CT 设备、数字减影造影设备、X 射线设备、医用高能射线设备等大功率医疗设备,除了采用专用回路供电外,还应按照低阻抗方式设计,在此类设备较多的情况下,还可设置专用变压器供电。

（7）UPS 系统宜采用高频机型 UPS,不宜采用工频机型 UPS,若采用工频机型 UPS,必须配置谐波处理装置。

（8）在手术室、重症监护室、数据中心等对谐波敏感的重要设备处,还需在相关配电系统的主干线上靠近谐波骚扰源处,设置有源或无源谐波滤波设备。

（9）同一配电系统或同一配电回路中,非线性负载相对集中布置且宜靠近电源侧。

（10）对谐波敏感的重要负载与谐波源设备分别由不同变压器或不同供电回路供电。

4. 谐波治理

当医疗建筑配电系统投入运行后,系统中的谐波骚扰强度不符合用电设备的使用要求时,可采用以下方式进行谐波治理,原则上治理措施尽可能靠近谐波源(即源头治理):

（1）当配电系统中具有相对集中、持续运行且具有稳定的特征频率的大功率非线性负载时,宜采用无源滤波设备治理谐波。

（2）配电系统中既具有相对集中且长期稳定运行的大功率非线性负载又具有较大功率的时变非线性负载时,可采用无源、有源复合滤波设备。

（3）当配电系统中无功功率变化较大且谐波严重时,可采用静止无功发生器(SVG)。

（4）冲击型、断续工作型、瞬变型非线性负载不宜采用无源滤波器进行谐波治理;其中,变化周期或间隔小于 100 ms 的瞬变型非线性负载宜采用响应时间小于 2 ms 的有源滤波装置进行谐波治理。

5.1.3　电能计量与管理系统

1. 医疗建筑电能计量

医疗建筑电能计量包括电业电能计量和用户内部电能计量两部分。

1) 电业电能计量装置

电业公司的电能计量装置原则上应设置在供用电设施产权分界处,通常电能计量装置设置在用户主配变电所的进线开关柜处。电业电能计量装置除了计量有功电能、无功电能的功能外,通常还应具有计量有功、无功电能最大需量、复费率等功能,电业电能计量装置的精度应符合表5-2的要求。

表 5-2　　　　　　　　　　　电业电能计量装置精度表

供电系统电压等级	电压互感器	电流互感器	电子式电能表
10 kV	0.2 级	0.2 S 级	0.5 S 级
35 kV	0.2 级	0.2 S 级	0.2 S 级

2) 用户内部电能计量

(1) 医疗建筑的内部管理电能计量系统主要用于配电运行管理、设备能效考核、电能计费管理等物业运维用途。为了满足国家规范《公共建筑节能设计标准》(GB 50189—2015)以及其他节能相关的地方规范[3],供配电系统应按照照明插座、暖通空调、动力设备、特殊用电四类进行电能监测与计量。分项用电计量装置可按照表5-3的位置设置。

表 5-3　　　　　　　　　　　分项用电计量装置设置表

分类	分项用电计量装置设置位置
照明插座用电	室内非公用场所照明和插座供电回路、公共部位照明和疏散应急照明用电、室外景观照明供电回路
暖通空调用电	冷冻机房的冷冻机组、循环水泵等用电设备供电回路、锅炉设备、空调末端设备供电回路
动力设备用电	电梯及其附属设备供电回路、给排水系统水泵供电回路、通风机供电回路
特殊用电	大型医疗设备、手术室、ICU、电子信息机房、厨房、其他特殊用电区域或用电设备供电回路

(2) 为便于物业管理和设备能效考核,在供配电系统中的以下回路需设置用电计量装置:①变压器低压侧总进线处;②医疗建筑的各个建筑单元、科室处;③公共区域的电能计量;④单台大于50 kW的用电设备的供电回路中。

2. 内部电能计费计量

医疗建筑、家庭式疗养建筑中的宿舍宜设置电能网络预付费系统,在每套宿舍的供电回路中设置网络预付费智能电表和费控模块,既便于物业管理、提高效率,又便于用户缴费,提升服务品质。

3. 电能计量装置的选型要求

建筑供配电系统中电能计量表宜采用多功能数字计量仪表,通常应具有"电流、电压、电度"等电气参数计量功能,对于重要配电回路,还宜具有配电监控、负荷分析、电能质量、故障录波等电力监控功能。电能计量仪表中的电流、电压的计量精度不低于 0.5 级,电能计量精度不低于 1 级;配用 800/5 以下电流互感器的精度等级为 0.5 级,1 000/5 以上电流互感器的精度等级为 0.2 级。

4. 电能监测系统技术要求

(1) 建筑物电能计量系统采用自动计量装置采集能耗数据,通过 Rs485 接口,并采用 TCP/IP 通信协议实时上传数据,系统的数据传输速率不应低于 1 200 bps。

(2) 根据电能分类采用规范的编码规则标识数据采集点。

(3) 数据采集器通常设置在变电所内,并预留网络传输接口。

(4) 数据中转站的建设宜预留与当地能耗监测数据中心的接口,并符合当地能耗监测数据中心主管部门规定的数据传送接口要求,经当地能耗监测数据中心主管部门测试以后方可接入。

5.1.4　医疗应急电源系统节能技术

根据《医疗建筑电气设计规范》(JGJ 312—2013)相关规定[4],医疗场所根据对电气安全防护的要求分为三类:0 类、1 类、2 类,其中 2 类场所要求最高。医疗建筑中的手术室、重症监护室、早产儿室、急诊抢救室、心血管造影检查室等重要场所都属于 2 类场所,当正常电源断电时,2 类场所要求应急电源自动投入供电,恢复供电时间≤0.5 s。为满足此供电可靠性的要求,2 类场所的供电系统通常要求设置柴油发电机组和 UPS 电源系统。

目前,UPS 电源按照其设计电路的工作频率划分,通常分为工频机型 UPS 和高频机型 UPS 两大类。工频机型 UPS 是由晶闸管整流器、IGBT 逆变器、旁路和工频升压隔离变压器组成,因其整流器和变压器工作频率为工频 50 Hz,故被称为工频机型 UPS。高频机型 UPS 通常由 IGBT 高频整流器、电池变换器、逆变器和旁路组成。IGBT 可以通过控制加在门极的驱动信号来控制其开通与关断,IGBT 整流器开关频率通常在几千赫到几十千赫,甚至高达上百千赫,远远高于工频机,因此被称为高频机型 UPS。

在 UPS 电源应用中,人们最关心的问题是系统的可靠性、整机效率、谐波等技术参数。其中,UPS 的整机效率和谐波与节能是紧密相关的。

1. 常见的 UPS 电源效率

UPS 损耗主要包括整流损耗和逆变损耗,不同机型的 UPS 损耗有所差异,高频机型 UPS 两级变换通常会产生 5%~6% 的损耗,而工频机型 UPS 根据不同的方案,通常会产生 5.5%~10% 的损耗,但是工频机型 UPS 还需要进行谐波治理,把谐波治理的损耗也计入,则还会产生 2% 左右的损耗。

以最常使用的大功率在线式 UPS 为例,通常大多品牌 UPS 的高频机的效率在 93%～94%(满载时);工频机的效率一般在 90%左右(满载时),但是很多产品甚至在 90%以下。因此,在当前全社会提倡节能减排、绿色环保的理念下,高频机型 UPS 已成为主流产品。

上述讨论的 UPS 效率均是在接近满载工作时的理想状态下的数据,而医疗建筑中的手术部、重症监护室、急诊抢救室等均是特别重要的场所,其设置的 UPS 电源必须按照最大负荷配置,但这些场所工作时间和用电负荷又往往是没有特定规律的,UPS 往往工作在低负载状态,甚至是处于空载状态,因此 UPS 实际工作效率是远低于上述的理论值。

2. UPS 电源节能技术

双变换式 UPS 电源主要的节能技术就是"ECO 模式",是 UPS 为提高用电效率,降低部分电源保护功能的一种运行模式,目前不同产品被冠以多种不同的名称,主要有"ECO 模式""ESS 节能系统""SEM 模式(超级 ECO 模式)""VFD 市电供电模式"等。

(1) ECO 节能模式。UPS 电源 ECO 节能技术即 UPS 系统节能运行模式,与离线式 UPS 模式类似。UPS 运行中,有两条路径可以承担负载供电,路径 1 是主回路在线供电(即双变换供电回路),路径 2 是静态旁路供电回路。在线模式时,UPS 会不间断地为负载提供稳定的输出电压;在 ECO 节能模式时,UPS 通过静态旁路由市电直接为负载供电,使逆变器/整流器电路处于"离线"状态,以减少其变换的损耗,从而提高 UPS 系统的效率(图 5-1、表 5-4)。

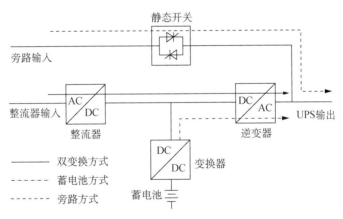

图 5-1　UPS 电源 ECO 节能模式

表 5-4　　　　　　　　　　　UPS 在线模式和 ECO 模式工作情况表

工作状态	在线模式	ECO 模式	备注
正常运行情况	整流/逆变	旁路	ECO 模式将负载直接接入市电
电力干扰情况	逆变	逆变	在线模式在发生电力干扰时无需切换
功率模块故障	旁路	旁路	极小概率事件

UPS采用ECO模式时的效率一般在98%～99%之间,而UPS双变换供电时的效率(在满载时的理想状态下)在93%～94%之间,也就是当采用ECO模式时,UPS的效率至少提高2%～5%以上。

（2）高级ECO节能模式。普通ECO模式是一种降低部分电源保护功能的运行模式,为满足一些对电源质量有较高要求的使用场所,有些厂商推出了"高级ECO模式",即在正常运行方式下,主电源回路与标准ECO模式相同,旁路导通;而逆变器始终保持"开启"状态,与旁路输入电源并联运行,但实际并不给负载供电。由于逆变器保持"开启"状态,当主电源发生故障或电源质量不佳时,它可以完成无缝切换并继续为负载供电,医疗建筑中建议采用此类节能模式的UPS电源系统。

（3）UPS电源,动态电源管理(Variable Module Management System，VMMS)休眠模式。如上所述,UPS工作在低负载时,其供电效率将会降低,因此,有的厂商推出了"VMMS休眠模式",即在UPS多机并联系统中,当负载较轻时可以使部分UPS模块休眠,此时该模块的能耗几乎为零,而当负载增大时再重新唤醒休眠的UPS模块,这样可以使UPS的带载率始终处于最合理的工作范围内,从而达到节能增效的目的,如图5-2所示。

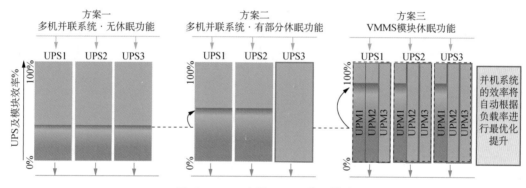

图5-2　UPS电源VMMS休眠模式

5.1.5　节能型桥架的应用

建筑电缆桥架按照结构形式分类,可分为有孔托盘(孔面积占底板面积的30%～40%)、无孔托盘、梯架、组式托盘、组装式梯架、网状托盘等六种。医疗建筑中,通常在电气竖井或配电间内的垂直电缆敷设采用梯架;在吊顶内的水平电缆敷设可采用有孔托盘、无孔托盘或梯架。

按照材料分类,桥架通常有钢制、铝合金、玻璃钢等品种,钢制又分为普通钢板热浸锌、节能耐腐型(VCI)、节能复合高耐腐型(彩钢)、不锈钢等类型。其中节能复合高耐腐型是新一代电缆桥架的发展方向,其"节能"是指比普通结构钢制电缆桥架用钢省10%～30%;基板有热镀锌钢板、热镀锌铝钢板、热镀锌铝锌板多种;面层采用聚酯(PE)、硅改性聚酯(SPE)、高耐久性聚酯(HDP)或聚偏氟乙烯(PVDF),可根据使用场所的环境条件选择,由于耐腐蚀性好,桥架寿命可超过 30 年。在医疗洁净场所中(如手术室、ICU 等),可采用快接节能高强型不锈钢电缆桥架。

医疗建筑中各类电力电缆和通信电缆特别多,其敷设的电缆桥架宜根据不同的用途和系统进行色标管理,以便于日常的巡视和维护,通常普通强电电缆桥架采用灰白色、消防电缆桥架采用红色。由于弱电系统较多,为了便于管理,对于电缆桥架的选择,建议通信系统采用绿色,安防系统采用蓝色,设备网络采用柠檬黄等。

5.1.6 照明系统

1. 医疗建筑照明设计标准

医疗建筑照明设计应根据不同场所功能、视觉要求和建筑空间特点,合理选择光源、灯具,确定适宜的照明方案。设计中应准确按照各类医疗场所照明指标进行设计,包括照度、功率密度、色温、统一眩光、显色性等参数,维持平均照度不应低于表 5-5 中规定的照度标准值,功率密度值不应大于表中规定的功率密度值,不舒适眩光评价的统一眩光值也不宜超过表中的规定。从而构建一个整洁、舒适的光环境,同时满足医生工作、患者就医、节能运行等多项要求。

表 5-5 医疗建筑照明标准值

房间或场所	参考平面及其高度	照度标准值/lx	功率密度/(W·m^{-2})	统一眩光值 UGR	显色性 R_a
门厅、挂号厅	地面	200	≤5.5	22	80
挂号室	0.75 m 水平面	300	≤8	22	80
收费室	0.75 m 水平面	300	≤8	19	80
诊室	0.75 m 水平面	300	≤8	19	80
急诊室	0.75 m 水平面	300	≤8	19	80
候诊区、家属等候区	地面	200	≤5.5	22	80
服务台	0.75 m 水平面	200	≤5.5	—	80
护士站	0.75 m 水平面	300	≤8	—	80
手术室	0.75 m 水平面	750	≤21	19	80
介入性科室	0.75 m 水平面	750	≤21	19	80
产房	0.75 m 水平面	750	≤21	19	90
重症监护病房 ICU	0.75 m 水平面	300	≤8	19	90
新生儿重症监护病房	0.75 m 水平面	300	≤8	19	90
病房	0.75 m 水平面	100	≤4.5	19	80

续表

房间或场所	参考平面及其高度	照度标准值/lx	功率密度/（W·m^{-2}）	统一眩光值 UGR	显色性 R_a
监护室	0.75 m 水平面	300	≤8	19	90
护理	0.75 m 水平面	300	≤8	19	80
医护人员休息室	地面	100	≤4.5	19	80
患者活动室	地面	100	≤4.5	19	80
化验室	0.75 m 水平面	500	≤13.5	19	80
病理实验及检验室	0.75 m 水平面	500	≤13.5	19	80
试管婴儿 IVF	0.75 m 水平面	500	≤13.5	19	90
临床实验室	0.75 m 水平面	500	≤13.5	19	90
仪器室	0.75 m 水平面	500	≤13.5	19	80
专用诊疗设备的控制室	0.75 m 水平面	500	≤13.5	19	80
药房	0.75 m 水平面	500	≤13.5	19	80
血库	0.75 m 水平面	200	≤5.5	19	80
药库	0.75 m 水平面	200	≤5.5	19	80
核磁共振室	0.75 m 水平面	300	≤8	19	80
加速器室	0.75 m 水平面	300	≤8	19	80
功能检查室（脑电、心电、超声波、视力等）	0.75 m 水平面	300	≤8	19	80
会议室	0.75 m 水平面	300	≤8	19	80
普通办公室	0.75 m 水平面	300	≤8	19	80
计算机网络机房	0.75 m 水平面	500	≤13.5	19	80
高档电梯厅	地面	150	≤5	—	80
高档卫生间	地面	150	≤5	—	80
浴室	地面	100	≤4	—	80
厨房	0.75 m 水平面	500	≤13.5	—	80
洗衣房	0.75 m 水平面	200	≤5.5	—	80
走道	地面	100	≤4	19	80
配电装置室	0.75 m 水平面	200	≤5.5	—	60
楼梯间	地面	100	≤3.5	25	80
电源设备室、发电机室	地面	200	≤5.5	—	80
车库	地面	50	≤2	—	60
储藏室	地面	100	≤3.5	—	60

应根据使用要求对医疗建筑设置一般照明和局部照明。一般照明的照度均匀度不应小于0.7。病房的一般照明宜选用带罩灯具吸顶或嵌入安装，当选用荧光灯具时，宜选用无光泽白色反射体，对于病房及通往手术室的走道，其照明灯具不宜居中布置，应避免灯具造型及安装位置对卧床患者视野内产生直射眩光。

对有工作要求的场所应设置局部照明，如呼吸科、骨科等诊室的工作台墙面、手术室面向主刀医生的墙面，需设嵌入式观片照明；化验室、治疗室、口腔科、耳鼻喉科等诊室需预留局部照明电源插座。

2. 照明光源与灯具的选择

良好的光环境有益于患者的情绪，有益于提升医生的工作效率，因此，医疗建筑的照明设计应合理选择光源。通常光源颜色的色表特征宜为中间色，其相关色温宜为3 300～5 300 K；诊室、检查室、手术室和病房宜采用高显色性光源，有利于医生的正确诊断病情，尤其手术室、重症监护室的光源显色指数（R_a）不应小于90，其他场所的光源显色指数（R_a）也不应小于80；为了避免眩光对患者和有精细视觉医疗作业者的干扰，门厅、挂号厅、候诊室、等候区的统一眩光值（UGR）不应大于22，其他诊疗场所不应大于19。

1）光源

（1）目前市场上常用的光源有气体放电发光电光源（如：荧光灯、汞灯、钠灯、金属卤化物灯）、固体发光电光源（如：LED等）、热辐射发光电光源（如：白炽灯、卤钨灯）等。

不同光源有着不同的性能参数，详见表5-6。

表5-6　　　　　　　　常见光源性能参数表

光源种类	额定功率/W	光效/(lm·w^{-1})	显色指数R_a	色温/K	平均寿命/h
白炽灯	10～1 500	7.3～25	95～99	2 400～2 900	1 000～2 000
卤钨灯	60～5 000	14～30	95～99	2 800～3 300	1 500～2 000
普通直管荧光灯	4～200	60～70	60～72	全系列	6 000～8 000
三基色荧光灯	28～32	93～104	80～98	全系列	12 000～15 000
紧凑型荧光灯	5～55	44～87	80～85	全系列	5 000～8 000
高压汞灯	35～1 000	32～55	35～40	3 300～4 300	5 000～10 000
高压钠灯	35～1 000	64～140	23/60/85	1 950/2 200/2 500	12 000～24 000
金属卤化物灯	35～3 500	52～130	65～90	3 000/4 500/5 600	5 000～10 000
高频无极灯	55～85	55～70	85	3 000～4 000	40 000～80 000
LED		50～110	最高至85	2 700～8 000	25 000～35 000

（2）光源的能效评估应贯穿其整个生命周期，故不仅仅需要考虑光效，还应该考虑其寿命、维护、运营成本等因素。根据表5-6光源的能效，结合医疗建筑不同区域的特点和

功能需求,选用合适的高效光源:

①门急诊公共大厅,人员流动量大,挑空中庭形式,应选用气体放电灯(如:金属卤化物灯)、大功率LED灯等。

②病房、诊疗室、检查室、挂号室、药房、护士站等场所的一般照明应选用高效三基色荧光灯或LED灯(图5-3)。

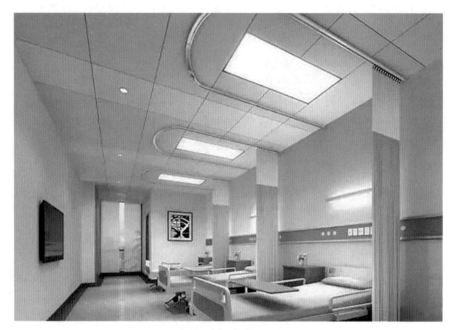

图5-3 某一病房照明实景

③医院入口广场、停车场等室外场所宜选用气体放电灯(如高压钠灯、金属卤化物灯)、高功率LED灯。景观庭院灯宜选用LED灯。

2)灯具

(1)根据医疗建筑内的空间高度和室形指数选择合理的配光曲线,以及高效节能的灯具,以降低照明能耗(表5-7—表5-12)。

表5-7 直管荧光灯灯具效率下限表

灯具出光口形式	开敞式	保护罩(玻璃或塑料)		隔栅
		透明	磨砂、棱镜	
灯具效率	75%	70%	55%	65%

表5-8 紧凑型荧光灯筒灯灯具效率下限表

灯具出光口形式	开敞式	保护罩	格栅
灯具效率	55%	50%	45%

表5-9   小功率金属卤化物灯筒灯灯具效率下限表

灯具出光口形式	开敞式	保护罩	隔栅
灯具效率	60%	55%	50%

表5-10   高强度气体放电灯灯具的效率下限表

灯具出光口形式	开敞式	隔栅或透光罩
灯具效率	75%	60%

表5-11   发光二极管筒灯灯具的效能下限表

色温	2 700 K		3 000 K		4 000 K	
灯具出光口形式	格栅	保护罩	格栅	保护罩	格栅	保护罩
灯具效能	55	60	60	65	65	70

表5-12   发光二极管平面灯灯具的效能下限表

色温	2 700 K		3 000 K		4 000 K	
灯具出光口形式	反射式	直射式	格栅	保护罩	格栅	保护罩
灯具效能	60	65	65	70	70	75

（2）所选用荧光灯均配有3C标志和安全认证的高功率因数、低谐波含量的电子镇流器,功率因数不小于0.9。

（3）根据医疗建筑中不同区域的功能、工艺、环境等要求,所选灯具还应满足下列要求：

① 手术室、无菌室、新生儿隔离病房、灼伤病房、洁净病房、病理实验屏障环境设施净化区等有洁净要求的场所,采用不宜积尘、易于擦拭的密闭洁净灯具,且照明灯具吸顶安装。

② 为了避免医疗设备的干扰,MRI房及其他类似房间的供电应根据设备厂家要求采用直流电供电;其灯具采用铜、铝、工程塑料等非磁性材料。

③ 根据医疗建筑不同功能区域的消毒要求,应在手术室、血库、候诊区、洗消间、太平间、垃圾处理站等场所设置紫外线消毒器(或紫外线消毒灯)。

④ 根据灯具使用场所的环境,在洗衣房、厨房、开水间、卫浴间、消毒室、病理解剖室、水泵房等潮湿场所采用相应防护等级的防潮型灯具;在煤表房、锅炉房等场所应设置相应防爆灯具。

3. 照明控制策略

医疗建筑中公共空间的照明应采用集中控制系统进行控制,以达到统一管理、节约电能的目的,集中控制系统应根据项目的控制需求、投资情况等因素综合比较选择,可选择建筑设备自动控制系统集中控制,也可选择智能照明控制系统集中控制。各类功能用房的照明宜采用就地控制方式,以满足各自不同的控制要求。

(1) 下列功能用房的照明宜采用现场开关就地控制(图 5-4),控制策略如下:

① 普通病房、诊室等处设置多联开关就地控制。

② 检查室、牙科诊室、护士站、问讯处、餐厅等处设置多联开关就地控制。

③ X 光、CT 室、MRI 室等处设置多联调光开关就地控制。

④ 观察室等处设置多联、多级调光开关控制。

⑤ 手术室等处设置多级开关就地控制。

⑥ 仓库设置就地多联开关。

图 5-4　某一护士站照明实景

(2) 当照明控制要求简单,下列公共区域的照明可采用建筑设备自动控制系统集中控制,以实现照明系统的分区、分回路的时间控制。

① 走廊、楼梯间、车库等后勤区域。

② 门厅、挂号厅、接待处、候诊室、休息区、电梯厅、走廊等公共区域。

③ 阳台、卸货区、大型仓库。

④ 园区的道路、庭院、花园等室外照明。

⑤ 建筑内、外的标识照明。

⑥ 建筑的立面照明。

(3) 当照明控制要求较高,公共区域的照明可采用智能照明控制系统集中控制,除了上述公共区域的控制策略外,还可做如下控制:

① 主入口、门厅等处采用时间控制方式,并视需要设置日光探测器,以调节照明(图5-5)。

② 候诊室、休息区、电梯厅等处的照明设置调光模块,根据需要调节照度。

③ 无菌供应室、大型仓库设置就地多联开关、人体感应探测器以就地调节控制照明。

图 5-5　某一药房照明实景

(4)当功能用房的照明及其他机电设备有较高的控制要求时,应采用智能照明控制系统集中控制,控制策略如下:

① 高端医院病房、VIP病房等处可设置多功能智能面板,可对灯光、遮阳窗帘、空调、电视等机电设备进行智能化控制;同时也可在多功能智能面板上查询相关住院费用,点餐,医院资讯等信息;为患者提供实用、便捷的高端体验。

② 会议室、行政办公室等处可设置多功能智能面板,可对灯光、投影仪、音响等机电设备进行智能化控制。

③ 对于有天窗或外窗的大厅,可采用智能照明控制系统集中控制对灯光、遮阳窗帘、空调等机电设备进行集中控制,以达到最佳节能的目的。当自然光线足够时,可自动关闭灯光;当太阳光强烈时,可自动将遮阳卷帘放下;当空间内的温湿度超过设定值时,可自动调节空调设备。

4. 照明控制系统

1) BA系统控制(DDC控制)

BA系统控制常规实施方案:在照明配电箱的每个馈电回路中配置接触器,在照明配电箱附近设置DDC控制箱。BA系统通过通信协议,发指令给DDC模块,由DDC模块控制接触器线圈,间接控制照明回路。

该控制模式通常仅对照明灯具实现简单的开关量控制；在调光功能上存在技术局限性，即使能实现，其控制模块的性能、功能较简单，调光后的场景模式效果一般。该模式现场不设开关，照明回路都通过 BA 系统中控室进行集中控制，缺乏现场调控功能，这对操作使用带来不便。且该控制系统不是一个独立的子系统，受制于 BA 系统，若 BA 系统调试不成功、运行出现故障，照明系统也会受到影响。

2）智能照明控制系统

（1）智能照明控制系统是一个总线型或局域网型的智能控制系统。所有的单元器件均内置 CPU 和存储单元，并通过总线连接成网络，每个单元赋予唯一的单元地址并用软件设定其功能，所有参数被分散存储在各个单元中，即使系统断电或某一单元损坏，也不影响其他单元的正常使用。

（2）智能照明控制系统由输入单元、输出单元、系统单元三部分组成：

① 输入单元（包括输入开关、场景开关、液晶显示触摸屏、智能传感器等）：将外界的信号转变为网络传输信号，在系统总线上传播。

② 输出单元（包括智能继电器、智能调光模块）：收到相关的命令，并按照命令对灯光做出相应的输出动作。

③ 系统单元（包括系统电源、系统时钟、网络通信线）：为系统提供弱电电源和控制信号载波，维持系统正常工作。

（3）控制系统通过预设程序的运行，根据不同区域、不同时间段、室外光线的强弱或当时的房间用途来自动控制该区域的照度，以达到节能、延长灯具寿命、改善照明质量、丰富场景效果的功能。

5.2　医院建筑给排水能效提升适用技术

5.2.1　节水技术与能效提升

众所周知，为了保证用水安全，天然水体一般是不能直接取用的。针对不同的用水需求，必须将"天然水"转变成"可用水"才能可靠利用，而这一转变过程，必须经历取水、输水、净水等处理环节才能最终达到用水目的，我国的城市用水在进入千家万户使用前就是由市政自来水厂将天然水进行处理（一次处理成为市政自来水）。以北京为例，市政自来水单位产量能耗的限定值是不超过 $10.18\,kW\cdot h/(m\cdot km^3)$。而对于医院建筑，在进入使用单体后还要根据更详细的水质需求对自来水进行二次处理后才可以正常使用，这又是一次耗能的转变。可以说，从自然界中取用第一滴水开始，就是一个持续耗能的过程。所以，水与能效提升之间的关系重点在于保证用水需求的前提下节约用水、提高用水效率。简单地说，分析医院对用水四要素（水质、水量、水温、水压）的具体需求，提供针对性的合理供水条件，全方位节水，使每滴水都用到实处，将对能效提升产生决定性的因素。

1. 总用水量的组成

医院建筑的总用水量组成比普通民用公共建筑复杂得多，主要包括三大类：

（1）日常生活用水，如病人、医护人员、陪护人员、后勤人员等的盥洗用水、洗浴用水、餐饮用水等，绿化浇灌、道路浇洒、地面冲洗用水等。

（2）医疗用水，如清洗消毒用水、制药制剂用水、医学实验用水、医疗流程用水、医疗器械设备循环冷却及其补充水等。

（3）各种机电系统的补充用水，如冷却塔补水、锅炉房冷冻机房补水、空调系统补水、太阳能热水系统补水、蒸汽系统补水、热泵系统补水、绿化浇灌系统补水等。

2. 水质标准

医院建筑的各类用水，根据其用途应参照不同的水质标准。表 5-13 列出了一些医院建筑中常用的水质参考标准（包括但不仅限于此）。

表 5-13　　　　　　　　　　医院建筑常用水参考水质标准

用途	参考水质标准
日常生活用水	《生活饮用水卫生标准》(GB 5749)； 《生活热水水质标准》(CJ/T 521)； 《建筑给水排水设计标准》(GB 50015)
实验用水	《分析实验室用水规格和试验方法》(GB/T 6682)
压力蒸汽消毒用水	《医院消毒供应中心》(WS 310)
血透用水	《血液透析及相关治疗用水标准》(YY 0572)
制剂用水	《中华人民共和国药典》
管道直饮水	《饮用净水水质标准》(CJ 94)
冷却塔循环补水	《建筑给水排水设计标准》(GB 50015)
绿化浇灌、道路浇洒和车库地面冲洗用水等杂用水	《城市污水再生利用城市杂用水水质》(GB/T 18920)
水景用水	《城市污水再生利用景观环境用水水质》(GB/T 18921)； 《地表水环境质量标准》(GB 3838)

3. 主要设计参数的确定

1）总体综述

在项目方案阶段，首先要确定项目中主要涉及的用水单位及其相应的设计参数，这些用水单位和主要设计参数将会对整个给水系统、排水系统的规模、造价、使用等方面起到决定性作用，也将决定整个系统的合理性和经济性。这些主要设计参数包括用水单位的最高日用水定额、平均日用水定额、使用时数、小时变化系数等。

2）设计依据

合理的设计参数必须源自正确的设计依据，这些依据主要包括现行的国家标准、国家行业标准、工程建设协会标准、地方标准、地方行政文件，等等。以下罗列一些医院建筑设计中常用的、给排水主要设计参数溯源的设计依据：

（1）《建筑给水排水设计标准》（GB 50015）。

（2）《综合医院建筑设计规范》（GB 51039）。

（3）《传染病医院建筑设计规范》（GB 50849）。

（4）《全国民用建筑工程设计技术措施给水排水》。

（5）《民用建筑节水设计标准》（GB 50555）。

3）参数选用

在针对医院建筑设计时，首先要充分了解该项目的任务需求，然后应根据院区内单体性质、功能用途、使用需求等因素综合考虑选用合理的用水定额、使用时数、小时变化系数等主要参数。表 5-14 和表 5-15 归纳了一些医院建筑中常见的用水单位及其使用时数和小时变化系数（仅为举例，不仅限于此）。

表 5-14　　　　　　　　　医院建筑生活用水定额及小时变化系数

用水名称		单位	最高日生活用水定额/L	平均日生活用水定额/L	使用时数/h	小时变化系数 K_h
门急诊		每病人每次	10~15	6~12	8~12	(2.5~1.5)
门急诊医护人员		每人每班	80~100	60~80	8	2.5~2.0
病房	设公用卫生间、盥洗室	每床位每日	100~200	90~160	24	2.5~2.0
	设公用卫生间、盥洗室、淋浴室	每床位每日	150~250	130~200	24	2.5~2.0
	设单独卫生间	每床位每日	250~400	220~320	24	2.5~2.0
	贵宾病房	每床位每日	400~600	(360~480)	24	(2.0~1.5)
病房医护人员		每人每班	150~250	130~200	24,三班	2.0~1.5
科研实验	化学	每工作人员每日	460	370	8~10	2.0~1.5
	生物	每工作人员每日	310	250	8~10	2.0~1.5
	物理	每工作人员每日	125	100	8~10	2.0~1.5
	药剂调制	每工作人员每日	310	250	8~10	2.0~1.5
教学培训		每人每日	(40~50)	(35~40)	(8~9)	(1.5~1.2)
行政管理		每人每班	(30~50)	(25~40)	(8~10)	(1.5~1.2)
后勤人员		每人每班	80~100	(70~80)	(8~16)	2.5~2.0
食堂		每人每次	20~25	15~20	12~16	2.5~1.5
洗衣房		每公斤干衣	60~80	40~80	8	1.5~1.0

续表

	用水名称	单位	最高日生活用水定额/L	平均日生活用水定额/L	使用时数/h	小时变化系数 K_h
宿舍	居室内设卫生间	每人每日	150～200	130～160	24	3.0～2.5
	设公用盥洗卫生间	每人每日	100～150	90～120	24	3.5～3.0

注:(1) 表中括号内参数为建议取值;专科类医院未做明确规定的建议参照执行,有明确规定的应按明确规定执行。
  (2) 医护人员的用水量已包括手术室、中心供应等医院常规医疗用水。
  (3) 医护人员进行科研实验时,其用水量不应重复计算。
  (4) 空调系统补水等应根据暖通专业提供的资料确定。
  (5) 道路浇洒、绿化浇灌等用水定额应根据当地气候条件、当地用水标准或规定确定。

表 5-15 　　　　　医院建筑生活热水(60 ℃)用水定额及小时变化系数

	用水名称	单位	最高日生活用水定额/L	平均日生活用水定额/L	使用时数/h	小时变化系数 K_h
	门急诊	每病人每次	5～8	3～5	8～12	(2.5～1.5)
	门急诊医护人员	每人每班	40～60	30～50	8	2.5～2.0
病房	设公用盥洗室	每床位每日	60～100	45～70	24	3.63～2.56
	设公用盥洗室、淋浴室	每床位每日	70～130	65～90	24	
	设单独卫生间	每床位每日	110～200	110～140	24	
	贵宾病房	每床位每日	150～300	(180～220)	24	
	病房医护人员	每人每班	70～130	65～90	24,三班	2.0～1.5
	行政管理	每人每班	(5～10)	(4～8)	(8～10)	(1.5～1.2)
	后勤人员	每人每班	40～50	(35～40)	(8～16)	2.5～2.0
	食堂	每人每次	10～12	7～10	12～16	2.5～1.5
	洗衣房	每公斤干衣	15～30	15～30	8	1.5～1.0
宿舍	居室内设卫生间	每人每日	70～100	40～55	24 或定时供应	4.8～3.2
	设公用盥洗卫生间	每人每日	40～80	35～45	24 或定时供应	3.5～3.0

注:(1) 表内所列用水定额均已包括在表 5-14 中。
  (2) 宿舍使用 IC 卡计费用热水时,可按每人每日最高日用水定额 25～30 L、平均日用水定额 20～25 L。
  (3) 表中平均日用水定额仅用于计算太阳能热水系统集热器面积和计算节水用水量。
  (4) 根据《建筑给水排水设计标准》(GB 50015—2019)表 6.4.1,病房、宿舍 K_h 应根据热水用水定额高低、使用人(床)数多少取值,当热水用水定额高、使用人(床)数多时取低值,反之取高值。使用人(床)数小于等于下限值及大于等于上限值时,K_h 就取上限值及下限值,中间值可用定额与人(床)数的乘积作为变量内插法求得。

4) 注意事项

用水定额具体选用上限值、下限值还是中间值并不是随意的,而是要从以下几点综合考虑:

(1) 考虑城市水源是否充沛、项目所在地居民用水习惯。例如上海属于经济发达地区,水量充沛,一般情况下按上限取值。

（2）考虑医院的性质、运营状况。例如普通综合型医院病房,有些医院运营要求考虑每床一位陪护人员时,可选用上限值,一般是可以同时满足病人和陪护人员的用水需求的;而对于传染病性质的医院病房,是不得允许人员陪护的,此时选用下限值比较合理。

（3）用水定额和小时变化系数的取值,须按规律合理对应。例如,选用门急诊医护人员用水定额,当其冷水最高日定额取 80 升/(人·班)时,其平均日定额应取 60 升/(人·班)、小时变化系数 K_h 应取 2.5,相应热水的三个参数取值应为 40 升/(人·班)、30 升/(人·班)和 2.5,以此类推。

（4）各项用水单位的每日用水小时数、医务工作人员的排班情况、医疗机电系统的实际运行状况,应在设计前与医院方充分沟通、了解。

5）节水技术与能效提升应用案例（二维码链接）

4. 管材的选用

1）总体综述

作为给水排水系统流体输送主体的管道,其材料选用是否合适直接影响到系统的安全和耐久性,材料选用不当易造成水质污染、水压不稳、容易爆管等事故。而与节水效果有着较大影响的,主要体现在给水系统管材的选用、配件选用及其连接方式,很多管道渗漏、爆裂事故往往发生在管道与管道、管道与配件的连接处。管材和连接方式选用得当,能有效保证输水水质、避免渗漏爆管等造成的水资源浪费,从而有效提升能效。医院建筑不同于一般民用公共建筑,存在大量病患,对供水水质、系统安全较健康人群更为敏感,无论是供水水质发生变化、供水管路发生渗漏爆裂等,均会产生水资源浪费,引起病患群体的强烈反应,引发更不利健康影响甚至生命财产安全事故。表 5-16 是医院建筑中部分较为常用、较成熟的管材及其连接方式(仅为举例,不仅限于此)。

表 5-16　　　　　　　医院建筑给水常用管材、连接方式及用途

常用管材	常用连接方式	常用用途
球墨铸铁管	承插连接	室外埋地的市政水压引入管,系统工作压力≤1.2 MPa 的室外埋地消防给水管等
热浸镀锌加厚钢管、无缝钢管	沟槽连接,法兰连接	室外埋地消防给水管,室内外架空消防给水管,按系统工作压力选用
硬聚氯乙烯(PVC-U)管	粘接,橡胶圈密封连接	室外埋地塑料给水管,根据水温、系统工作压力等条件选用
聚乙烯(PE)管	热熔连接,电熔连接	室外埋地塑料给水管,根据水温、系统工作压力等条件选用
建筑给水薄壁不锈钢管	氩弧焊接,沟槽式连接,法兰式连接,螺纹式连接,卡凸式连接	室内冷热水给水管,直饮水管
316L 不锈钢管	氩弧焊接,法兰式连接	强腐蚀环境、实验室纯水等给水管

续表

常用管材	常用连接方式	常用用途
建筑给水硬态铜管	钎焊式连接	室内冷热水给水管
建筑给水复合金属管(涂塑、衬塑)	沟槽式连接,法兰式连接	室内冷热水给水管,室外埋地给水管。建议用作绿化浇灌、车库冲洗等给水管
建筑给水塑料管(PP-R管、PE管)	热熔承插连接,电熔连接,热熔对接	室内冷热水给水管。建议用作卫生间、诊室等内部给水支管

注:若有相应地方规定或标准的,管材选用应按有关规定或标准执行。

2)选用注意事项

(1)在具有针对性的专项设计中应注意选用管材的局限性。

例如,目前医院建筑很多都是按绿色建筑二星标准设计,在《绿色建筑评价标准》(GB/T 50378—2019)中,对管材、管件的安全耐久性做出了评分标准,第4.2.7条第1款规定:"使用耐腐蚀、抗老化、耐久性能好的管材、管线、管件,得5分。"在其条文说明中明确注明了"室内给水系统采用铜管或不锈钢管"。

例如,若建筑单体设置管道直饮水时,应满足《建筑与小区管道直饮水系统技术规程》(CJJ/T 110—2017)的规定,该规程第5.0.15条第1款规定:"管材应选用不锈钢管、铜管等符合食品级要求的优质管材。"

(2)若选用塑料管材或与水直接接触的部位采用塑料材质(内涂塑、内衬塑)时,须注意生产厂家应严格把控原材料的品质,劣质塑料、回收料等会严重影响水质。

(3)在重要的输水管系中,建议采用不锈钢管或铜管,尽量不要采用碳钢材质的管道。

例如,冷却塔循环水管目前用得较多的是碳钢管材。钢管内外壁都极易锈蚀(图5-6、图5-7),锈蚀后的管道管壁逐渐变薄,承压能力逐步减弱,从而严重污染水质,极易引起爆管(图5-8)。

图5-6 钢管内壁锈蚀

189

图 5-7　钢管外壁锈蚀

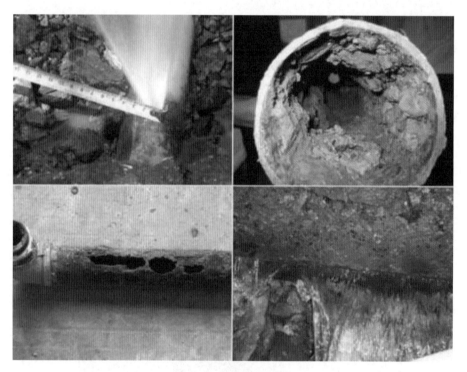

图 5-8　锈蚀后的钢管

　　然而钢管安装时的人工成本并不低；在运营和维护过程中，需要定期加注除锈除垢剂、定期清洗管路；钢管的使用寿命较短，每 10～15 年的时间需要更换管道，带来的材质消耗和人工成本很高，整个系统的总耗资其实相当高。

　　3）新型管材、连接方式的开发利用示例

　　一般情况下，消防给水系统管材、配件及连接方式根据现行国家标准《消防给水及消火栓系统技术规范》(GB 50974)进行选用。然而，随着用量巨大的镀锌钢管在使用过程中易锈蚀、不耐用、维护难、成本高等问题的凸显，不锈钢材质的管道在消防给水系统中的应用正在逐步升温，在现行国家标准《自动喷水灭火系统设计规范》(GB 50084)、《自动喷水灭火系统施工及验收规范》(GB 50261)中已有明确规定,配水管道可采用不锈钢管、铜管等材质。

成都某品牌科技集团有限公司,主要研发、生产、销售不锈钢管及配件,不仅具备完备的生产、管理、质量等体系,同时具备中华人民共和国特种设备制造许可证(压力管道元件)、消防产品技术鉴定证书等。其倡导消防给水系统采用高氮不锈钢 QN1803 材质、承插压合式连接(图 5-9)。从材质上可解决系统管道的锈蚀问题、耐极端温度条件,经久耐用;从连接方式上可以解决 DN 15~DN 400 的消防给水常用口径不锈钢管连接问题,不渗不漏、耐冲击、抗拉拔、可靠连接,且施工现场机械式、无明火施工;从承压能力上承受3.0 MPa 的工作压力,不会出现任何问题。

图 5-9 承插压合式连接剖面

QN1803 不锈钢材质是在 S30408 不锈钢基础上,通过高氮、高铬和高铜的技术,使得材料的耐腐蚀、硬度,屈服强度和抗拉强度等特性全面优于 S30408。其抗点腐蚀性能是S30408 的 2 倍,硬度、屈服和抗拉强度是 S30408 的 1.5 倍,180°折弯无裂痕。

据该公司提供的资料显示,不锈钢管对比镀锌钢管的生产和使用,具有低能耗优势。图 5-10 为不锈钢管和镀锌钢管的能耗对比柱状图。

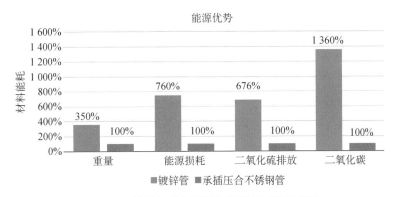

图 5-10 镀锌钢管和不锈钢管能耗对比柱状图

以同样条件安装1 000 m管路系统,镀锌钢管以15年寿命,不锈钢管以70年寿命为例,镀锌钢管的重量约为不锈钢管的3.5倍,70年内,镀锌钢管需要投入安装5次,因此1 000 m管路长度的镀锌钢管消耗能源为不锈钢管的7.6倍,排放二氧化硫6.76倍,排放二氧化碳13.6倍。

4) 新型管材选用案例(二维码链接)

5. 用水器具的选用

医院建筑用水器具的选用原则,主要是能满足医院卫生防疫要求的节水型用水器具。能达到相同冲洗效果的节水型用水器具,其用水量比普通用水器具少,节水效果好必然使能效有效提升。

1) 节水型用水器具主要选用依据

(1) 中华人民共和国国家经济贸易委员会公告的《当前国家鼓励发展的节水设备(产品)目录》中公布的设备、器材和器具;

(2)《节水型生活用水器具》(CJ/T 164);

(3)《节水型产品通用技术条件》(GB/T 18870);

(4)《水嘴水效限定值及水效等级》(GB 25501);

(5)《坐便器水效限定值及水效等级》(GB 25502);

(6)《蹲便器水效限定值及水效等级》(GB 30717);

(7)《小便器水效限定值及水效等级》(GB 28377);

(8)《淋浴器水效限定值及水效等级》(GB 28378)。

应根据用水场合的不同,合理选用节水水龙头、节水淋浴装置和节水便器等。

2) 医院建筑用水器具要求

在满足《节水型生活用水器具》(CJ/T 164)及《节水型产品通用技术条件》(GB/T 18870)的要求同时,医院建筑还要满足《综合医院建筑设计规范》(GB 51039)、《传染病医院建筑设计规范》(GB 50849)等的规定。

下列场所的用水点应采用非手动开关,并应采取防止污水外溅的措施:

(1) 公共卫生间的洗手盆、小便斗、大便器。其中,洗手盆推荐采用感应式自动水龙头,小便斗推荐采用自动冲洗阀,蹲式大便器推荐采用脚踏式自闭冲洗阀或感应式冲洗阀。

(2) 护士站、治疗室、中心(消毒)供应室、监护病房、产房、手术刷手池、无菌室、血液病房、烧伤病房、诊室、检验科等房间的洗手盆。推荐采用感应式自动水龙头。其中,护士站、治疗室、洁净室和消毒供应中心、监护病房、烧伤病房等洗手盆应采用感应自动、膝动或肘动开关水龙头;产房、手术刷手池、洁净无菌室、血液病房、烧伤病房的洗手盆应采用感应式自动水龙头。

(3) 生物安全实验室、动物实验室的洗手盆。采用感应式自动水龙头为宜。

(4) 有无菌要求或防止院内感染场所的卫生器具。

3）医院建筑节水用水器具

医院建筑中,医护人员洗手频率高,往往还要消毒除菌,用水量较大,而感应水龙头的节水率一般可达30%～50%;节水的同时,使用者与水龙头不存在任何接触可能,避免了接触传染和交叉感染的可能性。所以如果没有特殊的使用需求,建议洗手盆龙头均采用感应式自动水龙头,小便斗推荐采用感应式自动冲洗阀,蹲式大便器可采用脚踏式自闭冲洗阀或感应式冲洗阀。若项目投资有限,则需根据本小节第(2)条的要求,洗手盆龙头也可采用节水效果较好的脚踏式、肘击式等非手动开关。表5-17是医院建筑中常用的一些用水器具的节水参数及特点,供选用。

表5-17　医院建筑常用节水器具参数及特点

节水器具	节水器具参数及特点（一级用水效率等级）	节水器具参数及特点（二级用水效率等级）	备注
洗手盆/厨房/妇洗器水嘴	流量≤0.075 L/s	0.075 L/s<流量≤0.100 L/s	动态压力(0.1±0.01)MPa下
普通洗涤水嘴	流量≤0.100 L/s	0.100 L/s<流量≤0.125 L/s	动态压力(0.1±0.01)MPa下
坐便器	☑单挡、□双挡,平均用水量4 L/次	☑单挡、□双挡,平均用水量5 L/次	
	□单挡、☑双挡,最大用水量3.5/5.0 L/次	□单挡、☑双挡,最大用水量4.2/6.0 L/次	
蹲便器	冲洗水量≤5 L/次	5 L/次<冲洗水量≤6 L/次	
小便器	冲洗水量≤0.5 L/次	0.5 L/次<冲洗水量≤1.5 L/次	
淋浴器	流量≤0.075 L/s	0.075 L/s<流量≤0.100 L/s	动态压力(0.1±0.01)MPa下

在用水器具安装前,应对实际样品进行使用测试,看器具的实际用水量与名义额定水量是否存在较大差异、使用效果是否满足要求。特别是坐便器,有些产品设计缺陷或者已经属于淘汰产品,自身抽吸力不足、内部釉面欠光滑、冲洗时污水飞溅,虽然一次冲水量能满足节水器具要求,但实际上需要冲洗2～3次才能基本冲洗干净,反而造成水资源的浪费,既不节水、又不卫生。所以,选用节水器具,不能盲目只看表象和名义用水量,更要测试节水效果。

4）医院建筑大型节水型用水设备

医院建筑的厨房、消毒供应中心、洗衣房等处,用水集中、耗水量大,宜采用节水型的清洗消毒设备替代人工清洗、消毒,管理方便、控制简便、节水节能,且清洗消毒效果好。如全自动洗碗消毒机(图5-11),双扉高压灭菌器(图5-12),大型节水洗衣机(图5-13)等。

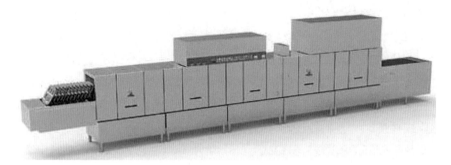

图 5-11　食堂全自动洗碗消毒机

图 5-12　全自动双扉高压灭菌器

图 5-13　全自动节水洗衣机

5）其他常用节水型用水器具

除以上描述外,在一般公建项目中使用的节水型用水器具同样也适用于医院建筑。例如非病区公共场所地面冲洗时采用高压节水水枪(图 5-14),绿化浇灌时采用微灌、低压管灌、渗灌、微喷灌、滴灌等节水灌溉方式(图 5-15)等。

图 5-14　节水型高压水枪

图 5-15　微喷灌、滴灌

6. 计量设置

1）总体综述

用水计量是项目能耗计量的重要组成部分,也是能耗监测平台建设的重要一环。一般情况下,民用公共建筑设置的用水计量表可分为三级:即一级表(市政引入)、二级表(单体引入)、三级表(用户引入)。合理设置用水计量表、建立严密的用水计量网、不出现无计量供水支路,可以有效地帮助运维系统分析用水合理性,同时也能通过经济杠杆促进用水单位节约用水。

建立有效的公共建筑能源监测平台(图 5-16)已是发展趋势,采用具有数据统计功能

图 5-16　远程抄表系统原理示意图

的用水计量表(图5-17),可以通过监测数据及时发现系统用水拐点、突变点,从而分析系统的渗漏、爆管等隐患和突发事故,监测水耗,及时止损,不仅节水节能,同时也能及时排除因此带来的其他生命、财产安全事故。

图 5-17　远传水表

2)医院建筑用水计量表的设置

医院建筑较一般民用公共建筑复杂得多,呈现单体布置多、科室分区多、功能需求多的状态,其用水计量表不仅数量多、涵盖面广,而且必须不能忽略任何一个细节。一般情况下,医院建筑用水计量表设置可分为四级,表5-18总结了各级计量表设置情况,仅供参考。

表 5-18　　　　　　　　　医院建筑分级计量水表设置情况表

计量等级	计量内容	设置情况
一级	项目总计量	市政引入管
二级	单体计量	单体引入管
三级	分区计量	各给水分区总管
四级	功能/科室/楼层计量	机电系统补水管;病房、医技等楼层供回水总管;科室供回水总管;厨房、手术部、便利店等功能区供回水总管

计量表的设置等级并不是一成不变的。例如,医技部分的楼层供回水计量表为四级表,其下还要设置分科室的科室供回水计量表,此时应为五级表;若厨房设置在地下一层,利用市政水压供水,其用水计量表应为二级单体计量表的下级表,即三级计量表,以此类推。

3)用水计量表设置应用案例(二维码链接)

7. 非传统水源的利用

在非传统水源利用的过程中,存在一些水质条件较好的可回收利用水源,通过简单的处理后用于水质需求不高的场所,可以实现通过少量能耗达到一定的用水目的。由于市政自来水水质对于此类用水目的来说是供过于求的,此类利用避免了直接利用市政自来水来达到相同的用水目的,从而可以实现一定的能效提升,同时能有效减少对天然水体的直接索取,保护水资源环境。

(1)总体综述。医院建筑中存在大量的医疗污废水、放射性污废水、生物污染废水、试验废水、重金属废水及其他有毒有害污废水,这类排水是严禁用来利用的。而一般情况下,医院建筑的屋顶是禁止病人上去的(屋顶花园除外),屋面的雨水(传染性质的功能区或单体屋面除外)可以作为较为清洁的原水,经过适当处理后再进行回收利用。其用途可以用来绿化浇灌、道路浇洒、车库地面冲洗、水景、冷却塔循环冷却水,等等。考虑医院建筑冷却塔循环用水水量巨大,而作为原水的屋面雨水供应随地区、季节、气候等因素影响较大,较难实现持续供给、全自动控制,所以在经过经济技术比较后,将屋面雨水合理处理后用作绿化浇灌、道路浇洒、车库地面冲洗、水景补水等,是较易实现的、较为合理的。处理后的屋面雨水,当用作绿化浇灌、道路浇洒、车库地面冲洗时其水质指标应符合表 5-19 的限值,当用作观赏性(非接触式)景观用水时其水质指标应符合表 5-20 的限值。

表 5-19 绿化浇灌、道路浇洒、车库地面冲洗用水水质指标

项目	绿化用水指标
pH	6.0~9.0
色(度)	≤30
嗅	无不快感
浊度(NTU)	≤10
溶解性总固体/(mg·L^{-1})	≤1 000
五日生化需氧量(BOD$_5$)/(mg·L^{-1})	≤15
氨氮/(mg·L^{-1})	≤10
阴离子表面活性剂/(mg·L^{-1})	≤1.0
铁/(mg·L^{-1})	—
锰/(mg·L^{-1})	—
溶解氧/(mg·L^{-1})	≥1.0
总余氯/(mg·L^{-1})	接触30 min后≥1.0,管网末端≥0.2
总大肠菌群(个·L^{-1})	≤3

表 5-20 观赏性景观用水水质指标

项目	绿化用水指标
基本要求	无漂浮物,无令人不愉快的嗅和味
pH 值(无量纲)	6.0~9.0
色(度)	≤20
浊度(NTU)	≤5
五日生化需氧量(BOD$_5$)/(mg·L^{-1})	≤6
总磷(以 P 计)/(mg·L^{-1})	≤0.3
总氮(以 N 计)/(mg·L^{-1})	≤10
氨氮(以 N 计)/(mg·L^{-1})	≤3
粪大肠菌群(个·L^{-1})	≤1 000
余氯/(mg·L^{-1})	—

同时,雨水回用系统可以作为海绵城市设计的重要内容之一,作为雨水回用系统主要贮水池之一的雨水收集池,可以作为项目基地雨水调蓄水池,对于削减基地雨水峰值流量起到较大作用。

(2)雨水再利用系统应用案例(二维码链接)。

8. 其他节水控制措施

(1)水压控制。医院建筑有很多部位的用水需求需要根据工艺确定,例如大型医疗设备循环冷却水、科研实验部门的实验用水,等等,其水质、水压、水温应根据项目需求、设备要求等来确定。除此之外,应控制系统分区压力不超过 0.45 MPa,普通用水点的供水压力不超过0.20 MPa,避免超压出流,节约水资源。在水龙头出口处建议采用节流网等措施(图5-18),节水出流、出流稳定、防外溅。

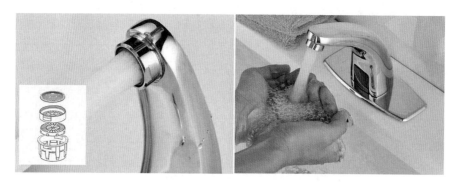

图5-18　安装节流网片的水龙头出水示意图

(2)医疗纯水工艺。医院建筑,存在医疗纯水需求,且不同部门对纯水水质的要求不尽相同。如中心供应等主要供应压力蒸汽灭菌器的纯水水质应符合表 5-21[5];血透用纯水水质首先应满足细菌总数不超过 100 CFU/mL、内毒素含量不超过 0.25 EU/mL,还应符合表 5-22[6]的要求;检验科、病理科、科研实验室等以实验用纯水为主,其水质应符合表 5-23[7]的要求。

表 5-21　　　　　　　　　　　压力蒸汽灭菌器供给水水质指标

项目	指标	项目	指标
蒸发残留	≤10 mg/L	氯离子(Cl^-)	≤2 mg/L
氧化硅(SiO_2)	≤1 mg/L	磷酸盐(P_2O_5)	≤0.5 mg/L
铁	≤0.2 mg/L	电导率(25 ℃时)	≤5 μS/cm
镉	≤0.005 mg/L	pH	5.0～7.5
铅	≤0.05 mg/L	外观	无色、洁净、无沉淀
除铁、镉、铅以外的其他重金属	≤0.1 mg/L	硬度(碱性金属离子的总量)	≤0.02 mmol/L

表 5-22 透析用水中有毒化学物和透析溶液电解质的最大允许量

污染物	最高允许浓度/(mg·L⁻¹)	污染物	最高允许浓度/(mg·L⁻¹)
血液透析中已证明毒性的污染物		锑	0.006
铝	0.01	砷	0.005
总氯	0.1	钡	0.1
铜	0.1	铍	0.0004
氟化物	0.2	镉	0.001
铅	0.005	铬	0.014
硝酸盐(氮)	2	汞	0.0002
硫酸盐	100	硒	0.09
锌	0.1	银	0.005
透析溶液中的电解质		铊	0.002
钙	2(0.05 mmol/L)		
镁	4(0.15 mmol/L)		
钾	8(0.2 mmol/L)		
钠	70(3.0 mmol/L)		

表 5-23 分析实验室用水水质标准

名称	一级指标	二级指标	三级指标
pH 值范围(25 ℃)	—	—	5.0~7.5
电导率(25 ℃时)/(ms·m⁻¹)	≤0.01	≤0.10	≤0.50
可氧化物质含量(以 O 计)/(mg·L⁻¹)	—	≤0.08	≤0.4
吸光度(254 nm,1 cm 光程)	≤0.001	≤0.01	—
蒸发残渣(105 ℃±2 ℃)含量/(mg·L⁻¹)	—	≤1.0	≤2.0
可溶性硅(以 SiO₂计)含量/(mg·L⁻¹)	≤0.01	≤0.02	—

  针对不同的用水水质要求,应采用相应合理的处理工艺,不仅对节水效果起到较大的辅助作用,对环境保护也具有重大作用。对于普通的纯水水质,其处理工艺采用预处理＋一级反渗透工艺;血透用纯水可在一级反渗透的基础上,采用二级反渗透工艺;实验用纯水可采用二级反渗透＋电除盐工艺(Electro Deionization,EDI),水质可达到国家分析实验室用水一级水标准。若局部对实验用水有更高水质要求的实验室,可在实验台或用水点处采用实验纯水机现场制取。另外,需要对用水量需求进行对比分析,在用量大、用水

集中时可采用中央集中净化方式;用量小、用水分散时可采用末端局部净化方式,否则系统供大于求,整机经常处于循环净化状态,耗材耗能。目前采用较多且比较先进的 EDI 工艺,EDI 工艺流程如图 5-19 所示,是一种耗水量小的给水深度处理工艺,依赖于电驱动的膜技术,是由离子交换树脂、离子交换膜和一个直流电场组成的;EDI 是离子交换混床和电渗析相结合的一种技术,它体现了离子交换混床和电渗析法的优点,并克服了它们各自的缺点。EDI 技术和传统离子交换技术最大的区别在于离子交换树脂再生方法,EDI 技术借用直流电对交换树脂连续再生,不需要使用化学药品再生,这就避免了化学再生污染物的排放,且出水水质稳定、制水成本较低,同时其设备结构紧凑(图 5-20)、占地面积较小,系统的操作运行方便、简单,节水节能环保,建议采用。一般情况下混床离子交换工艺制备纯水时的原水利用率在 90% 已经是较高值,EDI 工艺的原水利用率可达到95%～99%。

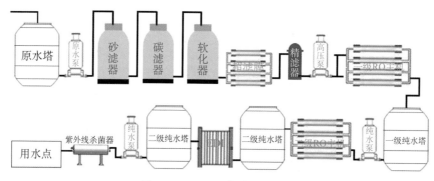

图 5-19　EDI 工艺流程示意图

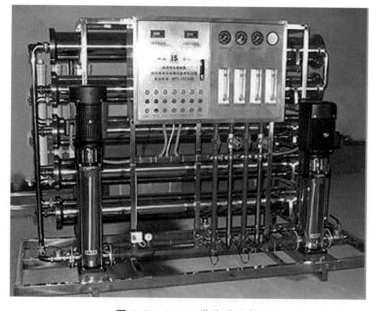

图 5-20　EDI 工艺集成设备

另外,在纯水制备过程中产生的浓水,可以收集至雨水回用系统的收集池,作为回用水的一部分加以充分利用。

(3)空调冷却水。医院建筑整体用水量中,有一大部分是空调系统冷却水量,占总用水量的30%~50%,应根据项目所在地的水质状况、系统运行情况,将水质软化后选用合理的循环冷却水处理药剂,保证冷却水塔、冷水机台等设备处于最佳的运行状态,有效控制微生物菌群、抑制水垢的产生、预防管道设备的腐蚀,从而达到降低能耗、延长设备使用寿命的目的,同时减少了循环冷却水排污量,有效节约了补水量。此类药剂主要有阻垢剂、缓蚀剂、杀菌灭藻剂等。在一些缺水地区,根据气候条件选用适用的风冷方式(图5-21)替代传统的水冷方式,可以节约可观的水资源消耗。

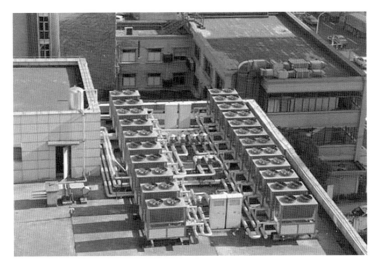

图 5-21 屋顶风冷热泵机组

(4)热水出流节水。医院建筑特别是综合医院一般采用集中式热水供应系统,在其医技部各科室、诊室的洗手、淋浴等热水支管一般不能实现可靠的全支管循环,设计时应注意将热水支管的可循环点至热水器具出水口的管线布置实现最短化,可以避免寒冷季节用户打开水龙头放掉支管冷水的时间过长,浪费水资源。或者在一些需要即开即热的用水点处设置支管自调控电伴热(图5-22),在节水的同时合理控制电能的消耗。

(5)主观节水和经济杠杆节水。医院建筑中,医护人员、病患等洗手、淋浴用水量大,需要加强宣传,建立主观节水意识。在病房楼的淋浴间,宿舍楼淋浴间,医护人员、后勤人员、餐厨人员的公共浴室淋浴器等处,可以设置刷卡计费淋浴器(图5-23),采用使用者付费的措施,不仅能通过经济杠杆约束使用者的不良用水行为,还能强化使用者的主观节水意识,从而有效节约水资源。

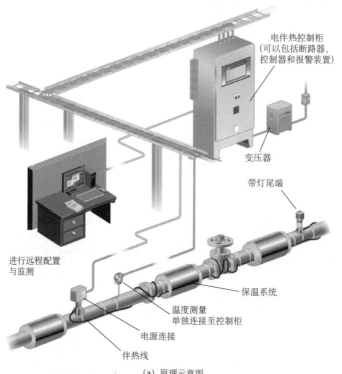

（a）原理示意图

（b）实物图

图 5-22 给水支管电伴热

图 5-23 刷卡淋浴措施

（6）水池（箱）远程自动化操控节水。医院建筑往往体量庞大，且生活水池（箱）、消防水池（箱）、雨水池等各种功能的水池一般不能全部集中设置，一旦水池进水阀门等配件发生故障，维保人员不能及时进行维修造成水池（箱）长时间溢流排水、水资源浪费。设计时，应注意在各水池（箱）设置电子液位计，将液位信号传至控制中心实时监控，设溢流报警。同时在各水池（箱）的进水管上设置电动阀（图 5-24、图 5-25），在水池（箱）进水发生故障时，值班人员可远程操控关闭电动阀，及时止损。

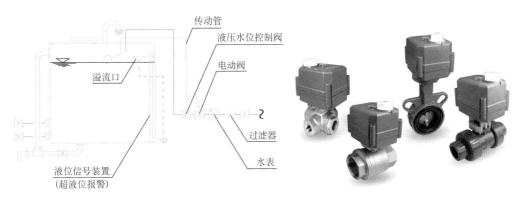

图 5-24　水箱进水管设置示意图　　　图 5-25　电动阀门

5.2.2　水系统节能

1. 市政水压的充分利用

1）总体综述

我国不同城市或地区都有不同的自来水厂，其供水压力、市政管网布置条件不尽相同。设计时需要根据项目所在地市政自来水公司、水务部门等职能部门提供的资料、项目的实际情况、使用单位的具体需求等因素，经过经济技术比较，确定合理的供水方式和供水分区。在安全供水的前提下，合理并充分地利用市政水压，可以适当减少项目自身能耗，为使用单位带来一定的节能效益和经济效益，且这种效益是长远的。

2）注意事项

（1）一般情况下，市政引入管进入项目基地后，经过配水管线的沿程损失和水表、倒流防止器及其他配件的局部损失，会使市政水压降低 0.02～0.08 MPa，而常用的卫生器具如大便器、小便斗、洗手盆等的工作压力需 0.05～0.10 MPa。

（2）对于宿舍楼、病房楼、科研楼等医院单体建筑，其一层功能往往是门厅、药房和门卫等，用水点布置数量少、使用要求不高，即使有热水需求，也可采用容积式电热水器按需分散布置，可将其纳入市政水压服务范围。而对于综合医院来说，其一层开始即设置了医技功能区、门急诊等，用水点多、有较高热水需求，整个大楼一般采用集中热水系统，此时如果市政水压不高,应考虑将一层有热水使用需求的用水点纳入加压供水范围,否则市政水压经过集中热水机组后,热水出水压力进一步降低,造成冷热水混合不均匀、出水水压不稳定、水温忽高忽低的情况。例如上海的市政水压一般为 0.16 MPa,若一层热水用水点纳入市政水压集中热水服务范围,出水压力为 0.06~0.08 MPa,对于医技科室使用需求来说偏低。此时可考虑将仅使用冷水的用水点如小便斗、坐便器等纳入市政水压服务范围,将热水用水点和水压需求较高的用水点如洗手盆、淋浴、蹲便器等纳入加压供水范围,既能舒适使用,也能充分利用市政水压,较为合理。

3)市政水压充分利用的案例(二维码链接)

2. 系统主要设备合理采用低阻力型产品

供水系统中的设备、配件附件、系统管网等在正常供水过程中会对水流产生一部分阻力,这些阻力会消耗水流的一部分能量造成水压损失。水压损失过高,导致加压供水设施为了补偿这部分损失而提高能耗,从而降低了能效。影响这些水压损失的因素有很多,例如输水管的材质,设备的材质、内部构造、制造工艺,等等,在设计过程中应考虑这类水压损失,尽量选用压力损失小的设备。

表 5-24 列出了医院建筑常用的薄壁不锈钢管、铜管、塑料管、钢塑复合管在流速 1.0 m/s(壁厚较薄)时的沿程压力损失参考值,表 5-25 列出了医院建筑常用的给水设备及其压力损失参考值,供参考。

表 5-24　　给水薄壁不锈钢管、铜管压力损失参考值($v=1.0$ m/s)

管径/mm	薄壁不锈钢管沿程损失/(kPa·m⁻¹)	铜管沿程损失/(kPa·m⁻¹)	塑料管沿程损失/(kPa·m⁻¹)	钢塑复合管沿程损失/(kPa·m⁻¹)
DN15	1.3	1.3	1.0	1.2
DN20	0.9	0.8	0.6	0.7
DN25	0.6	0.6	0.5	0.5
DN32	0.5	0.5	0.4	0.4
DN40	0.4	0.4	0.3	0.3
DN50	0.3	0.3	0.2	0.2
DN65	0.2	0.2	0.2	0.2
DN80	0.2	0.2	0.1	0.1
DN100	0.12	0.12	0.096	0.091
DN150	0.07	0.08	0.06	0.06

表 5-25　　　　　　　　　　　给水系统常用设备及其压力损失参考值

设备名称		压力损失参考值 $\Delta P/\text{kPa}$	备注
水表	常用流量时	25	
	过载流量时	100	
倒流防止器	减压型	100	流速 $v=3\text{ m/s}$ 时
	低阻力型	<40	流速 $v=2\text{ m/s}$ 时
	双止回阀型	<40	流速 $v=2\text{ m/s}$ 时
Y 型过滤器	有效过滤面积与管道截面积倍数为 2 倍	0.375	流速 $v=1\text{ m/s}$ 时
	有效过滤面积与管道截面积倍数为 3 倍	0.167	流速 $v=1\text{m/s}$ 时
半容积式水加热器	HRV 系列导流型	≤5	被加热一侧
	SV 系列弹性管束性	≤20	被加热一侧
	TBF 系列浮动盘管型	≤10	被加热一侧
	BFG 系列浮动盘管型	≤20	被加热一侧
	DFHRV 系列导流浮动盘管型	≤10	被加热一侧
太阳能集热器		初步估算时可按总损失 50	应以实际产品阻力损失值和串联集热器台数的乘积复核
板式换热器		初步估算可按 40~80	以实际产品进行复核

3. 可再生能源的利用

（1）作为可再生能源之首的太阳能热水系统，在 3.4 节中已做介绍，此处不再赘述。

（2）空气源热泵。近年来，空气源热泵热水机组在医院建筑生活热水系统中逐渐得到推广应用，因其完全符合"绿色建筑""低碳节能"的要求，对医院建筑的热水改造发挥着越来越重要的作用，大幅降低了医院建筑的热水成本。从实际应用与能效比较来看，空气源热泵热水机组目前是医院建筑能效提升重要手段之一。

空气源热泵热水机组的供热原理与传统的太阳能不同，热泵热水供应方式与其他供热水方式比较，节能效果明显。

热泵热水系统是近年来开始出现的生活热水供应系统。它的原理是利用逆卡诺循环，通过冷媒作载热体，将自然界的阳光、空气或生产、生活中排出的废热气收集起来，在蓄水罐里释放热能用来给水加热。只要环境温度大于-10 ℃，机组周围通风环境良好，空气源热泵就能正常工作，可 24h 提供热水，热效率高达 400% 以上[8]。空气源热泵热水系统由高性能空气源热泵热水机组、蓄热水箱、热水输水管道线、自动控制等系统组成。

　　1）空气能热泵经济性分析（表 5-26）

表 5-26　　　　　　　　　运行费用及经济效益分析

水的比热/[kJ・(kg・℃)⁻¹]	4.2							
水温差(15～55 ℃)/℃	40							
日需水量/kg	1000							
热量值(kJ)＝水的比热[kJ/(kg・℃)]×日需水量(kg)×水温差(℃)/kJ	168 000							
供热方式	燃煤锅炉	天然气锅炉	人工煤气锅炉	燃油锅炉	液化气热水器	电热器	太阳能（电）	空气源热水机组
燃料	煤	天然气	人工煤气	柴油	液化气	电	电	电
燃烧值	4.00	10.12	4.65	11.98	12.50	1.00	1.00	1.00
单位	kW/kg	kW/m³	kW/m³	kW/kg	kW/m³	kW	kW	kW
燃烧值	3 440	8 000	4 000	10 300	11 000	860	860	860
单位	kcal/kg	kcal/m³	kcal/m³	kcal/kg	kcal/kg	kcal/h	kcal/h	kcal/h
效率	81%	94%	70%	90%	80%	95%	95%	400%
能源需求量	14.4	7.15	14.3	5.55	4.55	48.9	48.9	11.6
单位	kg	m³	m³	kg	kg	度	度	度
燃料单价/元	0.65	3.94	2.10	6.0	6.8	1.0	1.0	1.0
单位	kg	m³	m³	kg	kg	度	度	度
燃料总价/元	9.33	20.96	30.03	33.3	30.9	48.9	48.9	11.6
年运行费用/元	3 406	7 649	10 961	12 155	11 279	17 849	5 868	4 234

注:（1）条件设置:设定在相同温度条件下对 1 000 kg 水进行加热,温升 40 ℃时加热所需热量为 40 000 kcal。

（2）假设太阳能无法工作时间为 120 天/年计算。

（3）空气源热水机组能效比 EER≥4.0(国标下测得:室外干球温度 20 ℃,湿球温度 15 ℃)。

通过上述热泵热水系统与其他常规加热方式经济效益及技术参数比较,可以比较出:

（1）能效比较方面,空气源热泵热水机组能效比(COP)在上海平均达 3.8 以上。

（2）燃气锅炉机组:热效率一般在 0.92～0.98。空气源热泵机组热效率一般在 3.8～4.6,即空气源热泵每消耗 1 个单位的能量产生 3.8～4.6 个单位的热量,并转化成热水,燃气炉每消耗 1 个单位的能量产生 0.92～0.98 个单位的热量。

（3）太阳能热水：由于阴雨天气和夜晚的影响无法全天候工作，每年约 1/3 时间需要利用其他辅助加热，超过空气能热泵的成本，并非零成本运行。[①]

2）应用与优点

（1）能效高、适用广：能效比 3.8～4.6；适温－10～50 ℃，全天候使用；可连续加热，持续供热水，适合生活热水及暖通空调使用。

（2）费用低：运行费用是燃气锅炉的 1/2 左右、电锅炉的 1/4 左右；无须建锅炉房，节省空间；无须年检和运行附加费；无须燃料运送和储存；无须专人值守；无须复杂的维护、检修。

（3）环保，无污染，无燃烧外排物，不会对人体造成损害，具有良好的社会效益。

（4）安全，采用间接加热方式与水交换热量，无需燃料输送管道及储存，故无漏电、漏气、爆炸等安全隐患。

（5）方便，自动运行，无需值守；可以安装在室外、楼顶，安装简单、使用方便。

（6）寿命长：使用寿命 15 年以上，性能稳定，运行安全。

（7）维护简单：根据设定温度值自动控制启、停，动作件少，维护简单。

3）注意事项

（1）当空气源热泵采用直接加热系统时，冷水进水总硬度(以碳酸钙计)≤120 mg/L。

（2）最冷月平均气温小于 0 ℃的地区，不宜采用空气源热泵热水系统。

（3）最冷月平均气温小于 10 ℃且不小于 0 ℃的地区，宜设置辅助热源。

（4）最冷月平均气温不小于 10 ℃的地区，可不设辅助热源。

（5）辅助热源应选用投资省、低能耗热源；辅助热源应在最冷月平均气温小于 10 ℃的季节运行。

空气源热泵热水机组的热水系统可以同时为医院建筑的暖通空调系统提供所需温度的水温需求，实现基于医院建筑总体能效提升的目标，在生活热水温度不满足 55 ℃时应增加消毒措施。

综合比较能效、成本、维护及环境友好度等因素，空气源热泵热水机组是目前医院建筑能效提升技术中相对合适的选择之一。

4）可再生能源的利用案例(二维码链接)

4. 余热、废热的利用

1）余热、废热来源

余热、废热主要来自市政废热热力网、空调机组回收热、锅炉烟气余热、医院建筑的蒸气凝结水等。

2）系统设计

医院建筑的生活热水，为保证供水水质一般采用间接加热，加热设备一般采用具有一

[①] 美的：空气能热泵中央热水推介书。

定贮热能力的半容积式水加热器。每组加热设备一般呈二级加热串联设计,余热、废热进入一级预热罐盘管将生活热水预热,预热后的生活热水进入二级供热罐,由辅助热媒加热至使用温度。整个流程利用余热、废热预热冷水,提高一定温度后再辅助加热,从而节约系统加热的能耗。图5-26为建议的利用中央空调机组回收热来间接预热生活热水的系统原理图,辅助热源为锅炉房90 ℃热媒水。

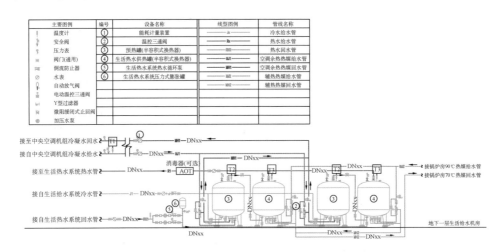

图5-26　空调回收热预热生活热水系统原理图

3)废热、余热的利用案例(二维码链接)

5. 其他节能措施

(1) 水泵是给排水系统中的核心设备之一,所选水泵应选用低噪音节能型水泵,其流量扬程性能曲线应为无驼峰、无拐点的光滑曲线;效率不低于《清水离心泵能效限定值及节能评价值》(GB 19762)的相关规定,运行时应在高效区范围内;水泵电动机能效应符合《中小型三相异步电动机能效限定值级能效等级》(GB 18613)的相关规定;通常单台泵大流量比小流量效率高,高转速比低转速效率高。

(2) 生活热水加热设备推荐采用弹性管束(图5-27)、浮动盘管(图5-28)的半容积式热交换器等节能型产品。若热源为蒸汽,则应选用高效节能的二级换热型换热器,以充分利用蒸汽一级换热后较高温度的冷凝水余热。医院建筑还应注意,应采用无冷温水滞水区的水加热设备,水加热器应设有导流稳流装置,罐体上部与下部温差应小于或等于2 ℃,不仅可以保证水质,还是有效节能的措施之一。

(3) 生活热水系统的主要设备、附件配件(包括热水管道、换热器、蓄热水罐、热水膨胀罐、热水循环泵,以及热水管上的阀门、过滤器等)均需保温(图5-29),保温材料应与所连接的管道保温材料相同,厚度应根据项目当地情况经计算后确定,室内外裸露易损部位还应包覆保护壳,保温应美观、不妨碍运动部件的活动,并能方便拆洗和维护。

图 5-27　立式弹性管束半容积式换热器

图 5-28　浮动盘管半容积式换热器

图 5-29　管道、设备保温

5.3　医院物流技术

5.3.1　医院物流后勤系统现状

医院后勤部门在医院正常运营工作中占据了重要地位。医院后勤的管理水平,对医院的医疗质量、运营成本等具有重大影响。

1. 医院建筑现状

（1）建筑楼层高。

（2）建筑面积大。

（3）科室布局较为集中。

（4）院内人流量大，电梯资源紧张，走道相对拥挤。

2. 医院物流现状

（1）人力资源管理难。目前，医院护工大多数采用劳务外包服务。特点为来源乱、文化低、流动性大、缺乏专业技术，给医院增加管理难度甚至严重影响医院形象。由于物价上涨人工成本在不断提高，工作人员的工资、社保、医疗保险等定期的费用按照 30 年的累计是一笔非常大的成本开支。

（2）传统的人力传输效率低下。传统运输模式：专职运送队伍＋小推车＋多部电梯或小规模单一物流传输。由于建筑楼层高，楼与楼相隔远，相对人流显大，凸显电梯资源不足。在传输过程中，经常出现人等车、车等人、车等电梯等种种现象。这种配送方式给集中时段批量派送带来无法解决的客观困难。

（3）物资传输安全风险高。传输容易发生物品遗失、送错或因颠簸、碰撞而造成医用物品、标本损坏等不可控因素。人流与物流混在一起，增加了交叉感染或疾病的传播的危险性，特别是在流行病爆发期间。

3. 医院现有物流模式的弊端

（1）现有物流模式："专职递送队伍＋人力物流车＋多部电梯"。

（2）存在的弊端和风险：

弊端 1：人流与物流交叉。

人流与物流混在一起。病人、医护人员和物流车在电梯和走道中流动，增加了交叉感染或疾病传播的危险性，特别是在流行病爆发期间。

弊端 2：电梯高峰期的等待时间。

电梯等多处排队等候，物品不能及时到达。走道拥挤，造成就医环境差，无法营造院内的和谐环境。

弊端 3：护士要做非本职工作。

加大护士的工作量，无法专注于本职工作。

弊端 4：人工运输过程不安全、不可靠。

错送，碰撞损坏，交叉感染等事故容易发生。

弊端 5：物流传输的速度低，经常遇到一些低效率现象，如：

① 人等车（护工等待物品装载到物流车）。

② 车等人（人力物流车经常受阻于人流拥挤的场所）。

③ 车等电梯(物流车常需花费大量时间等待电梯)。

④ 医疗部门等物品(物品通常按医院建筑结构逐层递送,而不按临床需求的缓急来递送)。

弊端6:病人和医护人员等候物品的时间长,需要加大物品的储备量。

给医院物品存储带来压力。

弊端7:影响抢救时间,应急能力差。

特别是遇到集中大量救治现象(如大灾、中毒、流行病等)和紧急救治的情况(如车祸)。

弊端8:标本送达不及时、不可靠,影响检验结果的准确性。

比如血气检查。

弊端9:无法做到随时传输。

比如夜晚没有递送人员,或工作时间但递送人员有事离开时。

弊端10:无法满足现代化医院物流传输的要求。

现代化医院的建筑愈来愈高,高峰时段建筑内部交通压力巨大,传统的物流方式无法实现楼层间的快速传递。

5.3.2　医院自动物流系统分析

1.自动物流的价值分析

医院物流系统自动化,可以减轻医护人员工作量,改善医护人员工作环境和病患就医环境。自动物流系统改变了例如"人推车"的传统传输方式,同时释放了电梯的使用空间,缓解了电梯的运输压力。达到了"人物分流"的目的,实现了医院物流的高效管理。

自动设备的模块化结构使得系统具有高度的灵活性,在新建大楼或已有大楼都能方便安装;智能化的控制系统可以无限制地完成水平或垂直传送;可以用来传送药品、IV输液包、血液、检验标本、组织切片、化验报告、X光片等全医院各类物资。

采用医院自动化物流传输系统具备诸多价值,诸如:

(1) 提高传输效率和服务质量。

(2) 把护士还给病人,提高服务质量,真正体现以病人为中心。

(3) 缓解病人排队压力,方便病人看病。

(4) 加速急救,为病人赢取"救命"时间。

(5) 改善医院环境,避免交叉感染。

(6) 改善科室间人工传送物品造成的通道及电梯拥堵现象。

(7) 减少污染及科室间交叉感染。

(8) 提升医院整体形象和医院的硬件水平,提升医院竞争力。

(9) 优化物流传输流程,提高资源利用率。

（10）改善医院物流管理,减少资源浪费。

（11）降低成本,减少非必要支出。

（12）提高准确率,降低由于人工误差造成的损失。

2. 医院运输的物资分析

现代医院新建大楼在设计时都是以科学发展观为指导,充分考虑建设的智能化与现代化。随着社会的不断发展和进步,医院建设时充分考虑了医院大楼和医疗设备的先进性,目前新建医院显现出科室设置要求集中化的特点。相对应的,现代医院物流针对不同科室,其运输物资的特点和要求也不尽相同。表 5-27 列出了现代医院不同科室的常用物品及其相关特点。

表 5-27　　　　　　　　　　　　医院科室的常用物品及其相关特点

科室	物品	特点
中心药房	口服药,针剂,静脉输液	集中时间段发送量大
检验中心 （包括微生物、免疫）	各类样本（血液、体液、积液、尿液、粪便）,检验报告	集中时间段接受量大
静脉输液配置中心	输液袋	集中时间段发送量大
血液中心	各类血液制品	重量小,时效性高
病理实验室 （包括生物和化学病理）	各类病理检验标本,病理检测报告	时效性要求高
护理单元/病区	各类药品	重量适中,频次多
	送检验中心的样本,医用材料和敷料,一次性无菌用品,小型治疗包,小型器械包,清洗消毒溶液,病人病历和档案	集中时间段需发出
中心供应室	消毒包,治疗包,无菌导管,穿刺器械,小型手术器械,包装用品和材料	体积大,重量大
病史室	病人病史和档案文件	体积大,重量大
医院后勤库房	医用材料和敷料,医用消毒清洗用品	体积大,重量大
手术室	消毒包,手术器械包	体积大,紧急,重量大
	各类输液药品和注射用具	
	各类手术用材料、敷料、一次性用品	
	专科手术器械和腔镜	
	手术室用的清洗和消毒溶剂	
	各类病理样本	
	病人病历、检验报告、医疗文件等	

续表

科室	物品	特点
放射科	X光片和报告,导管,造影剂等药物,注射用具	集中时间段需发出
门急诊和医技诊疗室	口服药品,针剂,静脉输液,消毒包,治疗包,检验样本,诊断报告,检验报告	体积大,重量大
厨房等	与食物相关的物资	种类多,易倾洒

3.各种物流系统的适应物资分析

气动物流系统凭借其速度快的优势,在处理小件物品如血样标本时特别优秀,在处理一些紧急性、临时性的任务时,更能体现速度上的优势,不但能够为医院解决一些琐碎的却又不得不为之花费大量人力的传输任务,更能为病患解决的紧急用药、输液等紧急任务,充分体现了"以病人为中心"的产品特质

轨道物流系统凭借其优秀的稳定性以及批量连续发送的特性,特别适合处理病区药品以及输液包长期医嘱的批量传输,不过也受到体积和载重的限制,故而在处理手术器械包和敷料包等中心供应室发放的大楼洁净物资方面,表现欠佳。

为了弥补轨道物流系统在大载重、大体积的物资运输方面的不足,机器人物流以及箱式物流系统应运而生。其中机器人物流对于各种批量运输的物资的适应度最高,可以满足医院各种批量物资的传输。

表 5-28　　　　　　　　　各种物流系统的适用物资

物资种类	气动物流	轨道物流	机器人物流	箱式物流	垃圾被服物流
血液标本、病理标本	◎	○	△	○	×
器械包	×	△	◎	○	×
敷料包	×	△	◎	○	×
药品临时医嘱	◎	○	△	○	×
药品长期医嘱	△	◎	◎	◎	×
输液袋临时医嘱	◎	○	△	○	×
输液袋长期医嘱	△	◎	◎	◎	×
办公物资	△	△	◎	○	×
洁净被服	×	×	◎	△	×
污衣被服	×	×	◎	△	◎
医疗垃圾	×	×	◎	△	×
生活垃圾	×	×	◎	×	◎

续表

物资种类	气动物流	轨道物流	机器人物流	箱式物流	垃圾被服物流
小型医疗设备	×	×	◎	×	×
维修备件	×	×	◎	△	×

备注:◎完全满足;○基本满足;△勉强满足;×不满足

　　箱式物流的体积和载重也能满足大部分医院物资的批量传输,但是在选择和设计时,必须综合考虑其设计、安装、维护等方面的问题。

　　垃圾被服系统在处理生活垃圾以及污衣被服方面,有其独一无二的优势。高效、大批量传输、无二次交叉传染以及环境优化等,使垃圾被服系统成为垃圾被服回收方面最佳的选择。

5.3.3　各物流系统的基本参数及特点分析[9]

　　总体来说,常见的医院物流输送系统包括气动物流传输系统、轨道物流传输系统、智能导引机器人物流传输系统、中型箱式物流传输系统等。越来越多的医院物资输送系统的投入使用,标志着医院的信息化和智能化程度正不断提高。

　　(1)气动物流传输系统,是通过抽取或压缩管道中的空气来输送传输瓶,将物资从起始站点输送到目的站点。可以完成诸如文件、组织样本、化验报告、处方、药品等小物件的快速传送(图 5-30)。

图 5-30　气动物流传输系统

　　(2)轨道物流传输系统,是通过轨道上运行的小车将物资从起始站输送至目的站。轨道一般设在楼板下,小车吊装在轨道上,小车通过悬挂轮驱动小车进行水平及垂直方向运动。可用来装载重量相对较重和体积较大的物品,可以批量运输医院输液、检验标本、供应室物资等(图 5-31)。

图 5-31 轨道物流传输系统

（3）智能导引机器人物流传输系统，是通过自动导引车在不同楼层间来回穿梭，携带载物车来实现院内物资从起始站输送至终点站。可用来运输大重量物资，并且采用无轨运输（图 5-32）。

图 5-32 智能导引机器人物流传输系统

（4）中型箱式物流传输系统，是将运输物资放入周转箱，通过周转箱在起始站与目的站来回传递来进行物资传输。可以输送输液药品、药品、标本、手术器械、无菌用品、消毒包、被服、后勤物资等院内物资（图 5-33）。

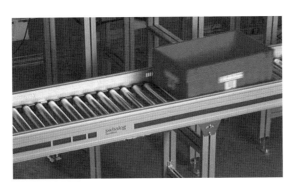

图 5-33 中型箱式物流传输系统

（5）各种物流系统优劣势分析。不同的自动化物流系统,有着它们各自的优点和缺点,没有一种物流是完美的,这些物流系统之间的优劣对比如表5-29所示。

表5-29 各种物流系统的特性及优劣对比

物流类别	气动物流	轨道物流	中型物流	机器人物流
传输速度	3～8 m/s	水平0.6 m/s 垂直0.4 m/s	水平0.4～1 m/s 垂直1～2 m/s	0～1.8 m/s
传输载重	5.5 kg	10～15 kg	30～50 kg	50～500 kg
载体容积	3.8 L	36 L	50～90 L	100～500 L
最佳传输物资	小件物资;血液标本,病理标本;紧急物资;临时医嘱,血气标本	批量物资;病区长期医嘱-药品,输液包,血样标本	物量物资:病区长期医嘱-药品,输液包,手术器械包,敷料包,血样标本,办公用品	批量物资:病区长期医嘱-药品,输液包,手术器械包,敷料包,血样标本,办公用品,生活垃圾,医疗垃圾,被服
建筑配合要求	低	中	高	低
单体楼建筑	高度适合	适合	适合	适合
多楼群建筑	高度适合	一般	难度高	一般
改扩建难度	低	中	高	低
施工灵活性	低	中	高	低
维护保养难度	低	低	中	低
维护保养成本	低	低	中	低

通过表5-29可以看出,各种物流系统各有利弊,适用场合也不尽相同。气动物流因为传输速度快,适用于发送频次多、重量少、紧急的物资;轨道小车、箱式物流适用于集中时间段大量物资的传送;自动导车适用于大重量的物资输送。医院应根据自身条件与情况,具体分析所需传输物资的特性与特点,来决定采用何种或哪几种输送方式来满足自身需求。

医院物流输送系统的使用就是通过专用的物资输送设备,实现医院的物流和人流的分离,做到了"人物分流",以"物流来代替人流"的现代化物流管理。随着物流输送系统在各医院的应用,将大大提高医院的现代化程度,减轻医护人员工作量。各种物流自动化系统在各大医院的投入运行是医院需求的必然结果,也必将为患者提供更好的医疗服务提供帮助。

5.3.4 如何选择自动化物流系统

医院自动化物流系统种类繁多,各自都有其适合运输的物资,也有各自的优劣势和适

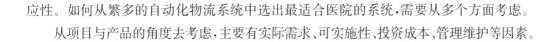

应性。如何从繁多的自动化物流系统中选出最适合医院的系统,需要从多个方面考虑。

从项目与产品的角度去考虑,主要有实际需求、可实施性、投资成本、管理维护等因素。

2. 实际需求

在选择医院自动化物流系统时,首先筛选出能满足自身实际需求的系统种类。其中需要考虑以下主要问题:

(1)需要解决哪些物资的运输。

(2)存在哪些特殊要求。

3. 可实施性

经过初步筛选出合适的物流系统种类,紧接着就是需要考虑筛选出的单一物流系统或物流系统组合方式是否具有可实施性。若是无满足可实施性,那么无论这款物流系统的产品再怎么满足自身的需求,也将变得不可实现。此时通常需要考虑以下问题:

(1)根据需求,清晰了解物流系统所需覆盖的建筑楼体有哪些?

(2)多楼群建筑与新老楼结合是否有连廊或地下室? 是否有分期或整体建设?

(3)楼体建筑处于哪个建设阶段? 是设计阶段还是施工阶段?

4. 投资成本

成本是对所有项目来说都很重要的一个考虑因素,若是资金受到限制,那么如何在有限的资金内,设计出最符合医院需求的方案。主要通过考虑以下问题来考量成本的因素:

(1)预计投入成本能否满足要求? 成本预算是多少? 资金是否受到限制?

(2)是否对项目进行分期实施? 是否裁剪项目范围?

(3)如何保证分期或裁剪后,最低限度满足用户需求?

(4)产品投入与价值获取是否平衡?

(5)经济与非经济指标是否满足需求?

5. 管理维护

对于使用方在项目交付之后,系统能否正常使用,管理维护是否便利,对于整个医院的物流管理有着关键影响。以下是通常需要考虑的问题:

(1)安装完成后,安装质量能否满足实际要求?

(2)项目交付后,产品维护保养难度高低如何? 维护保养成本高低如何?

6. 医院物流实用案例(二维码链接)

5.4　医用气体系统

医用气体是指用于医疗方面使用的气体。有的直接用于治疗;有的用于麻醉;有的用来驱动医疗设备和工具;有的用于医学试验和细菌培养、胚胎培养等。常用的有医用氧气、富氧空气、氧化亚氮、二氧化碳、医用真空、医疗空气、氩气、氮气、器械空气以及其他混合气体。

医用气体系统又称生命支持系统,是指向病人和医疗设备提供医用气体或抽吸废气、废液的一套完整系统。包括终端、管道、阀门、气源、报警监控等。常用的供气系统有氧气系统、氧化亚氮系统、二氧化碳系统、氮气系统、压缩空气系统等;常用的抽排系统有医用真空系统、麻醉废气排放系统等。系统规模及种类根据医院的医疗需求决定(图 5-34)。

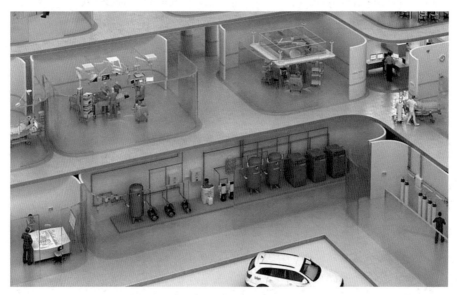

图 5-34　医院医用气体系统

5.4.1　医用气体终端设置

1. 设置要求

医用气体终端的设置参考《医用气体工程技术规范》(GB 50751)(简称《医气规范》)附录 A,并结合各类医疗卫生机构的医疗工艺需求、各项目业主的特殊要求,与医院专业人员沟通确定(表 5-30)。

表 5-30　医用气体终端组件的设置要求

部门	单元	氧气	真空	医疗空气	氧化亚氮/氧气混合气	氧化亚氮	麻醉或呼吸废气	氮气/器械空气	二氧化碳
手术部	内窥镜/膀胱镜	1	3	1	—	1	1	1	1a
	主手术室	2	3	2	—	2	1	1	1a
	副手术室	2	2	1	—		1	1	1a
	骨科/神经科手术室	2	4	1	—	1	1	2	1a
	麻醉室	1	1	1		1	1		
	恢复室	2	2	1	—	—	—		
	门诊手术室	2	2	1					
妇产科	待产室	1	1	1	1				
	分娩室	2	2	1	1	—	—		
	产后恢复	1	2	1	1				
	婴儿室	1	1	1					
儿科	新生儿重症监护	2	2	2		—	—		
	儿科重症监护	2	2	2		—	—		
	育婴室	1	2	1					
	儿科病房	1	1	—					
诊断学	脑电图、心电图、肌电图	1	1	—					
	数字减影血管造影室(DSA)	2	2	2	—	1a	1a	—	
	MRI	1	1	1		1			
	CAT 室	1	1	1		1			
	眼耳鼻喉科 EENT	—	1	1					
	超声波	1	1						
	内窥镜检查	1	1	1		1			
	尿路造影	1	1			1			
	直线加速器	1	1	1					
病房及其他	病房	1	1a	1a					
	精神病房	—	—	—					
	烧伤病房	2	2	2	1a	1a	1a		
	ICU	2	2	2	1a	—	1a		

续表

部门	单元	氧气	真空	医疗空气	氧化亚氮/氧气混合气	氧化亚氮	麻醉或呼吸废气	氮气/器械空气	二氧化碳
病房及其他	CCU	2	2	2	—	—	1a	—	—
	抢救室	2	2	2	—	—	—	—	—
	透析	1	1	1	—	—	—	—	—
	外伤治疗室	1	2	1	—	—	—	—	—
	检查/治疗/处置	1	1	—	—	—	—	—	—
	石膏室	1	1	1a	—	—	—	1a	—
	动物研究	1	2	1	—	1a	1a	1a	—
	尸体解剖	1	1	—	—	—	—	1a	—
	心导管检查	2	2	2	—	—	—	—	—
	消毒室	1	1	×	—	—	—	—	—
	普通门诊	1	1	—	—	—	—	—	—

注:表中 a 表示可能需要设置,× 为禁止使用。

2. 参数要求

医用气体终端组件处的压力及流量参数应符合《医气规范》的规定,见表 5-31。

表 5-31　　　　　　　　　　　医用气体终端组件的参数要求

医用气体种类	使用场合	额定压力/kPa	典型使用流量/(L·min⁻¹)	设计流量/(L·min⁻¹)
医用氧气	手术室和用氧化亚氮进行麻醉的用气点	400	6~10	100
	其他病房用气点	400	6	10
医用真空	手术室	40(真空压力)	15~80	80
	门诊手术室、病房用气点	40(真空压力)	15~40	40
医疗空气	手术室	400	20	40
	重症监护病房、新生儿、高护病房	400	60	80
	其他病房用气点	400	10	20
器械空气/氮气	骨科和神经外科手术室	800	350	350
氧化亚氮	手术、产科、其他病房	400	6~10	15

续表

医用气体种类	使用场合	额定压力/kPa	典型使用流量/(L·min⁻¹)	设计流量/(L·min⁻¹)
氧化亚氮/氧气混合气	待产、分娩、产房、产后恢复用气点	400(350)	10~20	275
	其他病房用气点	400(350)	6~15	20
二氧化碳	手术室、造影室、腹腔检查用气点	400	6	20
麻醉或呼吸废气	手术室、麻醉室、重症监护(ICU)	15(真空压力)	50~80	50~80

注：(1) 350 kPa,400 kPa,800 kPa气体压力允许最大偏差分别为350±50、400±80、800±200。
(2) 在医用气体使用处于医用氧气混合形成医用混合气体时,配比的医用气体压力应低于该处医用气体氧气压力 50~80 kPa,相应的额定压力也应减少为 350 kPa。

牙科气体在牙医处的参数应符合表 5-32 的要求。

表 5-32　　　　　　　牙科气体的参数

医用气体种类	额定压力/kPa	设计流量/(L·min⁻¹)
牙科空气	550	50
牙科真空	25(真空压力)	300
氧化亚氮/氧气混合气	350~400	20
医用氧气	400	10

5.4.2　医用气体系统能效提升

医用气体系统中空压机的能耗是最大,其耗电整个气源系统耗电量的 40%以上,且空压机的能源消耗占其生命周期成本(LLC)的 70%以上,所以优化空压机的能源消耗是必要且至关重要的(图 5-35)。

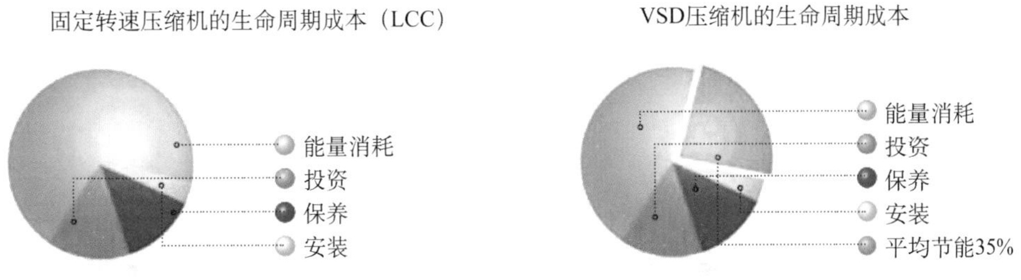

图 5-35　定频压缩机与变频压缩机的生命周期成本比较

221

1. 主机台数

气源系统采用多台小容量的配置,当空气需求量较小时,可以通过台数控制,使系统的排气量匹配实时的需求量,达到单台压缩机在较高的效率下运行。避免大容量机组在低负载时运行效率低下,机组频繁启停的情况。

2. 两级压缩

与单级压缩的压缩机相比,由于降低了容积损失,双级压缩的压缩机效率更高、能量更低。同时从加载到卸载的转换更快,迅速达到卸载状态时的最小功耗。

3. 变频运行

固定转速的压缩机通过"加载、卸载"控制在两个设定点之间运行,当达到最大压力时,压缩机开始卸载。当压缩空气的需求量比较小时,将会浪费大量能源。

变频机型可以自动调节压缩机的排气量,实时和空气需求相一致。可以避免在没有负载时巨大的能量消耗,也避免了放空损失。此外,变频机型可以运行在较低的压力带下,从而降低整个系统的工作压力(图5-36)。

由于医院的医疗空气使用时间不连续、不确定,负荷波动大,系统长时间处于低负荷的运行工况。而变频机型可以根据实时需求量进行变频控制,可以节约约35%以上的能耗,可以减少22%以上的生命周期成本(LLC)。

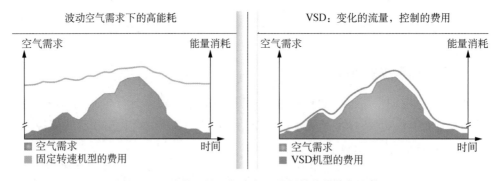

图 5-36　定频压缩机与变频压缩机的能量消耗比较

4. 干燥机再生方式

如前所述,医院的医疗空气负荷波动大的特性。若干燥机的再生方式采取连续再生或定时再生,低负荷时将增加能耗。建议采取压力露点控制的方式进行再生过程,通过"不用气、不再生"的手段达到节能的目的(图5-37)。

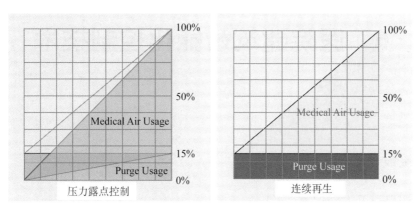

图 5-37 干燥机露点控制再生与连续再生的能量消耗比较

参考文献

［1］国家市场监督管理总局.电力变压器能效限定值及能效等级:GB 20052—2020［S］.北京:中国标准
出版社,2020.

［2］中华人民共和国住房和城乡建设部,国家质量监督检验检疫总局.建筑电气工程电磁兼容技术规
范:GB 51204—2016［S］.北京:中国计划出版社,2016.

［3］中华人民共和国住房和城乡建设部.公共建筑节能设计标准:GB 50189—2015［S］.北京:中国建筑
工业出版社,2015.

［4］中华人民共和国住房和城乡建设部.医疗建筑电气设计规范:JGJ 312—2013［S］.北京:中国建筑工
业出版社,2013.

［5］中华人民共和国国家卫生和计划生育委员会.医院消毒供应中心 第1部分:管理规范:WS 310.1-
2016［S］.北京:中国标准出版社,2017.

［6］国家食品药品监督管理总局.血液透析及相关治疗用水:YY 0572—2015［S］.北京:中国标准出版
社,2015.

［7］国家质量监督检验检疫总局,中国国家标准化管理委员会.分析实验室用水规格和试验方法:GB/T
6682—2008［S］.北京:中国标准出版社,2008.

［8］美国班尼斯.热水系统设计方案［EB/OL］.https://wenku.baidu.com/view/224d0ef415791711cc793
1b765ce050877327510.html.

［9］赵红梅,李远达.医院物流自动化输送系统分析［J］.中国医院,2015(6):76-78.

6 医院建筑智能化控制技术

6.1 建筑设备监控系统

6.1.1 系统概述及发展现状

建筑设备监控系统是以建筑技术、自动化技术与计算机网络技术相结合的产物,它使整个建筑具有了智能建筑的本质特征。现代医院建筑内含有大量的机电设备,例如:空调机组、新风机组、送排风机、给排水设备、电梯设备、变配电设备,等等,除了这些常规的机电设备,还有净化空调、医用气体、物流传输、医疗污水处理、空气污染源区通风等系统设备。这些设备数量多,又分散在各楼层的不同地方,如果采用就地控制、监视和测量难以实现,但建筑设备监控系统就可以合理地控制这些设备,节省人力、节约能源,并创造出高效、舒适的工作环境。

目前,我国二级及以上的医院,建设规模呈扩大和上升趋势。医疗建筑在建筑设备的使用时较其他建筑更多,并且对环境的要求较高,是建筑能耗的大户,而其中中央空调系统的能耗占建筑总能耗的 $40\%\sim60\%$。随着国家的飞速发展,对环境保护、节能减排的号召及政策越来越多,对中央空调系统的节能要求非常迫切,在对耗电大户中央空调节能降耗的基础上,有必要设置整个医院的建筑设备监控系统,提高对整个建电设备的管理水平,达到节能降耗的目的,而且随着自动控制技术、信息技术、变频调速技术和计算机技术、特别是软件工程技术的发展及应用性产品的成熟,在医院中央空调系统中以变流量运行方式替代传统的定流量运行方式已经成为可能。上述这些技术的系统集成可以实现对传统的中央空调系统各个环节进行智能化控制,从而达到节能的目的。[1]

6.1.2 医院楼宇自控的需求和特点

(1) 医院是人员混杂、污染物种类较多的场所,但是患者的治疗和康复、医护工作人员的健康的舒适性要求以及精密设备仪器的工作环境要求很高,良好的空气品质也是治疗疾病、减少感染、降低死亡风险的重要保障。

(2) 主要有以下几方面的需求及特点:

① 门诊区域、手术室、ICU病房、普通病房等,不同区域空调需求差异巨大,各个区间需要独立调控温湿度。

② 充足的新风量,病人对新鲜空气依赖度很高,特别是病房,往往都有多个陪护人

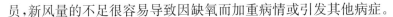

员,新风量的不足很容易导致因缺氧而加重病情或引发其他病症。

③ 独立区域不仅需要严格控制温湿度,而且需要高洁净度的空气品质,ICU病房、手术室等场所的空气洁净程度直接关系病人的生命,比较恒定的温度和相对封闭的环境会增加感染概率,因此医疗空调必须具备高效且持久稳定的空气净化功能,保持良好的空气品质。

④ 更多的高科技医疗设备使空调设备能耗显著提高。

(3)医院建筑对楼宇自控系统的要求较高,急需分散控制、集中管理的模式来实现深度自动化,保证各个区域不同需求的情况下,统一管理达到节能降耗的目的。

(4)为了保证系统能够适应最新的网络技术和通信技术以跟上日新月异的新时代,且系统自身需具备极高的可靠性和可扩展性,系统的设计必须遵循建筑设计、工业设计等设计标准和规范。

6.1.3　系统设计要点

1. 楼宇自控系统

整个医院楼宇自控系统由集中监控管理层和现场控制层两层网络组成。

医院的楼宇自控内容,包含对所有的变风量空调机组、新风机组、送风机、排风机、冷热源群控系统、给排水系统、照明系统、VAV-BOX系统等在内的控制管理功能。[2]

(1)集中监控管理层网络。由个人电脑和打印机组成操作站、网络控制器引擎、数据管理服务器组成。由电脑和打印机组成的操作站采用Web浏览器提供的用户界面简捷地登录到数据管理服务器。用户可以通过Web浏览器在网络任何一点获得数据管理服务器上的数据。管理人员和操作者通过观察显示器所显示的各种信息以及打印机所记录的各种信息来了解当前或以前整个建筑物各种机电设备的运行状况,也可通过键盘或鼠标的操作来改变各种机电设备的运行状况,从而达到管理者特定的控制要求。

网络控制器引擎,是整个楼宇自控系统的大脑,其功能主要是实现网络匹配和信息传递,具有总线控制功能。其管理层网络用的是符合国际工业标准的100~1 000 MBASE-T的以太网,以标准TCP/IP协议互相通信,该网络高速可靠,因而应用广泛。

(2)现场控制层网络。由现场控制器构成系统的第二层控制层网络,该网络为总线模式。网络控制器引擎承担了从管理级网络至现场控制层网络的总线匹配、通信管理的功能,是现场控制器与操作站通信联系的纽带。每个院区依据受控机电设备的多寡,设置相应数量的现场控制器。

现场控制器的主要功能是接收安装于各种机电设备内的传感器、检测器信息,按现场控制器内部预先设置的参数和执行程序自动实施对相应机电设备进行监控,或随时接收操作站发来的指令信息,调整参数或有关执行程序,改变对相应机电设备的监控要求。

2. 对空调机组、新风机组的监控要求

对空调机组、新风机组的监控要求应能监测并控制下列参数,并做出相应的报警和自动保护:室内、室外空气的温度;空调机组的送风温度;空气冷却器/加热器出口的冷/热水温度;空气过滤器进出口的压差状态;风机、水阀、风阀等设备的启停状态和运行参数;冬季有冻结可能性的地区,还应监测防冻开关状态。并能自动调节水阀、风阀的开度;设定或更改供冷/供热/过渡季工况,设定或修改服务区域空气温度设定值和送风温度设定值;根据服务区域的空气品质调节新风量或新风机组的启停。

3. 对风机盘管的监控要求

(1) 应能监测下列参数:室内空气的温度和设定值;供冷、供热工况转换开关的状态;当采用干式风机盘管时,还应监测室内的露点温度或相对湿度。

(2) 应能实现下列安全保护功能:风机的故障报警;当采用干式风机盘管时,还应具有结露报警和关闭相应水阀的保护功能。

(3) 应能实现风机启停的远程控制。

(4) 应能实现下列自动启停功能:风机停止时,风机盘管自带的温控器的功能应能连锁关闭水阀;按时间表启停风机。

(5) 应能实现下列自动调节功能:风机盘管温控器应能根据室温自动调节风机和水阀;设定和修改供冷/供热工况;设定和修改服务区域温度的设定值,且对于公共区域的设定值应具有上、下限值。

(6) 宜能根据服务区域是否有人控制风机的启停。

4. 对通风设备的监控要求

(1) 应能监测下列参数:通风机的启停和故障状态;空气过滤器进出口的压差开关状态。

(2) 为可燃、有毒等危险物应急情况使用的事故排风应与危险物质探测器自成系统,独立运行。建筑设备监控系统应能实现对下列安全保护功能的监测:当有可燃、有毒等危险物泄漏时,应能发出报警,并宜在事故地点设有声、光等警示器,且自动连锁开启事故通风机;风机的故障报警;空气过滤器压差超限时的堵塞报警。

(3) 应能实现风机启停的远程控制。

(4) 应能实现风机按时间表的自动启停。

(5) 能实现下列自动调节功能:在人员密度相对较大且变化较大的区域,根据 CO_2 浓度或人数/人流,修改最小新风比或最小新风量的设定值;对于变配电室等发热量和通风量较大的机房,根据发热设备使用情况或室内温度,调节风机的启停、运行台数和转速。

5. 对特殊供暖通风与空气调节系统的监控要求

(1) 当采用电加热器时,应具有无风和超温报警及相应断电保护功能。

(2) 当房间采用辐射式供冷末端时,应监测室内露点温度或相对湿度,并应具有结露报警和连锁关闭相应水阀的保护功能。

(3) 当冬夏季需要改变送风方向和风量时,送风口执行器应能根据供冷、供热工况进行调节。

6. 对给水设备的监控要求(不包括冷热源站内的水专业设备)

(1) 应能监测下列内容:水泵的故障状态和运行状态;水箱(水塔)的高、低液位状态。

(2) 应能实现下列安全保护功能:水泵的故障报警功能;水箱液位超高、超低的报警和连锁相关设备动作。

(3) 给水设备的控制由给水设备系统自身完成。

7. 对排水设备的监控要求

(1) 应能监测下列参数:水泵的故障状态和运行状态;污水池(坑)的高、低和超高液位状态。

(2) 应能实现下列安全保护功能:水泵的故障报警功能;污水池(坑)液位超高时发出报警,并连锁启动备用水泵。

(3) 排水设备的控制由排水设备系统自身完成。

8. 监控生活热水的温度,监控直饮水、雨水、中水等设备的启停

医院建筑楼宇自动控制设计与应用案例(二维码链接)。

6.1.4 相关产品和应用现状

1. 直接数字控制器

(1) 直接数字控制器(Direct Digital Control,DDC)分布于建筑物内各机房内,如空调机房、变配电房等,它对个别设备进行监视及控制,如空调机温/湿度控制,变配电所电流/电压监测等。数字式控制器用于新风机组及其他设备监控。软件功能可执行 PID 控制、二位控制、逻辑控制等。

(2) 直接数字控制器必须能够支持以下不同性质的监控点:

① 模拟量输入(AI)。

② 数字输入(DI)。

③ 模拟量输出(AO)。

④ 数字输出(DO)。

⑤ 并应包括有部分 AI,DI 的通信及 DO 与 AO 的通用端口。

（3）同时控制器的程序,可以根据用户的使用要求而编写,并且能提供"比例"控制(P),"比例＋积分"(P＋I)及"比例＋微积分"(P＋I＋D)的自适应程序。程序的编写可通过中央控制室的 BAS 工作站进行,亦可以采用手提电脑在现场进行。

（4）DDC 控制器应有独立运作的功能,当工作站发生问题时,DDC 控制器应不受影响,继续进行运作。

（5）每个控制新风空调机组、回风空调机组、风机、水泵等的直接数字控制器,应有现场 LED 显示功能及操作键盘,使操作维护人员能够在现场就了解受控设备的工作状态,例如温湿度值、压力值、运行状态、故障报警等,并可根据使用功能的变化修改设定值。

（6）单个 DDC 控制器的容量为 32 点到 200 点之间。如果要处理超过 200 点的现场管理点,可以利用多个分站控制器来完成指定的任务。

（7）每个 DDC 控制器都能完成下列功能:

① 对常开和常闭触点进行循环或并行扫描。

② 循环扫描计数器触点,并对总的和中间存储器计数。

③ 由中央处理器对可测变量、数字化预置值的接点进行循环扫描。

④ 中央处理器产生短时脉冲和连续的命令指令。

⑤ 比较开关和位置命令的设定值和实际值。

⑥ 与中央处理器进行存贮数据的传输。

⑦ 对控制器硬件和软件进行自我管理,并显示错误组合,方便改进。

⑧ 对数据传输进行管理。

⑨ 对数据进行处理以及对 DDC 控制器、内部数据通信的控制。

⑩ 对每个插入模块的自动识别管理。

（8）每个 DDC 控制器须提供,但不限于下列的工作要求:

① 长期监察所有连接的点状态/数值。

② 长期管理所有由外接组件至 I/O 的 Card 输入终端接口的回路接线。

③ 监察及处理与主 BAS 之间的远程通信。

④ 按随机存储的时间表,输入事项及控制逻辑自动调整所有连接设备的工作状态及功能。

⑤ 当状态急速转变超出在已定下的时间内所定下的阈值(Threshold)范围时,系统须自动将损坏/故障设备切离,并将此切离情况告知主 BAS。

⑥ 将资料向上传递至工作站作备份文件及存储。

⑦ 有良好的接地及防雷措施。

⑧ 有性能可靠,易于操作的接线端子。

⑨ 各 I/O 模块组硬件及线路须附有保护装置以抵抗外接设备引起的浪涌电流及冲击电压。

2. 传感器

1) 温度传感器

(1) 温度传感器在整个测量范围内有线性电流电压关系,应满足预定的要求,传感器已经在工厂标定,不需要进行电缆长度补偿,传感器应在现场进行重新标定,还应进行零制度及刻度间隔的调整。

(2) 传感器应有一个连接插座,以便在进行装修时可以移开传感器,传感器的检测范围应为 0～50 ℃,它们应与室内湿度传感器的外观相配。

(3) 波纹管传感器的插入部件应在 150～900 mm 之间,使波纹管的变化与沿着它整个长度的平均温度相匹配。波纹管传感器带有单独的固定法兰卡接盘,这可允许移开传感器,传感器的检测范围为 -30～+80 ℃ 之间。

(4) 提供插入传感器及插入套管,插入长度最少 100 mm,测量范围为 -30～+130 ℃。

(5) 龙头和快松接头应提供给保养设备。

(6) 在任何暗装线管安装前,所有室内温度传感器的位置应得到机电工程师同意。在移交业主前,所有传感器应用临时盖封好。

2) 湿度传感器

(1) 湿度传感器应采用电容式元件,并提供电压输出。传感器要求采用屏蔽电缆。传感器应适用 30%～90%RH 的最小范围。

(2) 室内湿度传感器应采用温度/湿度两用型,并在连接板上有一个堵头,允许在装修时移开。它们应与室内温度传感器的外观相配。

(3) 风道湿度传感器应有 200 mm 的插入长度。风道湿度传感器带有单独的固定法兰卡接盘,这可允许移开传感器。

3) 压力传感器

(1) 风道压差传感器应采用全封闭型,并利用热丝技术测量通过标定孔的风速。压力传感器应能接收正压或负压。压力传感器带有单独的固定法兰卡接盘,这就可允许移开传感器。

(2) 液体压力传感器应适用于水、蒸汽或冷冻剂。

(3) 它们采用波纹传感元件,具有至少 50% 的过压能力,并提供电压输出。

(4) 液体压差传感器可以使用一个双联箱、真空管的传感器,它至少有 50% 的过压能力,并且将提供一个输出电压。

4) 水流量传感器

水流量传感器应为磁流量表类型,且应适用于系统工作压力。传感器应为凸缘式安装,必要时可适用于 7 ℃ 的水和 100 ℃ 蒸汽系统。输出电流为 0～20 mA 且与 DDC 系统保持一致。

3. 执行机构

（1）所有阀门操作机构都是同步的，可换相类型，且应有合适的尺寸，使得在设计的温度和压力条件下，均匀稳定地调整控制。

（2）所有操作机构都有防腐结构，且有隔离参数，其与相关系统的最大期望压力差相联系。

（3）所有操作机构都可以供径向推力（推拉式的），不需要维修和再调整。

（4）操作机构应结合由于设备确定安装的输出设备与控制信号一致，电子设备应结合额外的输入，以远程或最小定位。

（5）操作机构可以提供控制输入电压，以远距离定位显示或几个相同操作机构的水平操作。

（6）电动调节阀的驱动器的输入控制信号可为电流信号（0~20 mA，4~20 mA）和电压信号（0~10 V，2~10 V）。

① 阻尼操作机构需有必要的安装支架、推杆等。

② 阀门操作机构可直接安装在控制阀上，不需要分离联动装置，也不需要对操作机构的行程进行调整。操作机构应有手动运转的能力。

4. 电动控制阀门

（1）控制阀门应适用于工作压力等于或大于两倍的静压，它是根据建筑物（包括底层）的高度计算的。小于或等于 50 mm 的控制阀通常是螺纹连接。使用法兰连接以符合要求的额定压力值。大于或等于 65 mm 的控制阀将作突缘。

（2）电动阀须为正常关闭式阀门（除图纸另有标注外）。电动阀须带位置反馈信号。

（3）所有电动调节阀的最大关闭压差都不小于 1.5 bar，阀体泄漏率 $K_{vs}<0.05\%$，其控制比可达 50∶1。

（4）螺纹连接阀由炮铜制成，而法兰连接阀是由铸铁或铸钢制成。

（5）螺纹连接阀将有管道连接片。

（6）电动阀门操控装置包括操控电动机、磁力电动机控制器、控制电路变压器、内置反向接触器、开合转矩和限位开关、内置式开-合-停瞬间接触按钮和开-合位置指示灯以及供遥控接线的接线栓，所有配件须由厂家装配及接线于一个外壳内。

6.2　建筑能效监管系统

6.2.1　系统概述及发展现状

建筑能效监管系统是一个面向能耗设备的系统，是根据建筑机电设备所产生的各类

能耗进行数据自动统计、上传和直观展示,并为管理者提供能耗分析、预测功能。

各类水电气设备与分类能耗是工业设施、社会基础设施与各类建筑建设投资和日常运营成本的主要构成部分之一,采用有效的技术手段来合理布局能源设施配置和管控功能,不仅能显著提高设施和能源的利用效率,更可以降低各类运营成本。医疗建筑的建筑能效监管系统是"监""控""管"服务一体化的系统,响应国家节能减排的政策,实现建筑能源的分项计量,为建筑内水、电、空调等多种设置提供全面的耗能监控、统计分析措施,达到智慧和高效的目的,提升建筑的节能和运营效率。[3]

国家卫计委对组织编制的全国医院节能规划(2014—2020 年),从四个方面促进全国医院节能工作发展:一是抓好医院新建和既有建筑节能改造;二是全面开展节约型医院建设,加快推进能耗计量,实现用能信息化监管;三是启动节约型示范医院创建;四是积极推进合同能源管理,引入社会资金推进医院节能。

上海市建设和交通委员会在 2008 年制定了民用建筑设备专业(暖通和电气)的节能设计技术管理要求《关于进一步加强本市民用建筑设备专业节能设计技术管理的通知》(沪建交〔2008〕828 号),对公共建筑工程设计中各专业均做了细化的要求,其中对于建筑物能耗监测系统的要求为建筑物能耗监测系统是指:通过安装分类和分项能耗计量装置,采用远程传输等手段实时采集能耗数据,具有建筑能耗在线监测与动态分析功能的软件和硬件系统的统称。建筑物的分类和分项能耗计量等技术参数,通过能耗监测系统统一纳入本市民用建筑能耗监管系统。通过纳入市政能源管理系统,以便市政对各项目的能耗情况进行了解,并作为建筑节能环保方针制定的依据,统计宏观制定能源的分配方针政策。

6.2.2 医院能效监管的实施意义

监测能耗、节约能源;通过全时态的能源管理控制达到对能耗设备设施的能耗细节和能耗过程进行完全掌握及运行趋势预测。

找到运营管理漏洞或能耗漏洞;发现系统中某些重点用能设备的故障;通过对设备的能耗和能效参数进行实时监测;随时发现用能环节的无效用能盲点,持续不断地改善。

优化系统运行策略,帮助设备充分发挥效益,通过全面的能源数量、质量和用能过程的实时监测手段,提供基于全面实时数据的能耗和能效分析工具;借此建立对所有节能设备和节能措施的前后对比数据及运行条件管理。

提升使用者的节能意识;精准地监测管理和实实在在的节能效果,不断促使管理者和使用者转变固有陈旧观念,树立节能意识。

6.2.3 医院能效监管系统建设实施方式

能效监管平台的专业性要求其相关的从业管理人员具有较高的专业知识,这与目前实际的大部分物业管理从业人员的较低水平不一致,因此目前常见的系统实施形式有业主自建模式和合同能源管理模式两种。

业主自建模式是指由业主自行组建和投资建设的能效监管系统,通过自行设置的能效管理计划、监控及分析统计,重点能耗设备的关注,对本项目内的建筑能效进行管理;合同能源管理方式是一种新型的市场化节能实施方式,其本质是以减少的能源费用来支付节能项目实施成本的方式,该方式是业主以未来的节能收益为目前的设备设施升级,同时降低当前的投资成本,而第三方的能源管理公司则为业主提供节能服务,同时在每年的节能费用中进行按比例分成。

二者相比较而言,业主自建方式下节能项目的所有风险较高,但建成后的所有增值收益也全部归业主所有;合同能源管理方式下则不要求业主对项目进行大笔投资,为业主节省了初期投资费用,不过节能收益方面需要业主与能源管理公司分摊。在后期的运行维护过程中,因为需要专业人员进行维护管理,自建模式下对业主的物业管理也提出了要求。

6.2.4 医院能效监管平台架构

医院能效监管平台基于云平台、物联网、大数据等技术,提供分布式、全方位、模块化、低成本、高效率的云端管控服务平台,其数据结构分为采集层、服务层、展示层,融合物联网软硬件技术,能有效提高能源设备运行效率及信息智能化管理能力,提供线上和线下两种服务方式,为医院能效监管提供实时化、可视化、指标化、自动化、精细化的能源管理手段。如图6-1所示。

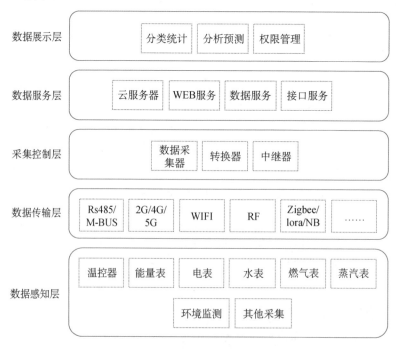

图6-1 医院能效监管平台示意图

（1）第一层：数据采集层。由各种能耗计量仪表组成，如热量表、网络水表、网络电表、蒸汽表、燃气表等。所有监控单元相对独立，按一次设备对应分布式配置，完成监测和通信等功能，同时具有动态实时显示运行参数、故障信息和事件记录等功能。数据经 Rs485 通信接口或 M-BUS 通信接口接入采集网关。由采集网关对各仪表采集数据，向上层传输数据，带数据过滤与存储功能，并向下层传递控制指令，采集网关接口丰富，可兼容 Rs485，M-BUS 等通信接口的仪表。

（2）第二层：服务层。所有采集仪表的数据汇集到应用服务器，对数据进行处理运算后，传输到数据中心。通过管理服务器与管理软件，实现能耗计量、网络温控、能耗分析、能耗查询等功能。

（3）第三层：展示层。可通过多种方式访问能源管理系统，用户可通过移动工作终端、中心监管平台、PC 工作站、大屏展示等方式访问，随时随地掌握能源使用动态。

6.2.5 系统计量的内容和形式

1. 中央空调计量子系统

1）能量型计量

（1）如图 6-2 所示，中央空调计量，根据项目的业态、功能区域的划分、计量点位的要求设计安装采集仪表。一般采用能量型采集各区域的空调冷热量。

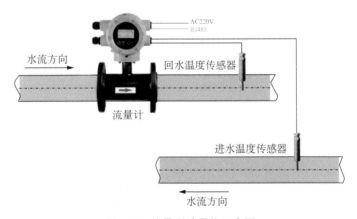

图 6-2　能量型计量仪示意图

（2）"能量型"计量根据热力交换原理，对热交换系统中载能介质（液态水）的出口温度 T_1、入口温度 T_2 及瞬时流量 q_m 进行实时测量，并按照热力学能量计算公式，对系统消耗的冷量或热量进行计算。当 T_1 大于 T_2 时，对冷量进行积算，而当 T_1 小于 T_2 时，对热量进行积算，并将冷量和热量保存。计算公式如下：

$$Q = \int_{t_0}^{t_1} q_m \Delta h \, dt = \int_{t_0}^{t_1} p q_v \Delta h \, dt$$

233

式中　Q——释放或吸收的热量,J 或 Wh;

q_m——流经热量表的水的质量流量,kg/h;

q_v——流经热量表的水的体积流量,m³/h;

p——流经热量表的水的密度,kg/m³;

Δh——在热交换系统的入口和出口温度下水的焓值差,J/kg;

t——时间,h。

(3) 能量型设计要点如下:

① 每个计量区域如果有独立的空调供回水管,只需设计一套能量表;如果有多个供回水管,则设计多套能量表。

② 流量计选用方面,设计时请标明选用流量计的类型。

③ 设计时考虑电磁流量计上、下游的直管段距离。上游 10 倍管径,下游 5 倍管径。

④ 设计时与空调专业设计配合。

⑤ 在功能区域定下来后,相应的空调配管就要考虑计量的问题。

(4) 能量型计量小结如下:

① 能量型计量原理科学合理,但关键是流量计与温度传感器的选型,优先选择电磁流量计,其次是超声波流量计,一般不选用机械式流量计。

② 采用分体式能量表,不能选用应用于供热计量的热能表。

③ 能量型计量由于其结构及安装特性,一般应用于分区域、分楼层、分楼栋这种大区域计量,计量单位要求空调水系统结构固定。

④ 对于分小区域分户计费,以及对末端同时有远程控制需求的情况,并不适合采用能量型计费方式,建议采用时间型计费方式。

2) 时间型计量

(1) 如图 6-3 所示,在需要的区域风机盘管安装智能温控器,计量风机盘管使用的当量时间。

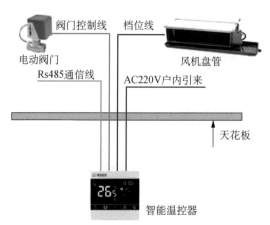

图 6-3　时间型计量仪示意图

（2）时间型计量的功能特点如下：

① 全电子系统，系统使用寿命超过 12 年。

② 与水系统无关联，施工、调试和维护方便。

③ 不受科室结构调整影响，自由组合计费区域。

④ 在线监测阀门、室内温度、风机盘管档位等运行状态。

⑤ 具有预付费、分时段计费、欠费信用管理等功能。

（3）时间型计量小结如下：

① 系统运行稳定可靠，用户容易理解与接受，可检验性强。

② 时间型分户计量系统不与空调水系统发生关系，安装、调试和维护都十分方便，不会影响到空调机组的运行和其他用户的正常使用。

③ 不受科室结构及功能变化的影响，一次投资，终身受益。

④ 系统设备投入、施工成本不高，旧楼也可以改造，推广范围大。

2. 电能耗计量子系统

（1）电能耗计量采用电表采集电能的数据，在需要计量的科室区域设计安装电表。电能耗计量的分项包括：

① 在每个变压器处安装总表，对总的用电量进行计量。

② 对每科室的用电计量收费，配置智能电表。

③ 照明与插座用电：计算机等办公设备、灯具照明等设备。

④ 空调用电：冷水机组、冷冻泵、循环泵、全空气机组、新风机组、分体式空调器等。

⑤ 动力用电：电梯、水泵、风机等。

⑥ 特殊用电：信息机房、洗衣房、厨房、园艺设施、游泳池和其他医疗特殊用电。

⑦ 弱电机房及弱电间配电箱安装数据采集器。

（2）通过多功能电表采集各配电电能参数，并将其通过 Rs485 总线传输至各分区子站或中央监控站进行处理存储，统计电能消耗量，分析能耗状态等。

（3）根据相关规范要求，电能管理系统的用电应预留与建筑设备监控系统或智能化集成系统的接口。

3. 水能耗计量子系统

水能耗计量采用水表采集水能的数据，在需要计量收费和监测的科室或功能区域设计安装水表。

有关的水资源消耗包含生活给水、空调用水、厨房饮用水、绿化喷泉园艺设施等，采用带有通信接口的流量计采集建筑供水管道总阀门入口处的水流量及各个分支管道入口阀门处的水流量，上传至各分区子站或中央监控站。

4. 医用气体(氧气、压缩空气、负压空气、笑气)

根据相关厂家提供的工艺图纸设置。

5. 医院能效监管系统的设计与应用案例(二维码链接)

6.2.6　相关产品和应用现状

1. 数据采集器

(1)用于物联网底层设备(仪表)的数据采集、传输和智能控制。可对能量表、水表、电表等设备进行分组管理的装置。

(2)功能如下:

① 采集不同协议的能量表、水表、电表等设备的工作状态及各项参数。

② 串行数据的传输波特率、奇偶校验、数据位长度和停止位等数据格式以及数据流的控制方式,可以通过软件灵活设置。

③ 最多可对 128 台设备进行监测。

④ 支持远程终端维护。

(3)外部接口:下行 Rs485(可选 Modbus),上行 RJ45。

2. 电磁能量表

(1)电磁能量表,是指通过电磁感应原理测量介质(主要指水)的流量、热交换前后的温差,再根据热力学公式计算出热交换系统所释放的能量值,以实现瞬时流量测量、进回介质温度测量、流量积算、冷热量积算以及历史数据记录等功能。

(2)功能:

① 全口径通径设计,不含有任何可动或传动部件,"零"压力损失,高耐久性与稳定性。

② 精度不受被测流体的温度、黏度、压力、液固成分比、颗粒杂质、少量气泡,腔体结垢等因素影响。

③ 支持 Modbus,BACnet,CJ/T 188—2004 等多种通信协议,便于集成。

3. 超声波能量表

超声波膜片震荡测速,膜片寿命受水的影响,水流压力损失小,对水中的漂浮物没有严格要求。

6.3　基于医院建筑智慧能源管理的能耗计量技术

提高医院建筑能效或比较节能改造的前后效果,均需要通过具体的数据做出科学而准确的评判和验证,因此能耗计量是医院实行能源有效管理的必要条件。

能耗计量数据可供医院建筑需求侧管理、用能限额、大数据挖掘利用研究、数据资源累计之用。也有利于持续的医院建筑能耗统计工作、筛选医院建筑高能耗区域与科室,推动医院能效提升工作。

6.3.1　能耗基准

根据近年来国内部分综合医院能耗基准统计资料,平均数值如下:

合理值:≤81 kgce/(m² · ce),先进值≤62 kgce/(m² · ce);

专科医院能耗基准合理值:≤82 kgce/(m² · ce),先进值≤66 kgce/(m² · ce)。

6.3.2　能耗监测系统

为指导包括医院建筑在内的大型公共建筑能耗计量与能耗监管系统建设,国家住建部出台了《国家机关办公建筑和大型公共建筑能耗监测系统:分项能耗数据采集技术导则》,用以指导大型公共建筑能耗监测系统建设。国家卫健委也出台了《绿色医院建筑建设标准》,对医院建筑提出了具体要求。该标准根据医院建筑现状和用能特点,提出对于能耗计量与监管系统具体内容及要求,统一了能耗数据分类、分项及编码规则,如表6-1所示,可以适用于增量及存量医院建筑能耗计量与监管系统建设。

表 6-1　　　　　　　　医院建筑能耗数据分类、分项及编码规则

分项能耗	编码	一级子项及编码	
照明插座用电	A	照明与插座	1
		照明	2
		插座	3
		公共区域照明(含应急)	4
		室外景观照明	5
空调用电	B	冷热站	1
		空调末端	2
		净化系统	3
		大型独立空调	4

续表

分项能耗	编码	一级子项及编码	
动力用电	C	电梯	1
		水泵	2
		通风机	3
特殊区域用电(分户计量或特定区域计量)	D	信息中心	1
		洗衣机	2
		厨房	3
		急诊区	4
		门诊区	5
		医技区	6

一级计量以医院功能建筑划分,包括急诊部、门诊部、住院部、医技科室、行政管理、医院内生活用房、科研设施、教学设施、保障体系等建筑。

二级计量按区域及科室划分,包括各建筑楼层配电间的分项计量、照明插座配电柜、动力配电柜;照明插座配电箱、动力配电柜(保障体系)等。

三级计量根据医院需求划分,包括特殊区域、科室、地下室、暖通空调系统、大功率配电设备、大型医疗设备等。还可以根据医院布线或需要调整或继续细分。

从实际应用来看,由于存量既有医院建筑的规划设计、科室调整、配电布线等原因,往往存在区域等级配置不明确、分项能耗与子项对应关系模糊等问题,影响后续能耗计量系统的安装,不利于后续节能与能效提升改造。

医院建筑用能的分类能耗数据采集指标包括消耗的电、水、汽(蒸汽)、气(燃气)、热、冷六大类。

在分类能耗中,耗电量分为照明插座用电、动力用电两个基本分项。基本分项下再根据楼层、布线、配电箱位置等继续分项,也可根据医院管理、科室功能及考核需要等实际情况灵活细分。[4]

6.3.3　医院智慧能源管理系统

根据住建部、国家卫健委对大型公共建筑及绿色医院建设与能效提升要求,建议按照重点覆盖、典型覆盖、基本覆盖以及全部覆盖的顺序与原则,逐步建立覆盖医院建筑的智慧能源管理系统平台,实现医院建筑能源分类计量(电、水、气、汽、热、冷),能耗(电)分项计量(照明与插座、空调、动力、办公用电),以便于基础能源计量和分析。运用云计算、大数据、物联网、移动互联网以及人工智能技术,进行各系统运行状况的数据整合应用,为医院决策者提供人均能源消耗、面积能耗比、产值能耗比等分析数据,以规范能耗管理、优化配置,提升用能水平,达到提高能源效率、节能降耗的目的。通过智慧能源管理系统实现能耗的多级计量,评估用能设备的使用效率;智慧能源管理系统还可将能耗数据推送到管理人员的手机和平板电脑等的移动终端上,随时跟踪,便于及时发现漏洞。通过应用能源管理系统并配合加强制度管理,可以实现节能管理。

医院建筑智慧能源管理是智能化发展与智慧建筑的有机结合,标志着医院建筑从以设备为核心的运行管理到以成本为目标的能源管理,逐步实现向医院泛在物联网与区域能源管理的过渡。

通过端建设即以大量传感器安装为基础,结合 5G 通信、边缘计算、云计算,通过系统建模、时间表控制,确定时间、能源优先运行决策,以最小成本来提供服务,满足需求响应方式,提供健康、高效、舒适的用能环境,这就是医院能源物联网的基础功能。

医院建筑智慧能源管理系统及泛在能源物联网建设,在管理理念转变的同时,实现了从以设备为对象转向以人为本的转变。

医院建筑用能数据分析与医院需求相结合。具体包括以下几方面。

1. 用能范围与能耗分析

用能设备情况包括电能消耗,主要是暖通空调、照明、插座、动力与办公用电等;天然气使用范围如锅炉房和食堂等;水资源方面如是否采用了部分水处理系统等;暖通空调节能情况如有无负荷追踪与控制系统;照明光源种类、型号(如管灯、吸顶灯、球泡灯等)、照明时间、区域及智控情况等。

根据上述分析,结合医院发展速率、近期规划、能耗规模与用能管理情况,提出能效提升技术思路用以指导后期用能。

2. 能耗计量与监测系统

系统设计应充分考虑技术的先进性与稳定性;功能的实用性与可靠性;维护的便捷性与经济性。能够解决医院建筑信息孤岛现象,将散于不同区域、不同建筑的各类能耗数据准确采集、传输并集中分析,提出管理对策,满足对能源、能耗、能效三方面的综合分析判断与管理需求,适应未来发展。

为了使能耗监测系统顺利运转,采用数据服务、应用、存储相分离的架构,降低管理维护成本。能耗监测系统将各种分类汇总数据保存下来,便于后期调阅和管理。能耗监测系统实时采集数据点的采集周期可任意设置,如 30 min/次、60 min/次、120 min/次等。

能耗监测系统的硬件主要包括:能源应用端的安全用电智慧终端等数据计量设备、网关、5G 设备及传输网络、服务器与网络安全设备等。

平台功能是实现对覆盖范围内医院建筑能耗的监测。

以能源优化、能耗降低、能效提升以降低运行成本和提高管理质量为目的,系统平台通过能耗监测、计量与统计,实现精准科学的医院建筑运行维护,发挥系统平台的主导作用。

随着医院建筑智能化进展尤其是医院泛在物联网的兴起,医院建筑管理理念也将发生相应转变。对于大型公共建筑智慧能源管理的未来方向,同济大学龙惟定教授提出以下观点,即单纯的建筑能源管理将从以设备为对象转向以人为本;这必将增加对系统运行数据采集的频度和量级,增加数据多样性如增加结构化、半结构化和第三方非结构化数据,增加分析功能如通过云先进算法软件进行优化计算,实现成本最小并满足需求是优化运行的目标。公共建筑智慧能源管理基于能源利用结构的运行时间表(scheduling)策略,多能源系统的能源枢纽(energy hubs)模型,依靠网络资源,为实现终端数据采集传输提供无限可能性。

6.3.4　医院建筑能耗计量指标与计算

1. 一般性能耗指标与计算

建筑总能耗:将各分类能耗折算成标准煤,计算标准煤之和。

总电量=Σ各变压器总表直接计量值

分类能耗量=Σ各分类能耗计量表的直接计量值(水、电、气)

分项用电量=Σ各分项用电计量表的直接计量值(照明、空调、动力电、特殊用电)

单位建筑面积用电量=总用电量/总建筑面积

单位空调面积用电量=总用电量/总空调面积

单位建筑面积分类能耗=分类能耗/总建筑面积

单位空调面积分类能耗=分类能耗/总空调面积

单位建筑面积分项用电量=分项用电量/总建筑面积

单位空调面积分项用电量=分项用电量/总空调面积[5]

2. 卫生能耗指标计算

(1) 单位床位日能耗:

单位床位日平均用电量=总用电量/实际开放总床天数

单位床位日平均能耗费用=总能耗费用/实际开放总床天数

单位床日平均成本=(总能耗费用+其他费用)/实际开放总床天数

(2) 单位住院病人日能耗:

单位住院病人日平均用电量=总用电量/实际占用总床天数

单位住院病人日平均能耗费用=总能耗费用/实际占用总床天数

(3) 单位诊疗人次能耗:

单位诊疗人次平均用电量=总用电量/总诊疗人天数

单位诊疗人次平均能耗费用=总能耗费用/总诊疗人天数

（4）单位面积标准煤能耗：

单位面积标准煤能耗＝（总用电量/总建筑面积）×折算系数

单位建筑面积能耗按标准煤折算，单位为：kg/m^2，用电量折算标准煤：1.229 tce/万 kW·h，用水量折算标准煤：0.857 tce/万 t，用天然气折算标准煤：12.143 万 km^3，用热折算标准煤：0.0341 tce/百万千焦。

（5）单位面积碳排放量：

单位面积碳排放量＝单位面积标准煤能耗×2.7

（一般一吨标煤估计排放二氧化碳为 2.66～2.72 t）

（6）万元收入单位面积能耗：

万元收入单位面积能耗＝总用电量/总产值/总建筑面积

（7）各分类分项能耗百分比分析：

照明能耗百分比＝总照明能耗量/总建筑能耗量×100%

空调能耗百分比＝总空调能耗量/总建筑能耗量×100%

电能耗百分比＝（总电梯能耗量＋总水泵能耗量＋通风机能耗量）/总建筑能耗量×100%

其他能耗百分比＝其他能耗量/总建筑能耗量×100%

（8）各分区能耗百分比分析：

门诊用电量百分比＝门诊总用电量/总建筑用电量×100%

住院部用电量百分比＝住院部总用电量/总建筑用电量×100%

手术部用电量百分比＝手术部总用电量/总建筑用电量×100%

化验检查部用电量百分比＝化验检查部总用电量/总建筑用电量×100%

3. 电费计算

$$电费＝\sum 峰谷平分时能耗×分时电价$$

4. 节能分析

节能项目月、年节能量、节能率及节能费用的统计（折算标煤）。可与某年（选定某一年或者数值）进行对比。

5. 故障率分析

$$故障率＝故障次数/设备总数$$

6. 用电安全分析及告警设置

电表可读数据包括电流、电压、功率；三相不平衡是指三相电流不相等。其他还有接触不良类如零地混接、零线混用、漏电(超过预留电流的 80%)、过压、过流、过载、缺相、漏相、单相接地故障、短路以及电能质量事件发生、设备状态改变、电网扰动、电气故障、隐患信息、设备上报故障信息、系统设定阈值判断故障信息等。

6.3.5　能耗数据指标应用

评价等级基本体现了这些样本建筑的用能情况,因此该评价指标对建筑节能具有一定的指导意义。主要评价指标包括:

昨日累计用能、科室用能排名,当日累计用能和消息提醒,环比、同比、占比(分项用电量比例)以及日报(逐时数据)、月报(逐日数据)、年报(逐月数据)。

某三级综合性医院智慧能源管理系统之月度分析报告(大项)应用示例如下。

1. 能源概况(表 6-2)

表 6-2　　　　　　　　　　　医院能源概况

项目			说明	单位	院区 1	院区 2
基本信息	建筑信息		建筑面积	m²	112 380	82 900
			占地面积	m²	26 666	105 273
	设备信息		空调面积	m²	110 000	79 858
			设备总值	万元	168 356.0520	
	人员信息		员工总数	人	2 985	
			医护人员	人	2 253	
			其他人员	人	32	37
	医院收入		业务收入	万元/月		
能源	电		能源规划能源供应		市电+柴油机自备电	市电+柴油机自备电
	热				蒸汽锅炉+空气源热泵	蒸汽锅炉+热水锅炉
	油				柴油	柴油
	气				天然气	无
	水				市政给水	市政给水
能耗	分类分项计量	电	变压器容量	kVA	8 900	10 900
			照明插座用电	kWh	1 800	2 100
			暖通空调用电	kWh	3 700	5 600
			动力设备用电	kWh	750	970
			特殊用电	kWh	150	230
			其他	kWh	2 300	190

续表

项目		说明	单位	院区1	院区2
能耗	分类分项计量 水	总用水量	t		尚未接入系统
	气		m³		尚未接入系统
	热	总热水用量	t		尚未接入系统
	暖			尚未接入系统	
	油			尚未接入系统	
能效	热水系统	能效	%		
	空调系统	能效	%		
	锅炉系统	能效	%		

注:后期可根据医院实际需求进行能源管理数据接入升级。

2. 经济性分析

（1）计算方式：

某市人民医院某月能耗统计：电能耗（kW·h）、水能耗（t）、热水能耗（t）以及其他能耗，总能耗（折合标煤能耗，t）。

院区1某月能耗统计：电能耗（kW·h）、水能耗（t）、热水能耗（t）以及其他能耗，能耗合计（折合标煤能耗，t）。

院区2某月能耗统计：电能耗（kW·h）、水能耗（t）、热水能耗（t）以及其他能耗，能耗合计（折合标煤能耗，t）。

（2）基础分析（院区1）：分区能耗统计、分类能耗统计、分项能耗统计以及费用分析（系统导出）。

基础分析（院区2），指标统计同院区1。

（3）高级分析（院区1）：

① 能耗模型。

② 热水经济性分析（表6-3）。

表6-3　　　　　　　　医院热水经济性分析

空气源热水泵	用电量/(kW·h)	热水消耗量/t	生产每吨热水消耗电量/(kW·h·t⁻¹)	生产每吨热水花费电费/(元·t⁻¹)	水费/(元·t⁻¹)	热水综合成本/(元·t⁻¹)
住院楼顶空气源1						
住院楼顶空气源2						
住院JF层空气源						
急诊空气源						

续表

空气源热水泵	用电量/(kW·h)	热水消耗量/t	生产每吨热水消耗电量/(kW·h·t^{-1})	生产每吨热水花费电费/(元·t^{-1})	水费/(元·t^{-1})	热水综合成本/(元·t^{-1})
肿瘤空气源						
院区 1						

③ 用电需量与负荷率分析；

④ 科室排名(系统导出)。前 10(名次变化超过 5 名标识出来)

(4) 高级分析(院区 2)：

① 能耗模型：采用图表显示(系统中报告原样导出)；

② 用电需量与负荷率分析：管理应用；

③ 科室排名(系统导出)，前 10(名次变化超过五名标识出来)。

(5) 医院能耗八大率统计指标：

床位能耗比(kW·h/床)：结合医院开放床位数；

住院能耗比(kW·h/人)：结合医院住院人数或住院率；

门诊能耗比(kW·h/人)：结合医院门急诊人数；

收入能耗比(kW·h/万元)：结合医院月/年收入；

医技能耗比(kW·h/人)：结合医院医技人员数量；

设备能耗比(kW·h/万元)：结合医院设备投资金额；

投资能耗比(kW·h/百万元)：结合医院总投资金额；

面积能耗比(kW·h/m^2)：结合医院建筑面积。

节能报告。

3. 安全性分析

电能质量分析包括电压偏差、频率偏差、三相不平衡、功率因数、过电流等。

电气安全分析包括剩余电流、温度等。

报警与故障信息统计分析：系统导出，按楼宇建筑显示故障与报警数量(月、年)统计。

6.4　医院的数字化与智能化

6.4.1　数字化医院

数字化医院一般是指在诊断、治疗、康复、支付和管理等各个环节，基于物联网、云计算等创新技术，建立起一个以病人为中心的信息管理和服务体系，实现医疗信息的互联互通、共享协作、科学诊断等功能，进一步提升医院的现代化诊疗和服务管理能力。

与数字化医院概念近似的概念还有物联网医疗、智慧医院等,主要包含医院信息管理系统(HIS)、检验管理系统、临床信息系统、数字化手术室、手术示教、远程会诊、电子病历、影像传输系统、手术室麻醉管理系统、医院资源管理系统、办公门户系统等。

近几年来数字化医院建设正在国际上跨越式前进,并且数字化医院建设已经取得了明显的成果。无论是在美国、欧洲还是亚洲,数字化医院建设都已进入实质性阶段,并有不少成功案例。

目前我国政府也正在加速制定我国数字化医院的国家行动计划,国内医学界都在进行信息化、数字化的变革。我国在医院数字化的发展现状方面已经取得了长足的进步。数字化医院的概念已逐步得到大家的认可。

数字化医院最终的发展趋势是标准化、信息化和智能化。

6.4.2　医院建筑智能化系统

医院建筑智能化系统的设置应在满足医院应用水平及管理模式的要求基础上,并且具有可持续发展的条件,根据《智能建筑设计标准》(GB 50314—2015)综合医院智能化系统应按表 6-4 规定配置。[6]

表 6-4　医院建筑智能化系统配置

智能化系统			一级医院	二级医院	三级医院
信息化应用系统	公共服务系统		宜配	标配	标配
	智能卡应用系统		宜配	标配	标配
	物业管理系统		宜配	标配	标配
	信息设施运行管理系统		可配	标配	标配
	信息安全管理系统		宜配	标配	标配
	通用业务系统	基本业务办公系统	按国家现行有关标准进行配置		
	专业业务系统	医疗业务信息化系统			
		病房探视系统			
		视频示教系统			
		候诊呼叫信号系统			
		护理呼应信号系统			
		诊疗设备监控系统			
		婴儿防盗系统			
		资产管理系统			
智能化集成系统	智能化信息集成(平台)系统		可配	宜配	标配
	集成信息应用系统		可配	宜配	标配

续表

智能化系统			一级医院	二级医院	三级医院
信息设施系统	信息接入系统		标配	标配	标配
	布线系统		标配	标配	标配
	移动通信室内信号覆盖系统		标配	标配	标配
	用户电话交换系统		宜配	标配	标配
	无线对讲系统		标配	标配	标配
	信息网络系统		标配	标配	标配
	有线电视系统		标配	标配	标配
	公共广播系统		标配	标配	标配
	会议系统		宜配	标配	标配
	信息导引及发布系统		标配	标配	标配
建筑设备管理系统	建筑设备监控系统		宜配	标配	标配
	建筑能效监管系统		可配	宜配	标配
公共安全系统	安全技术防范系统	火灾自动报警系统	按国家现行有关标准进行配置		
		入侵报警系统			
		视频安防监控系统			
		出入口控制系统			
		电子巡查系统			
		访客对讲系统			
		汽车库(场)管理系统	可配	宜配	标配
	安全防范综合管理(平台)系统		可配	宜配	标配
	应急响应系统		可配	宜配	标配
机房工程	信息接入机房		标配	标配	标配
	有线电视前端机房		标配	标配	标配
	信息设施系统总配线机房		标配	标配	标配
	智能化总控室		标配	标配	标配
	信息网络机房		宜配	标配	标配
	用户电话交换机房		宜配	标配	标配
	消防控制室		标配	标配	标配
	安防监控中心		标配	标配	标配
	应急响应中心		标配	标配	标配
	智能化设备间(弱电间)		可配	宜配	标配
	机房安全系统		按国家现行有关标准进行配置		
	机房综合管理系统		宜配	标配	标配

6.5 智慧能源管理与医院物联网建设的若干思考与实践[7]

6.5.1 医院建筑能源管理

随着大数据、云计算、物联网以及移动互联网技术的应用,智慧医院的建设尤其是诊疗系统信息化建设发展很快,但医院后勤保障体系的信息化建设却相对滞后。现有的解决方案也更多倾向于数字化与信息化建设,缺乏对信息的综合处理、深度挖掘与联动应用。智慧能源管理与医院物联网建设着眼于能源的一体化管理,从能源的分类分项管理、能效提升、能源结构优化着手,逐步深度调整医院用能结构,从而提升用能效率与用能质量,通过能源物联网、建筑物联网、设备物联网三大系统建设,最终形成医院能耗管理体系。

国内习惯上将建筑分为民用建筑与工业建筑两大类,其中民用建筑又分为公共建筑和居住建筑。公共建筑按使用性质分为办公、商业、旅游、科教文卫、通信以及交通运输六大类;单栋建筑面积在 2 万 m² 以上为大型公共建筑,其规划、用能等需符合住建部及国务院机关事务管理局相关要求。

医院建筑(卫生建筑)属于大型公共建筑,被公认为是较为复杂、技术要求较高的建筑领域,全生命周期内全天候开放,属于高耗性用能单位。一般包括急诊部、门诊部、住院部、医技科室、保障系统、行政管理和院内生活用房七大功能区域,实现诊疗与后勤保障两大主要功能。根据不同科室、专业、住院部被划分为若干个病区;根据不同功能,医技科室被划分为不同区域;对后勤保障系统、行政职能科室是根据不同职能来进行划分的。根据医院建筑所涉及的建筑结构、水电气热暖、信息通信、楼宇智控、景观道路、装饰装修等公共系统以及医用保障所涉及的气体系统、物流传输系统、机械停车系统、净化层流系统、放射防护系统、医疗信息化系统、大型医疗设备系统等各专业系统组成不同的运行维护科室、班组,形成完整的医院后勤运营保障体系。

医院能耗管理系统是顺利、高效实现各项诊疗行为的重要前提。通过结合华东地区某市三级人民医院智慧能源管理系统建设进行探讨。

6.5.2 管理机制与保障体系

该医院后勤建设始终跟随现代医院模式变革的发展趋势,以保障医院诊疗活动无障碍完美实现为目标,从医院规范管理体系化出发,总结医院从信息化到数字化、智能化的发展规律,运用物联网、BIM、人工智能和大数据等技术手段,采用平台建设＋服务运营模式,通过与国家电网及综合能源服务行业共同探索,创新性地将医院能耗管理系统建设的理念付诸实施,建立了一套良好的医院后勤保障管理机制,已实施的能源物联网运行效果良好。

近年来,医院信息化建设尤其是诊疗信息化建设发展很快,但是,医院运营保障体系建设尤其是后勤管理与信息化建设却相对滞后,包括在存量能源综合管理、设备智能化管理、基础的建筑物管理以及各类设备物品的数字化管理等方面,难以匹配快速发展的诊疗信息化速度。具体表现在以下几方面:

（1）能耗高、管理基础弱。根据国家卫健委规划与信息司统计数据,2016 年全国近2 200 多家三级医院 230 万张床位,年均能耗达 6 650 万吨标准煤,折算电能约 540 亿度,能源结构图中电能消耗占比最大一般在 70% 甚至更高;能耗水平基本保持 15% 以上的增长率;新建分院、大楼等更是导致能耗费用大幅上升。以某三甲医院为例,该院能源结构中电能所占比重达 80%;新院区投入运营不到 1 年,全院能耗费用从不到2 000 万元飙升至 2 700 万元。由于历史原因,医院在能源结构设计、能耗设备管理、能效水平提升以及用能安全监测等方面,信息管理凌乱与信息孤岛现象严重,也缺乏行之有效的手段;能源数据多数采用人工收集的方式采集,数据的及时性、准确性以及电子化存储受到制约;无法实现国家要求的能耗分类分项计量;不能进行能源、能耗与能效的信息采集与数据的分析处理以及以安全用电为主的用能安全管理;难以按照科室、楼层计量以致不能准确考核科室能耗成本,影响实现定额能耗管理及奖惩机制等控制手段。

（2）面积大、死角多。医院目前新老院区有历年形成各类建筑（群）18 座,虽然 70 多位后勤人员辛勤努力,但也难以进行全面巡视检查,存在一些管理死角,空调供应过剩、用能不平衡等能源浪费现象,在缺乏以 BIM 为基础的智能化建筑物管理系统情况下难以彻底解决。

（3）设备多、联系少。医院有诊疗设备、传输设备、电器设备以及各种保障设备等设备大小近千种,加上各类医用办公家具以及其他各类资产,等等。其登记、统计、状态管理、检修维护等管理工作繁琐,数字化的设备管理建设滞后也是许多医院面临的问题。

（4）用电多、保障少。目前国家电网一般只负责用电单位电力设施产权分界点（变压器）以外部分,不负责低压侧部分,如配电设施、电气设备、线缆电路等,其低压侧电力电能质量缺乏有效检测、监测、警示及应急联动。

（5）有标准、难考核。医院建有能源管理制度,但缺乏客观考核指标,考核难以量化,节能与能源管理制度往往流于形式,或与实际情况脱节。

6.5.3　医院智慧能源管理系统建设

医院智慧能源管理系统建设是医院管理实现信息化、智能化的重要一环,也是未来智能化医院后勤综合运营保障管理的发展方向。其中以智慧能源管理为基础的能源物联网、以 BIM 为基础的建筑物联网以及与 RFID 相结合的设备物联网是该体系建设的基础。

基于上述理解,该市人民医院的能耗管理系统建设首先从能源、建筑以及设备物联网建设入手,奠定医院物联网建设的基础,提供医院人流、物流、资产等数字化具象管理的必要条件。并首先将医院能源物联网建设作为入手点。

医院建筑对环境的舒适度、便利性以及安全性要求较高。医院能源构成包括电、水、气、热、油等;用能环境相对复杂,不同功能区域需求不尽相同,如门急诊、病房、医技科室尤其是 ICU、CCU 等诊疗环境,办公、实验、消毒供应等运营保障环境等;耗能设备种类多样,包括各类电气、医疗设备等。医院建筑能源相关的数据采集、统计与管理工作量很大;系统实施与使用要求必须保证绝对的安全性、一定的舒适性以及必要的便利性,在此条件下实现能源优化、能耗降低、能效提升的目的,提高能源使用的品质,实现节能减排,满足卫健委、住建部关于绿色医院建筑的要求。

1. 医院能源物联网设计

医院能源物联网系统包括覆盖全院的系统平台、重点覆盖与典型覆盖相结合并逐渐达到基本覆盖的智能终端以及先进的通信传输模块等实现三大物联网建设,旨在实现能源结构优化、能耗降低、能效提升的目的。

该系统以覆盖各能源点的低压侧智能终端等智慧端口为支撑并完成数据采集,按序梯次构成医院能源物联网;系统平台将分类能源、分项设备能耗、安全用电等有机结合,打破数据孤岛,构成包括集数据采集、传输、分析处理为一体的医院智慧能源管理系统。通过对医院能源大数据分析,可以精确提示医院存量能源使用过程中在能耗与能效方面的可优化空间,形成存量能耗曲线;与优化后的节能曲线相比较,得出客观可靠的效益分析报告;据此采用相应的节能措施即可达到提升能效、节能减排之效果;根据医院用能与能耗曲线还可形成医院综合能源站建设依据,通过高效清洁能源与新能源利用,改善医院能源结构,降低能耗,提升能效。

系统立足于能源优化、能耗节约、能效提升,融合了能源利用、能耗管理与安全用电等功能。低压侧智慧端口、端点应用与能源物联网建设,保证了医院能源、能耗与用电数据采集的及时性、准确性与全面性,通过建立医院能源大数据,提供用能经济性与安全性分析,提供后续有效节能与安全用电手段,实现"安全用电""节能节费""智慧用能"与"智慧供能"等多重目标。

通过能源优化、节能改造与管理节能等具体实施,可降低医院能源费用 15%~35%;能源管理系统建设、综合供能与节能改造、安全用电服务等还提供了医院后勤现代能源整合服务模式下的增收节支新途径。

2. 系统管理应用

(1)按照医院管理信息、物资、设备、人员、资金等五大范畴,空间上七大功能区域以及流程上与诊疗需要相适应的思路,在医院能耗管理系统建设中,创新性应用医院能耗八大率概念,将床位数、住院率、总收入、人员比、设备量、投资额、均摊数以及建筑面积等与能源管理相结合,形成独具特色的医院能耗八大率管理考核指标。

(2)系统通过提供如科室排名、能源账单分析、定额管理、超额告警等方法,提升管理。统计表明有效的管理节能手段为医院用户减少 5%～8% 的电能消耗。

(3)智能照明子系统与新型高效 LED 节能灯相结合,提升照明质量、降低维护成本、提高综合效益、提升管理水平。

(4)系统可以通过分体空调或中央空调节能改造,根据室内外温度、峰谷平电价、设备运行效率以及供回水温度等关键因子,通过模糊算法计算最优冷热生产与供应策略,按需供冷,提高综合节能率。

(5)安全用电子系统提供电能质量、安全警示与应急联动功能,提高用电管理水平,促进医院采取有效手段改善电能质量,排查用电安全隐患,减少因电能质量与安全用电隐患导致的设备效能降低、寿命削减或者电气火灾事故等不可挽回的损失。

3. 系统平台建设系统设计架构

(1)医院能源物联网建设。以医院能源管理智能化为核心、以实现全流程能源管理“互联网+”“安全”为目标,以智慧端口与智能端点的分级设计为基础,应用新型智能终端对医院能源站、配电网络、各类用能系统的实时监测、采集、计量,构建医院能源物联网云平台并进行深度分析及优化运行,从而提高需求侧交互响应能力,实现医院的“安全用能”“智慧用能”“节能节费”。

(2)医院建筑物联网建设。以医院建筑物信息及相关资源管理的“可视化、精细化、智能化”为目标,以 3DGIS+BIM 作为核心应用入口,构建医院建筑物联网平台,对医院各类基础设施资源管理系统及其空间数据、属性数据与业务数据统一管理,为医院的资源规划及科学调度提供可靠依据,使运维管理更加及时、有效、直观和智能。

(3)医院设备物联网建设。以实现医院设备管理的“全程精细化”为目标,以 3DGIS+BIM+FM 为架构,以 NB-IoT,LoRa,专有 LTE 等各类无线有线技术、RFID、二维码等构建医院设备物联网平台,以工作流为基础,实现资产与设备的运行管理;以模型为载体,关联资产、设施、设备、资料等信息,从而实现基于 BIM 的资产与设备运维的全生命周期管理。

(4)医院能耗管理系统是以 IBMS 为应用系统融合的基础网络平台,所建立的一体化医院后勤信息化应用系统入口,实现平台层基础应用功能、云端应用系统、第三方应用系统的统一集成,并为医院诊疗业务应用系统及其他业务应用系统提供接入服务。

(5)秉持“全程数字化、三维可视化、系统智能化、物联网格化、信息区域化、管理精细化”建设理念,医院管理力争达到国际同类医院数字化建设的先进水平,以实现绿色医院、生态共赢为目标。

基于 GIS,BIM 基础上的数字化模型下,建立立体化医院管控系统如建筑管控、设备管控、能源管控、智能停车、餐食管控等若干管控系统。

6.5.4 医院能源物联网系统

（1）目前，医院能源物联网系统包含能耗管理子系统、智能照明管理子系统以及若干与医院能源、能耗、能效相关的子系统如安全用电管理子系统等。

（2）系统以覆盖各能源点的低压侧智慧端口与智慧端点为支撑，按序梯次构成医院能源物联网并奠定医院物联网基础。

（3）医院智慧能源管理系统将能源优化、设备能耗、安全用电等有机结合，打破数据孤岛构成包括集采集、传输、数据分析处理为一体的能源管理系统。

（4）数据采集由低压侧智慧用电终端与配件组成的智慧端口完成。

（5）系统对能耗分类分项计量功能与智慧端口应用，可以精确提示医院存量能源使用过程中在能耗与能效方面的可优化空间，形成存量能耗曲线；与优化后的节能曲线相比较，得出客观可靠的效益分析报告。

（6）节能增效的基础。根据能耗曲线与节能曲线比较得出的节能效益报告，采用相应的节能措施，可达到提升能效、节能减排效果；根据医院用能与能耗曲线还可形成医院综合能源站建设依据，通过高效清洁能源与新能源利用，改善医院能源结构，降低能耗，提升能效。

（7）分布式供能基础。清洁能源与新能源应用是医院能源结构优化的主要途径；冷、热、电三联供等分布式供能模式在大型公共建筑应用逐渐增多并成为重要供能方式。医院能源物联网系统积累的能源大数据为医院综合能源站建设提供精准的能耗负荷分析，准确的用户负荷基线是决定分布式供能项目成败的关键因素，为医院分布式供能奠定基础。医院分布式综合能源站的建设还可以取代柴油机作为应急发电/储备电站，为医院提供更高效的用能保障，减少因柴油机维护带来的高额运行成本与柴油管理带来的安全隐患。

（8）安全用电。及时发现过压、压降、谐波、缺相、漏电、三相不平衡、线温过高以及功率因素低等电能质量与安全隐患问题，及时预警，为医院提供安全的用电环境。

（9）管理节能。通过客观计量的分区能耗指标绩效考核、定额管理等手段实现管理节能。

医院能耗管理系统建设将医疗行业的互联网＋医疗模式，充分结合医疗卫生主管部门与住建部关于绿色医院用能标准、医院用户需求以及能源管理部门要求，采集分析能源、能耗、能效数据，监测以用电安全为主的电能指标以及其他用能指标，并与国家能源政策与用能模式改革有机结合。跨学科、跨行业的科技与专业协作、新技术应用奠定了未来万物互联的智能化医院后勤管理新模式。该系统的能源管理模式可以优化医院能源结构、降低能耗、提升能效，进而提升医院管理水平；改善大型综合性医院在现有能源供应紧张、价格大幅上涨的大环境下的能源费用支出持续上升状况，降低能源费用，促进医院经济效益增长；同时加强用能安全，并改善医疗环境。

　　基于医院能源物联网、建筑物联网以及设备物联网的智能化医院能耗管理系统是未来医院能效管理的发展方向。

参考文献

［1］高兴.城市建筑节能改造技术与典型案例［M］.北京:中国建筑工业出版社,2017.

［2］黄良辉.建筑工程智能化施工技术研究［M］.北京:北京工业大学出版社,2019.

［3］北京市建筑设计研究院有限公司.建筑电气专业技术措施［M］.2 版.北京:中国建筑工业出版社,2016.

［4］河北省住房和城乡建设厅,河北省卫生和计划生育委员会.医院建筑能耗监管系统技术规程:DB13(J)/T 217—2017［S］.北京:中国建材工业出版社,2017.

［5］中华人民共和国住房和城乡建设部.国家机关办公建筑和大型公共建筑能耗监测系统:分项能耗数据采集技术导则［M］.[S.l.]:[s.n.],2008.

［6］中华人民共和国住房和城乡建设部,国家质量监督检验检疫总局.智能建筑设计标准:GB 50314—2015［S］.北京:中国计划出版社,2015.

［7］金光波,李洪臣,许晓东,等.智慧医院能源管理系统建设思考与实践［J］.中国医院,2019,23(9):57-59.

第3篇

运行与维护篇

7 医院建筑运行与维护中能效提升技术的应用与探讨

近年来,增量医院建筑的能效提升得到普遍重视。但是,由于发展局限以及规划设计、建筑实施以及运行管理等因素的影响,大部分存量医院建筑存在能源结构与应用不合理、能耗偏高、能效低下等问题。所以,有必要从发展的角度,围绕医院建筑结构、设备运行、能源利用等方面,对医院建筑能效提升适宜技术进行探讨,筛选运行维护中的医院建筑能效提升适宜技术。

根据国家对大型公共建筑能效测评、评估与能效提升的要求,多从以下方面考虑医院建筑能效提升适宜技术,包括:围护结构、可再生能源利用、自然通风采光、室温调节、蓄冷蓄热技术、能量回收、余热废热利用、空调供暖冷热源、水泵与风机、水量与风量、控制方式、照明、楼宇自控、管理方式等。

能源结构优化主要考虑可再生能源应用与能源利用效率的提高。医院建筑可再生能源利用一般有太阳能、地热能、风能以及生物质能等,目前以前两种居多。对于高层建筑屋顶微风场资源丰富的区域,还可以考虑微风发电机组应用。对于空调、热水器等高耗能设备应优先选用能源效率高的能源供应,如空气能产品等。

医院建筑围护结构应注重外墙的外保温与内保温、夹芯保温结构的保温隔热与屋顶保温。采用架空通风、屋顶绿化、蓄水或定时喷水、太阳能集热屋顶以及智能化通风屋顶等屋顶隔热降温方法;降低外窗传热、改善材料保温隔热性能、提高门窗密闭性等外窗节能技术也同样重要。其他如使用中空玻璃、镀膜玻璃、智能玻璃、采用内外遮阳技术、减少窗户面积、不用或少用大面积玻璃幕墙等,都能起到一定的节能或能效提升作用。

室内环境能效提升包括冷热负荷的采集和精准计算以及与高效暖通系统的合理供应匹配,其他如热泵系统、蓄能系统和区域供热、供冷系统的智能化调节应用,均可以减少能源消耗,提高能源使用效率。

注重端建设,在供暖(制冷)系统与相关设备、网管传送端以及室内环境控制末端加装具有用能计量功能的智慧终端等,可以弥补在设计安装阶段的缺陷,在运行维护、系统调适等运行管理环节发挥节能与能效提升作用。在冷热源系统节能方面,可利用先进控制技术与区域传感器等智能终端相结合,达到舒适和节能的双重效果;采用新型的保温材料送暖管道新材料包敷技术以减少管道的热损失、低温地板辐射技术,在提供分布均匀舒适的室内温度的同时,具备节能好、可计量、易维护等优点。

自然采光、屋顶绿化、调节局部空气质量、吸收和过滤雨水等,还可以减少对暖通空调、人工照明等的依赖,有效降低建筑能耗。

医院建筑能效提升技术目前包括以下几个主要方面:围护结构能效提升技术;低压侧配电与电能优化能效提升技术;暖通空调与室温相关能效提升技术;照明相关能效提升技术;电梯储能与能效提升技术;新能源利用能效提升技术;分布式能源站技术、储能技术等。

7.1　医院建筑运行与维护

7.1.1　运营前调适

医院建筑自建成投入运营起,就进入了运行与维护阶段,开启了医院建筑以及建筑相关的系统、设备以及流程的启动、运行、维护、调整以及维修之旅。

医院建筑运行维护的基本目标是运行环境稳定可靠、运维服务与经济最优化。

为了达到上述目标,确保医院建筑的持续高效运行与合理有序维护,对于即将投入运营的医院建筑,需要根据建筑调适(Cx)标准与导则,梳理协调涉及规划设计、施工安装、设备运行、系统维护等方面的功能,为医院建筑全生命周期的运行与维护奠定良好基础,尤其是做好以下几个主要阶段的建筑调适,包括:试运行前的设备检查阶段、设备的单机试运转阶段、单机设备和系统性能测试阶段、系统的调整和平衡阶段、自控验证和综合性能测试阶段[1]。医院建筑调适对评估医院建筑的能效,确保达到高效率运行的绿色医院节能标准以及制定绿色运维策略具有重要意义。

7.1.2　运行与维护

医院建筑运行是指医院建筑相关系统、设备的日常巡检、启停控制、参数设置状态监控一系列安全保障与优化调节行为。

医院建筑维护是针对在医院建筑相关系统、设备的日常巡检中发现的问题进行调整修正的行为。一般分为预防性维护、预测性维护以及必要性小型维修等。

随着 5G 时代的到来,融合了云计算、大数据、移动互联网及人工智能的能源物联网、建筑物联网、设备物联网成为必然趋势,无人值守以及智慧巡检将在医院建筑运行与维护中发挥重要作用。

运行与维护范围包括医院建筑基础设施、系统电气设备、电子信息系统、电气系统、通风空调系统、照明系统、智能化系统、消防系统、环境参数等。

电气系统作为重要的供能系统,主要包括系统配电如高压供电设备、变压器、低压配电设备、不间断和后备电源系统 UPS、直流电源系统、蓄电池、柴油发电机、配电线路布线系统、防雷与接地系统等。照明系统包括正常照明、备用照明、消防应急照明等。

国家建设与卫生管理部门出台了相关医院建筑建设标准规范,随着绿色医院建设的发展,相关行业组织也陆续编制出了一些导则,但实际上,国内各级医院都会根据医院建筑特点及运行需要,制定针对自己医院建筑的运行、维护及保养规定与操作流程。表 7-1 是国内某三级医院设备设施相关运行与维护计划。

表 7-1　　　　　　　　　　医院机房设备运行维护与保养计划

序号	机房	保养项目	保养周期	1	2	3	4	5	6	7	8	9	10	11	12
1	低压配电房	机房巡检	每日	√	√	√	√	√	√	√	√	√	√	√	√
2		变电器保养	每年一次	√											
3		开关柜母线排检查	每月一次	√	√	√	√	√	√	√	√		√	√	√
4	发电机房	机房巡检	每日	√	√	√	√	√	√	√	√	√	√	√	√
5		发电机检测	15天一次	√	√	√	√	√	√	√	√	√	√	√	√
6		发电机保养	每年一次												√
7	生活水泵房	水箱清洗	一年两次						√						√
8		机房巡检	每日	√	√	√	√	√	√	√	√	√	√	√	√
9		生活热水二次泵主备转换	15天一次	√	√	√	√	√	√	√	√	√	√	√	√
10		电动阀执行器温控检测	15天一次	√	√	√	√	√	√	√	√	√	√	√	√
11		水处理设备定期排污保养	15天一次	√	√	√	√	√	√	√	√	√	√	√	√
12		水箱浮球补水阀门检测	15天一次	√	√	√	√	√	√	√	√	√	√	√	√
13		变频泵散热器除尘保养	每季度一次	√			√			√			√		
14		冷却塔补水泵保养	每年一次				√								
15		压力表检查	每月一次	√	√	√	√	√	√	√	√		√	√	√
16		阀门开关保养	每季度一次	√			√			√			√		
17		配电箱保养	每季度一次	√			√			√			√		
18	空调主机房	机房巡检	每日	√	√	√	√	√	√	√	√	√	√	√	√
19		一次泵保养	每两季一次				√							√	
20		二次泵保养	每两季一次				√							√	
21		冷却塔保养	每年一次				√							√	
22		分水器保养	每两季一次				√							√	
23		集水器保养	每两季一次				√							√	
24		水处理设备保养	每两季一次				√							√	
25		空调末端维保滤网清洁	每两季一次				√							√	
26		配电箱保养	每季度一次			√			√			√			√
27		压力表检查	每月一次	√	√	√	√	√	√	√	√	√	√	√	√
28		阀门开关保养	每月一次	√	√	√	√	√	√	√	√	√	√	√	√

续表

序号	机房	保养项目	保养周期	月份											
				1	2	3	4	5	6	7	8	9	10	11	12
29	净化空调	净化空调滤网清洁	每周一次	√	√	√	√	√	√	√	√	√	√	√	√
30		变频泵保养	每月一次	√	√	√	√	√	√	√	√	√	√	√	√
31		补水系统检查	每月一次	√	√	√	√	√	√	√	√	√	√	√	√
32		配电箱保养	每季度一次	√			√			√			√		
33		模块机保养	两季一次					√						√	
34		排风柜机组保养	每月一次	√	√	√	√	√	√	√	√	√	√	√	√
35	UPS机房	机房巡检	每日	√	√	√	√	√	√	√	√	√			
36		放电测试	每半年一次			√							√		
37		空调保养	每季度一次		√			√			√			√	
38	液氧站中心氧站	机房巡检	每日	√	√	√	√	√	√	√	√	√			
39		液氧贮罐液位检查	每日	√	√	√	√	√	√	√	√	√			
40		减压阀检测	每年一次												
41		压力表检查	每半年一次												
42		安全阀检查	每半年一次												
43	压缩空气机房	机房巡检	每日	√	√	√	√	√	√	√	√	√	√	√	√
44		压力表检查	每月一次	√	√	√	√	√	√	√	√	√	√	√	√
45		安全阀检查	每月一次	√	√	√	√	√	√	√	√	√	√	√	√
46	负压吸引机房	机房巡检	每日	√	√	√	√	√	√	√	√	√	√	√	√
47		压力表检查	每月一次	√	√	√	√	√	√	√	√	√	√	√	√
48		安全阀检查	每月一次	√	√	√	√	√	√	√	√	√	√	√	√
49	污水站	机房巡检	每日	√	√	√	√	√	√	√	√	√	√	√	√
50		水自测	每日	√	√	√	√	√	√	√	√	√	√	√	√
51		曝气风机保养	每月一次	√	√	√	√	√	√	√	√	√	√	√	√
52	楼层强电间	配电箱开关保养	每年两次					√						√	
53	公告区域配电箱	配电箱保养	每季度一次	√			√			√			√		
54	地下室集水井	手自动转换启泵测试	每月一次	√	√	√	√	√	√	√	√	√	√	√	√
55		自动启泵测试	每月一次	√	√	√	√	√	√	√	√	√	√	√	√
56		集水井清污	每季度一次			√			√			√			√
57		止回阀检查	每月一次	√	√	√	√	√	√	√	√	√	√	√	√

续表

序号	机房	保养项目	保养周期	月份											
				1	2	3	4	5	6	7	8	9	10	11	12
58	室外窨井盖	窨井盖检查	每月一次	√	√	√	√	√	√	√	√	√	√	√	√
59	抄表	水表	每月一次	√	√	√	√	√	√	√	√	√	√	√	√
60		电表	每月一次	√	√	√	√	√	√	√	√	√	√	√	√
61		燃气	每月一次	√	√	√	√	√	√	√	√	√	√	√	√
62	室外亮化	喷泉开关	每日	√	√	√	√	√	√	√	√	√	√	√	√
63		喷泉补水检查	每日	√	√	√	√	√	√	√	√	√	√	√	√
64		水景照明开关	每日	√	√	√	√	√	√	√	√	√	√	√	√
65		水泵保养	每月	√	√	√	√	√	√	√	√	√	√	√	√
66	室外亮化	开关	每日	√	√	√	√	√	√	√	√	√	√	√	√
67		照明检修	每季度一次	√			√			√				√	
68		灯具检查加固	每季度一次		√			√			√			√	

7.2 医院建筑运维中能源、能耗与能效

7.2.1 能源结构与能耗特点

医院的能源一般包括电、水、（燃）气、（蒸）汽、热、油、煤等。医院的能源消耗（能耗）主要应用于诊疗、动力以及环境保障等方面，包括设备使用、光照度、温湿度、空气质量等。黄河以南，尤其是长江中下游以南区域的医院建筑能耗大多以电为主，一般占到 50%～70% 或更高；黄河以北范围内，由于冬季统一供暖，医院建筑能耗中电的占比相对来说要低 10%～20% 或更多。

随着区域性分布式能源的逐步应用，包括燃气锅炉、燃气热泵使用的增加，天然气在医院能源消耗中的比例明显提高；从分项用电占比来看，照明与插座用电、空调用电为主要用电分项，各类型建筑这两项之和均超过 70%。

由于医院建筑设计中暖通空调（HVAC）系统冷热源差异、空气源热泵、水地源热泵等应用的不同，水资源综合利用以及中水处理的重视程度与措施手段不同，医院能源在水消耗方面会有较大差异。

另外，传统能源如煤、柴油等在部分医院能源保障与使用中仍然占有一定比例。但是国内许多大型新建医院，对能源规划与管理、能源中心建设尤其是能源物联网理念也缺乏了解，未能统筹考虑医院建筑的供能、用能、储能与节能等方面，备用发电机仍然会选择传统的柴油发电机。除去效率与环保因素，仅定期运行保养本身就会形成可观的无谓能源消耗。

随着医院规模的扩张以及诊疗设备的不断增加,医院建筑正在成为大型公共建筑中能耗最高的建筑类型。医院建筑相对于其他公共建筑的用电强度更大、使用功能更为复杂。以上海为例,2018 年,医院建筑年用电强度为 $177.8(kW \cdot h)/m^2$,而公共建筑全年平均用电强度为 $108(kW \cdot h)/m^2$,政府办公建筑单位面积年用电强度为 $78.1(kW \cdot h)/m^2$,医院建筑用电强度明显高于其他建筑。医疗卫生建筑非工作日仍有大部分科室运营(如急诊、病房等),工作日与非工作日用电差异率明显小于办公类建筑,且在不同季节差异率基本一致,这也是医院建筑运营的特殊性。在峰谷用电情况方面,相对于其他大型公共建筑而言,医院建筑的用电峰谷情况要小一些,不同地区略有差异,但削峰潜力要小于其他类型建筑。

因此,提高医院建筑能效,推进医院建筑能效提升适宜技术使用,已成为当前形势下医院迫切需要落实的任务。

7.2.2　能效与能效提升

能效一般指发挥作用的与实际消耗的能源量之比;能效提升指单位能源消耗所提供的能源服务量的增加,可以满足上述要求的技术即可理解为能效提升适宜技术,即用更少的能源投入提供同等的能源服务。医院建筑能效指的是在医院建筑中能发挥实际作用的能源量与医院建筑所消耗的能源量之比。

提高医院建筑能效是在提高能效的基础上降低能源消耗,即在不低于或等于原用能环境质量的情况下,降低能源功率或减少能耗,不是通过降低工作或环境品质来实现减少能源使用。

以医院(室内外)照明节能为例,医院消耗的能源一般为电能,能效提升的方式有减少功率消耗和减少电耗两种方法。减少功率消耗的方法如在同样照度、色温等照明环境下,通过区域或全域的智能照明控制以及选用更低功率的高效光源如 LED 光源等,替换传统的荧光灯、金卤灯包括低效 LED 光源,在减少功率消耗的同时保持原照明质量。而采用保持原光源而减少电能消耗的方法,就只能是通过管理手段减少光源数量或减少照明用电时间以降低电能消耗,有些医院采用间隔亮灯的方法,虽然减少了电能耗,但却牺牲了照明质量,这并不可取。

医院建筑除照明之外,其他如围护结构、低压侧变配电与电能质量、暖通空调(HVAC)、新能源利用等能效提升适宜技术的合理应用,都会在带来医院建筑运营成本降低的同时,提升医院管理水平,尤其是提升医院后勤的管理水平,提高医院服务水平,增强医院竞争力。

7.3　医院建筑能效评估

7.3.1　能源审计

出于医院建筑能源规划与优化、降低能耗、提升能效的目的,为保证既有建筑当前系统的功能要求并确保设备的运营维护达到这些要求,通过能源审计的方式来切入是最准确和科学的选择。能源审计是对既有建筑的能源消耗水平利用效率和能源利用效果进行检测、诊断和评价，从而发现能效提升或节能潜力。能源审计是综合了节能诊断的各项技术措施和实施方法发展而来的。不同之处是节能诊断一般是由用能单位自己提出诊断要求，而能源审计可以由用能单位或政府职能部门提出。[1]

7.3.2　能耗监测与计量

医院建筑能耗监测与计量系统是医院智慧能源管理系统的基础，更是实现能效提升技术应用的前提。能耗监测是节能诊断、能源审计或既有建筑调适中基本的组成部分。能耗监测所得数据是节能诊断、能源审计或既有建筑调适寻找可行的节能方向，是提出节能技改方案并对方案进行经济、技术、环节评价的基础。基于监测数据的建筑调适，其数据的质量和细致程度是调适结果的保障。监测数据比如空调冷冻水一次泵变流量调节、阀门开度、供回水温差与送风侧数据的联合分析再调适，压差传感器设置，AHU 水阀开度、空调箱盘管水阀开度以及异常末端排查等。

能耗计量首先必须满足住建部关于公共建筑分类分项计量要求，提供能源审计、节能诊断、建筑调适以及医院管理所需要的客观数据；能耗计量是智慧能源管理的基础。

能耗计量主要是对医院消耗的电量、水量、蒸汽量、燃气量、供热量、供冷量等指标实行独立分项与分级采集、计量、传输，实现医院建筑运行状况的感知与管理，形成完整准确的能耗资料。通过对能源、能耗和能效相关信息的分析，提供能源消耗相关的数据，如单位面积能耗、床均能耗、人均能耗以及医技、设备、门急诊数、住院率等相关能耗比，客观体现医院投入、人员构成、诊疗活动与能源消耗之间的关系，反映医院建筑的运行质量，为采取适宜的能效提升技术提供依据，以达到提升能效效率、节能降耗的目的。

对于某些建筑由于条件限制，部分用能系统未监测，可以根据需要采取科学方法进行数据修复与还原。

从医院建筑发展的趋势来看，医院建筑能耗计量作为医院智慧能源管理系统的基础组成部分，客观反映了医院建筑的能效与建筑使用能耗、维持建筑功能和建筑物在运行过程中所消耗的能量情况；通过建筑负荷反映建筑物的用能需求、围护结构的热工性能；通过建筑能耗反映建筑物对能源的实际消耗量与负荷情况；反映建筑物及用能设备的使用时长与能耗量的关系。

能耗计量与云计算、大数据、物联网、移动互联网技术的结合，是医院建筑能源管理的趋势，智慧能源管理系统与能源物联网是未来医院运营保障的方向。所以，持续开展医院建筑能耗计量工作，注重医院能耗监测数据的专业解读与应用，对开展医院建筑需求侧管理、数据资源积累、大数据挖掘利用研究、筛选高能耗建筑与科室、推动医院能效提升工作等具有重要意义。医院管理水平、使用方式的科学性和节能改造的前后效果，均需要依托具体的数据才能做出科学而准确的评判和验证。显然，能源监测系统是医院实行能源有效管理的必要条件。[2]

7.4　医院建筑能源审计与能效提升

医院建筑能源审计作为一种建筑节能的科学管理和服务的新方法[3]，是医院建筑节能监管体系建设中的重要一环[4]。我国的建筑能源审计仍处于发展阶段，建筑能源审计体系还不够完善[5]，针对医院建筑的完整能源审计体系尤其欠缺，这不利于相关部门对医疗建筑的能源管理进行评价管理和有效监督。本章以笔者在医院建筑能源审计工作中的经验为基础，系统地总结了医院建筑能源审计的完整工作流程，并根据审计结果，提出了医院建筑的节能重点。

7.4.1　医院建筑能源审计方法

1. 医院建筑运行特点

大型综合医院的建筑运行有如下特点：

（1）建筑结构复杂，一般包括门诊、急诊、病房、医技部门（CT、X 线等）、手术室、重症监护室及后勤保障部门。

（2）活动人员复杂，包括病人、医护人员、后勤人员（保洁、护工等）、行政管理人员、陪同家属等，对医疗、生活和工作环境要求差异大，且流动人员数量大，管理困难。

（3）能源形式多样，有冷、热、电、水、汽、燃气或燃油。

（4）医疗设备运行时间特殊，有些需要 24 小时甚至 365 天不间断运行，故对能源保障要求高。

以上原因导致了医院建筑能源消耗巨大，是一般公共建筑的 1.6～2.0 倍[6]。鉴于医院建筑的上述特点，医院能源审计方法与一般公共建筑能源审计方法并不完全相同，需要考虑的问题更多，具体工作方法值得探索。

2. 能源审计的依据及参考资料

医院建筑能源审计的主要依据与公共建筑能源审计依据基本一致[7]，主要包括《中华人民共和国审计法》《中华人民共和国审计法实施条例》《公共建筑节能设计标准》（GB 50189—2005）、《室内空气质量标准》（GB/T 18883—2002）、《公共建筑能源审计标准》（DG/TJ 08—2114—2012）等，在此基础上，还增加了医院用能的相关规范，如《市级医疗机构建筑合理用能指南》（DB31/T 553—2012）等。

3. 医院建筑能源审计的流程

对于医院建筑的能源审计，参考相关资料[8]，按照如下步骤来进行。

1）前期准备工作

项目的启动即召开能源审计会议，要求审计人员和医院相关人员共同参与，能源审计会

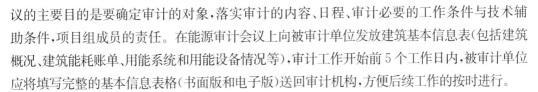

议的主要目的是要确定审计的对象,落实审计的内容、日程、审计必要的工作条件与技术辅助条件,项目组成员的责任。在能源审计会议上向被审计单位发放建筑基本信息表(包括建筑概况、建筑能耗账单、用能系统和用能设备情况等),审计工作开始前 5 个工作日内,被审计单位应将填写完整的基本信息表格(书面版和电子版)送回审计机构,方便后续工作的按时进行。

2)实地调查及测试

能源审计要求审计人员对被审计建筑进行实地调查,了解建筑运营的具体情况,调查内容主要包括以下四个方面:

(1)对建筑的整体调查。结合建筑基本信息,确定建筑能耗和管理情况,如围护结构是否按照节能标准设计、保温层是否有破裂或脱落的现象、窗户是否有遮阳措施、是否采用了节能灯具、是否有长明灯长流水现象、是否有过冷过热的房间等。根据实际需要,还可以对建筑围护结构进行保温性能测试,主要是采用红外热成像法检测围护结构保温缺陷、采用热流计法检测传热系数、采用压差法检测建筑物气密性等,从而确定围护结构保温性能是否符合要求,是否需要进行节能改造。

(2)设备机房的调查。主要对建筑内的制冷机房、锅炉房等设备机房进行调查,对制冷机房、锅炉房及设备间内的各种设备的运行情况、调节和控制方式等进行评价,以便确定各用能系统是否存在运行不当的问题,且要与医院用能特点相结合,评价医院各用能设备配置及运行是否合理。

(3)不同用途房间的随机抽检。从医院各类主要功能房间中分别抽取部分房间进行室内基本情况调查,对主要功能区域的环境参数(温度、相对湿度、照度、二氧化碳浓度等)进行现场测试,以确定是否存在能源浪费现象。医院建筑的功能用房主要分为急诊、门诊、住院、医技、后勤保障、办公生活六大类,每一类功能用房至少测试 1 个房间,其余公共区域如门诊大厅、走廊、候诊区等都要进行环境参数测试。[9]

(4)被审计建筑的文件审阅。需要审阅的文件主要包括建筑竣工图纸、建筑运行和维护日志、能源管理文件以及前三年的能源账单,能源分析需要对过去 12~36 个月的能源账单做详细审查,且必须包括全部外购的能源。

3)核实所收集资料的准确性

对被审计医院提供的基本信息表格以及现场调查测试所得到的资料进行汇总整理,对存在疑问的数据及时联系被审计医院相关负责人进行核实确认。最后为了证实得到资料的准确性,审计人员要向被审计医院相关人员核实初步的检查结果,确保得到的数据和资料的准确性,然后才能进行数据的处理分析。

4)处理分析能耗数据

(1)能耗数据评判依据。建议采用每年每平方米的能耗量和每年每床位的能耗量等指标来客观评价能源利用效率。

(2)能耗数据计算与分析。对收集到的建筑能耗数据进行计算,得到各项能耗的总量指标,包括建筑能耗、常规能耗、特殊区域能耗、建筑水耗;拆分的各个用能系统能耗总量指标包括暖通空调系统、热源系统、照明系统、医疗设备、办公设备、综合服务系统(可根据医院具体情况进行相应的系统拆分);对不同建筑的相同功能的指标进行横向比较,以评价该建筑的用能水平。对每幢建筑拆分的各个用能系统的能耗指标进行纵向比较,找出能耗最大的系统,为挖掘建筑节能潜力做准备。

(3)节能潜力分析。绘制主要用能系统的耗能曲线,分析判断各用能系统能耗是否合理,结合其现行的节能管理体系、规章制度和节能技术改造等情况提出相应的节能建议及可行性分析。[10]

5)评价医院建筑整体用能

依据建筑能源审计的主要内容及依据,医院建筑能源审计的评价主要包括能源管理、环境测试、现场巡查、用能分析四方面[11],这四方面涉及多方面的评价因素及具体指标,如表 7-2 所示。

表7-2　　　　　　　　　　　医院建筑能源审计评价指标体系

评价内容	评价因素	评价指标	评价内容	评价因素	评价指标
能源管理	能源管理意识	节能减排意识	现场巡查	建筑围护结构	是否符合节能设计标准
		遵循节能法规及政策			围护结构的保温状况
		能源管理实施能动性			门窗类型是否节能
	能源管理机制	节能宣传与教育			有无遮阳措施
		节能管理制度健全性		空调通风、采暖、照明、动力等用能系统	检修和维护情况
		能源系统的计量			与建筑负荷匹配情况
环境测试	室内热环境	温度			能耗损失的严重程度
		相对湿度			故障或低效率的发生频率及征兆
	室内空气品质	二氧化碳浓度			建筑内房间是否冷热不均
	室内光环境	照度			系统运作正常
用能分析	建筑能耗	建筑总能耗(kJ)		可视化现状	各装置操作便宜性
		建筑能源费用(元)			
		单位建筑面积耗能(kJ/m²)			各项措施执行情况
		单位建筑面积能源费用(元/m²)			
		单位床位耗能(kJ/床位)			设备运行维修记录
		单位床位能源费用(元/m²)			
	节能潜力	总能耗与同类建筑相比是否合理			系统定期检查记录
		分项能耗是否符合医院用能特点			无人时各系统是否仍旧运行

在最终报告里,要根据医院建筑能源审计评价指标体系中的各项指标对医院整体建筑进行详细评价,要提供能源审计的结果和节能改造建议、对审计建筑的设备及运行情况的描述、所有能耗系统的能耗分析以及对能源改造方案可行性的分析等,另外还应有审计单位在整个项目中所涉及的工作内容。

6)提交审计成果

需要将最终审计报告交到被审计医院相关人员手上,以便他们了解被审计建筑所存在的问题、节能改造方案的效益和成本,从而给出相应的决策。

7.4.2 医院能源审计过程中需要注意的问题

1. 现场考察的重要性

由于医疗业务为医院的核心业务,部分医院存在重医疗管理而轻视后勤辅助部门管理,在节能方面缺少相应的组织管理部门。因此在与医院工作人员进行对接时可能会遇到沟通困难的问题,针对能源消耗及设备运行方面的基本情况部分医院相关人员并不清楚,甚至会出现混淆某些用能系统与设备的状况。因此除了与医院人员进行沟通,从其提供的信息中筛选出正确信息,还需要花费更多的时间进行现场考察,记录相关信息,保证收集资料的准确性。

2. 基础资料的填写进度控制

能源审计项目确定后要及早向业主提出所需的基本资料清单,并向业主详细阐述每种资料包括的内容,给其充分的时间进行准备、整理。由于大部分医院都没有专门的能源管理部门,且相对轻视后勤保障部门,人员投入不够,造成医院后勤部人员身兼数职,比较忙碌,在完成资料填写上有所拖延。所以,审计人员应该及时监督医院基本资料的填写工作,保证审计工作能顺利进行。

3. 能源审计现场测试注意事项

及时与医院沟通,在其配合下,确定测试位置、合适的检测日期以及需要的检测设备。因为医院部分科室无医院相关人员陪同不准进入,如医技部门及手术室等,一般情况下,医院的现场测试需要医院工作人员的陪同。另外,由于医院环境特殊,在进行测试时务必遵循医院相关规定,不要影响病人的治疗与休养。

4. 加强政府职能部门的介入

应及时与医院工作人员沟通、协调并解决出现的各种困难和问题。若遇到确实不易解决的困难,如果是政府采购项目(能源审计),审计机构需要及时向政府相关的管理部门反馈,加强政府相关职能部门的介入,在其帮助下确保能源审计工作能够更加顺利、高效地完成。

7.4.3　医院建筑能耗特点及节能建议

1. 医院建筑能耗特点

医院能源消耗的高低直接影响医院的运行成本及经济效益。笔者对上海 4 家综合医院进行能源审计,经过与医院工作人员的沟通,将医院用能系统划分为空调通风系统、热源系统、照明系统、办公设备系统、医用设备系统和综合服务系统五项,通过对被审计医院的平均能耗数据进行拆分,得到医院建筑能耗分项比例如图 7-1 所示。

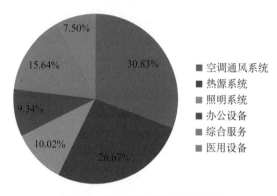

图 7-1　医院建筑能耗分项比例

从图 7-1 中可以看出医院年能耗中,空调通风系统和热源系统(主要是锅炉)是主要耗能系统,二者能耗之和超过了医院总能耗的一半。可见,医院冷热源系统耗能非常严重,应将冷热源系统作为主要节能对象。

通过审计过程中的现场巡查、得到的设备清单以及与医疗人员的沟通信息,发现出现这种耗能现状的原因主要有以下几点:

(1) 医用设备数量大。医院与普通公共建筑相比本来就多出大批的医用诊疗设备,随着近年来办公自动化和更多先进诊疗设备的购入,各科室的设备散热量大幅提高,使得空调的冷负荷本身就很大。这是由医院的建筑性质所决定的,为了节能而降低医疗设备的使用频率是不现实的。

(2) 各个科室的使用时间、空调负荷特性和控制参数不尽相同。[12]医院有两类差异较大的室内环境控制:一类是普通科室如普通病房、诊室,只需季节性舒适空调;另一类是温湿度控制要求较高的如手术室、重症监护病房等特殊区域,需要全年空调。

经过调查发现,大型综合医院常采用传统的冷热源设备配置,大多为冷水机组与锅炉(多为蒸汽)组合,并由冷热源集中供给各功能科室所需的冷媒与热媒。这种集中式冷热

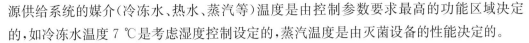

源供给系统的媒介(冷冻水、热水、蒸汽等)温度是由控制参数要求最高的功能区域决定的,如冷冻水温度 7 ℃ 是考虑湿度控制设定的,蒸汽温度是由灭菌设备的性能决定的。

如果过渡季节只为特殊科室开启整体冷热源系统,或者高参数要求区域与普通参数要求区域采用同一套冷热源系统,能耗自然相当大,这种传统的冷热源配置其实是来源于大型公共建筑,显然对医院建筑并不适用,反而成为医院节能的症结。

(3) 新风负荷大。为了保证各科室内的空气品质,维持合理的压差、空气流向,防止通过空气交叉感染,就需要加大新风量,这样的结果是新风负荷很大,运行能耗高,这也是由医院建筑的性质所决定的。洁净手术室就是典型的实例,为了保证气流方向、压力梯度、洁净度,空调系统需要较大新风量,并维持相应的换气次数,所以新风负荷及运行能耗都非常高。

2. 医院暖通空调节能建议

针对医院建筑冷热源巨额能耗的特点及原因,提出以下建议:

(1) 合理划分供冷系统。为便于医院普通科室与特殊科室的环境控制,提高能源利用效率,建议分两个冷源系统分别进行供冷,因此推荐在新建医院设计时就做好系统分区,首先将特殊科室与普通科室冷源系统分离,其次再根据室内环境控制参数,如温湿度控制要求、洁净度级别等,以及运行时间将系统合理分区,或为特殊科室配置独立小型空调冷热源。

但是对于既有医院建筑,采用这样的技术来改造供冷系统花费的财力,物力,人力太大。为了使既有医院特殊科室原有空调机组能采用水温较高的供冷系统,又要保证其医疗环境控制,可推荐采用湿度优先处理的概念[9],即利用新风预处理机组将特殊科室的新风预处理到更低的露点,消除新风湿负荷,甚至承担室内湿负荷,如手术部经常采用的新风集中处理[10],湿度优先处理的技术有安装新风预处理机组和双冷源新风机组[11],医院可根据自己的具体情况进行选择。

(2) 供热系统分散化、小型化。根据医院特点应改变传统的设计观念,推荐用分散式热水系统,用局部供热替代蒸汽锅炉和集中供汽。在医院应大力推广分散式热水锅炉,特别是燃气热水锅炉,燃气能靠自身压力输送到任何医院任何科室,可节省水泵的输送能耗。只要在热水用户侧(如门急诊大楼、住院病房、食堂等),甚至考虑以楼层为单位,设置小型燃气热水锅炉,仅在真正需要蒸汽的科室(如消毒室、制剂室等)才设置小型蒸汽锅炉。这种分散式供热系统可根据不同科室对供热的不同要求进行灵活设置,各系统相互独立,启停及调节便利。在审计过程中发现部分小型医院及卫生服务中心采取了分散式供热系统,建议大型综合医院也引进此项节能措施。

(3) 合理的新风量调节。新风的摄入是要达到调节室内空气质量,维持房间正压,防止交叉感染等目的。在满足室内卫生要求的前提下,在非工作日或患者较少时,对于环境参数要求不是非常高的普通科室,可适当减小新风量,对于降低能耗,是有显著效果的。

另外,新风系统上的过滤净化装置应该定期清洗更换,保持清洁,以维持其正常的工作效率。

7.4.4　结语

(1) 医院建筑能源审计工作是一项系统工程,总体由基础数据收集、现场考察实测、数据处理和最终评价四部分组成,需要统一协调安排。合理的能源审计工作流程可以确保医院建筑能源审计工作高效、顺利地进行,因此需要重视工作流程的完整性和有效性。

(2) 能源审计机构要清楚政府相应节能主管部门和业主之间的关系,遇到问题及时沟通,寻找合适的解决途径。

(3) 医院是用能量较大的建筑,用能特点由其自身的特殊性质所决定。而医院暖通空调及热源系统能耗约占整个医院总能耗的一半以上,节能潜力很大。建议医院采取相应的节能措施和技术,能够达到良好的节能效果。

(4) 建议医院重视节能管理,成立节能管理组织,设定节能工作计划和目标,将节能考核列入医院奖惩条例督促并开展节能工作;做好节能宣传,普及节能知识,培养和提高医院病人及工作人员的节能意识,实现人人参与节能行动。

7.5　既有医院建筑围护结构的保温隔热节能改造

对既有医院建筑围护结构的能效提升改造,应综合考虑医院供暖系统与室内温度控制情况、冷热源端预定的节能目标实现情况以及末端计量情况,各相关环节设计科学合理、完善可靠,充分运用先进技术,同时应执行现行国家标准、规范。

7.5.1　改造前评估与节能诊断

(1) 既有医院建筑围护结构能效提升改造前应首先进行结构、安全与能效评估,必须满足继续安全使用的相关条件。除非对此类医院建筑同步开展安全改造,否则不宜开展医院建筑能效提升改造。改造前还应进行能效评估与节能诊断,了解围护结构的热工性能、室内环境负荷状况等;了解冷热源系统能耗及运行控制情况,进行全年能耗分析,对拟改造建筑的能耗状况及提升潜力做出评价并出具报告,作为能效提升与节能改造的依据。

(2) 评估与节能诊断应包括以下内容:

① 围护结构及冷热源系统现状调查。

② 围护结构热工性能及冷热源系统能效提升潜力的测试和诊断。

③ 能效提升改造技术经济性评估。

(3) 医院建筑围护结构节能诊断应具备以下资料:[10]

① 建筑设计施工图、计算书和竣工图。

② 建筑装修改造、历年修缮资料。

③ 其他相关资料。

（4）围护结构能效提升改造技术经济性评估应包括以下内容：

① 改造前的建筑能耗指标、提升潜力和改造后的建筑能耗指标。

② 围护结构改造的技术方案和措施，以及相应的材料和产品。

③ 围护结构改造的资金投入和资金回收期。[12, 13]

7.5.2　围护结构改造原则

在对医院建筑围护结构进行改造时，需要考虑是否同步进行冷热源系统与末端改造。改造应在节能诊断基础上，因地制宜地选择投资成本低、效果明显的方案。北方医院建筑改造后热源端的节能效果应不低于20%。

既有医院建筑改造工程必须确保建筑物的抗震、结构安全、防火和主要使用功能。当涉及主体和承重结构改动或增加荷载、防火安全时，必须由原设计单位或具备相应资质的设计单位对既有建筑安全性进行核验、确认。

围护结构改造实施方案应根据能效提升诊断结果确定，如不具备实施全面改造条件，应优先对围护结构的薄弱环节实施改造，例如优先更换节能窗户。

医院建筑围护结构能效提升改造时应同步考虑与冷热源系统的能效，条件具备的话尽量同时进行提升改造。北方地区医院建筑在围护结构改造先进行时，应为供暖系统改造预留条件。

医院建筑围护结构改造的重点可根据建筑所处的气候区、结构体系、围护结构构造类型的不同有所侧重。改造前应首先对外墙平均传热系数、保温材料的厚度以及相关的构造措施、节点做法等进行分析和评价，确定围护结构节能改造的重点部位和重点内容。[14]

改造后房间外窗的传热系数在严寒地区不应大于 2.6 W/(m² · K)，在寒冷地区不应大于 3.2 W/(m² · K)；阳台窗的传热系数在严寒地区不应大于 2.8 W/(m² · K)，在寒冷地区不应大于 3.4 W/(m² · K)。

在对严寒和寒冷地区外墙能效提升改造时，应优先采用外墙外保温方式。其主断面的平均传热阻或传热系数值作为外围护热工设计的代表值。外墙或屋顶改造后的平均传热系数应达到国家标准或地方标准的要求。[15]

7.5.3　以保温为主的能效提升改造

（1）围护结构保温性能的能效提升改造，应优先选用干扰小、工期短、对环境影响小、安装工艺便捷的围护结构改造技术；尽量减少或避免湿作业施工。应首先考虑门窗改造，提高门窗的热工性能和气密性。外窗改造设计可根据既有建筑具体情况确定，需要综合考虑安全、隔声、通风和节能等性能要求。

① 加建。在原有单玻窗外(或内)加建一层,确定合理间距,并能满足对窗户的热工性能指标,避免层间结露。

② 换新。统一更换为满足外窗热工性能指标的新窗。窗框与墙之间应有合理的保温密封构造设计,以减少该部位的开裂、结露和空气渗透。

(2) 实施外墙外保温改造工程前,首先应对墙体外饰面的脱落情况、保温层的起鼓损坏情况以及基墙的风化程度进行评估,合理选择成熟度高、耐久性长、投资成本低的方案。处理原有墙体面层和保温层时,应考虑对周围环境的影响。

对外墙、屋面、外窗进行节能改造时,应对原结构进行复核、验算;当结构安全不能满足节能改造要求时,应采取加固措施。

采用内保温技术时,对混凝土梁、柱等热桥部位应进行保温设计计算,保证整体保温效果并避免内表面结露,施工前应有内保温设计施工图、具体的技术措施和施工方案。

外墙外保温的热工设计主要包括保温和防结露性能的设计。对易产生结露的部位,应加强局部的保温性能。为防止保温材料与外墙外表面黏结间隙处的水气凝结与流窜现象对保温层的破坏作用,宜在保温构造中设置排除湿气的孔槽。

外墙外保温的热工设计时宜采用轻质高效的保温材料,安装时保温材料重量含水率不得大于 10%。可采用阻燃型容重大于 16 kg/m³ 的发泡聚苯乙烯、挤塑聚苯乙烯、聚氨酯或其他无机高效保温材料。[10]

严寒地区外门应设置避风设施,或应采取其他减少冷风渗透的措施。

既有医院建筑顶层屋顶保温改造,根据屋面防水的情况选择直接做倒置式保温屋面或翻修防水层后做倒置保温屋面。部分小型医院建筑将平屋顶改成坡屋顶时,可在屋顶吊顶内铺放吸水率小的轻质保温材料。为防止平改坡后吊顶内结露,宜在坡屋面上加铺保温层。

由于建筑外围护结构的传热性能直接影响着建筑用供暖空调的能源消耗量,因此提高建筑外围护结构的保温隔热性能是降低建筑能耗的关键。建筑外围护结构主要包括门窗、外墙、屋顶等,它们相互影响、相互制约,单纯地加强某一个或某几个方面的节能性能,并不一定能达到良好的节能效果和实现节能的经济性。

7.5.4　保温隔热技术

外窗、外墙及屋顶是围护结构保温隔热节能改造与能效提升的重点。

1. 节能窗

(1) 节能窗采用性能良好的塑料型材、铝塑和木塑复合型材、断热型铝合金型材和配套附件及密封材料,使用平开、复合内开等开启方式。高效节能窗的传热系数应控制在 2.0 W/(m²·K)以下。在施工安装中窗口的密封处理非常重要,应尽量减少窗的空气渗

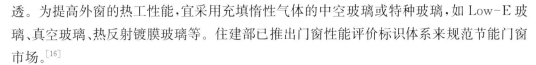

透。为提高外窗的热工性能,宜采用充填惰性气体的中空玻璃或特种玻璃,如 Low-E 玻璃、真空玻璃、热反射镀膜玻璃等。住建部已推出门窗性能评价标识体系来规范节能门窗市场。[16]

(2)外窗节能改造。外窗的朝向对室内热传导过程影响很大,不同朝向外窗的传热系数对建筑节能改造影响很大,同样的,外窗遮阳系数也影响着建筑的能耗,因此,外窗的朝向和遮阳系数是改造的重点。

在对外窗改造时要根据朝向和遮阳系数采用不同的改造方式,为了满足传热系数,对外窗的朝向进行改造时可以根据东、西、北三个方向采用断热金属材质中空玻璃,南向则采用断热金属材质中空玻璃。为了满足遮阳的要求,要对受热最为严重的南向和西向采用遮阳措施,以更好的取暖降温方式,降低医院建筑的能耗,虽然增加了投入,但是大大提高了节能改造的经济效益。[17]

2. 外墙节能技术

外围护结构中墙体占了很大一部分,因此应重点提高外墙的热工性能。即首先是选用热工性能好的主体材料,其次是增加保温材料的厚度,再次是处理好构造热桥。

在建筑外墙添加隔热材料可降低外墙的传热系数,从而减少由外墙传递到室外的热量,这样可以提高冬季室温,对夏季而言,隔热材料也抑制了白天室外通过南外墙进入室内的热量,也可以有效阻隔夜间散热。

外保温技术适用范围广,技术合理成熟,工程造价比较低,是目前我国采用最广泛的墙体节能技术。外保温技术既适用于新建建筑工程,也适用于既有建筑节能改造。与内保温相比,外保温有明显的优越性,除了保温效果优良,外保温体系包在主体结构的外侧,较好地解决了构造热桥结露问题,提高了舒适度,同时还能够保护主体结构,延长建筑物的使用寿命,并增加建筑的有效使用空间。

(1)外贴保温体系是将保温材料粘贴或加锚栓固定在外墙主体结构上,然后加装玻璃纤维网格布或钢丝网增强,外抹抗裂砂浆,再做外装饰面层。保温材料有膨胀聚苯板(EPS)、挤塑聚苯板(XPS)、聚氨酯板、岩棉板等。其中聚苯板因具有优良的物理性能和低廉的成本,使用最广泛。目前,外贴保温体系的最大缺陷是现场施工质量很难控制,使用寿命短,工程存在很多表面开裂、保温层剥落等质量问题。

(2)另一种做法是用专用的固定件将保温板固定在外墙上,然后将铝板、天然石材、彩色玻璃等饰面材料外挂在预先制作的龙骨上,直接形成装饰面。保温面和装饰层之间形成空气间层,既保护了保温材料免受结露和渗透雨水的侵蚀,又增强了墙体的热工性能。

为减少现场湿作业,提高外保温体系的使用寿命,并满足工程项目外观的需要,保温装饰复合墙板体系发展很快。即在工厂内生产好标准的带有保温材料和装饰面层的复合墙板,然后在工程现场粘贴或用锚栓固定在主题墙面上,一次性满足保温和装饰的要求。装饰面层通常采用氟碳涂料,也可采用新型墙面砖。

为满足低能耗建筑的要求,应增加保温材料的厚度。在北方地区满足节能标准要求一般采用 6~8 cm 厚的聚苯板,建造低能耗建筑要采用 10 cm 以上的聚苯板。[16, 18]

7.5.5　屋面能效提升技术

1. 倒置式保温隔热屋面体系

倒置式屋面就是将传统屋面构造中的保温层与防水层颠倒,把保温层放在防水层的上面。倒置式屋面保温隔热性能优良、施工简易、工期短,无需特别要求,屋顶结构负荷小、耐老化,屋顶可再利用,防水层维护方便。目前,我国北方地区和大中城市多采用聚苯板、加气混凝土板等板型保温材料及现场发泡聚氨酯等浇注型保温材料。

2. 绿化屋面

屋顶绿化对夏季隔热效果显著,可以节省大量空调电耗。屋面覆土厚度大于 200 mm 时,其传热系数 $K < 1.0$ W/(m² · K),夏季绿化屋面与普通隔热屋面相比,表面温度平均要低 6.3 ℃,屋面下的室内温度要低 2.6 ℃。对于多层和低层建筑群,屋顶绿化还可明显降低建筑物周围环境温度,减少热岛效应,从而降低空调电耗。同时,冬季还可以起到保温的作用。此外,由于土壤在吸水饱和后会自然形成一层憎水膜,可起到阻水的作用。覆土种植后可使屋面免受风吹、雨打、日晒等外界气候变化的影响,延长防水层寿命。为防止浇灌植物用的水肥对屋面防水层产生腐蚀作用,降低屋面防水性能,需在原防水层上加抹一层厚 1.5~2.0 cm 的火山灰硅酸盐水泥砂浆后再覆土种植。[19]

3. 坡层面

轻钢屋架或木屋架建造坡屋顶,内置保温隔热材料,铺设非金属屋面材料,利用屋顶空间的空气流通,太阳辐射最强时间的太阳光线对于坡屋面的斜射,达到节能和室内舒适性要求。还可以利用砖瓦材料的多种形式和多种色彩,改善医院建筑景观。

4. 蓄水屋面

蓄水屋面,利用水蒸发时带走大量水层中因太阳辐射形成的热量,从而有效地降低屋面温度,减弱屋面的传热量,也是一种较好的隔热措施和改善屋面热工性能的有效途径,由于蓄水屋面是在混凝土刚性防水层上蓄水,既可利用水层隔热降温,又改善了混凝土的使用条件。设计一个隔热性能好又节能的蓄水屋面,必须对它的传热特性进行动态分析与计算,以确定适合的蓄水深度和屋面负荷。[18]

5. 几种屋面节能材料比较

对于没有采取保温隔热措施的医院建筑物屋面，常采用一些屋面节能材料。一般地，EPS 保温板厚度需要达到 95 mm；XPS 和 PU 板厚度需要达到 60 mm。实践表明，XPS 板材质的节能改造效果更好，PU 板虽在节能方面效益最大，但是成本较高，综合经济效益差；隔热涂料在公共建筑的节能改造方面具有一定意义，但成本偏高，经济性差。相对来说，在医院建筑屋面改造时使用 XPS 保温板是相对理想的选择。

7.6 远程供电技术相关能效提升技术

建筑能效提升主要聚焦照明、暖通空调、电梯等高耗能设备/系统的能效提升。采用高效节能设备、科学设计、按需供能、有效运维是建筑能效提升的主要手段。需求的采集、供应的控制离不开建筑内感知网络与控制系统的建设。远程供电（Power Over Ethernet，POE）技术应用是感知网络与控制系统建设中极具竞争力的解决方案之一。

7.6.1 概念介绍

远程供电技术在建筑领域的应用是在现有网络架构基础上，基于 POE 控制器（受电端设备 PD）与 POE 交换机（供电端设备 PSE），将通信网络延展到末端设备（如照明灯具、红外阵列传感器、温湿度传感器、控制面板等），为设备提供数据传输通道的同时，为设备提供直流电源。POE 技术是将通信线与电源线合二为一，是构建建筑物联网、设备物联网的重要路径之一。

标准的五类网线有四对双绞线，但是在 10M BASE-T 和 100M BASE-T 中只用到其中的两对。IEEE802.3af 标准中允许两种线序供电方法，即中间跨度法和终端跨度法，但不允许同时应用以上两种方法。

POE 技术可以在不影响数据传输质量前提下，对终端进行供电；既减少了安装和维护成本与施工难度，又降低了安装与维修过程中的人员接触风险。

7.6.2 POE 技术的发展

相较 IEEE802.3af（PoE）和 802.3at（PoE＋）标准，当前最新的 IEEEP802.3bt（PoE＋＋）标准将供电设备（PSE）的最大功率提升 3 倍，从 30 W 扩展至 90 W，并将受电设备（PD）的功率水平提升至 71.3 W（信道长度 100 m），支持设备等级数量从 4 个增加到 8 个，使得 POE 发展成为楼宇自动化、智能化极具竞争力的通信解决方案。POE 相较其他技术的优势如表 7-3 所示。

表 7-3 技术对比

	RS232	RS485	PLC	ZIGBEE	WIFI	GPRS	POE
设备供电							✓
安装维护				✓	✓	✓	✓
抗干扰	✓	✓					✓
安全性	✓	✓	✓				✓
通信效率	✓	✓					✓
数据通道	✓	✓					✓
通信距离	✓	✓	✓				✓
稳定性	✓	✓	✓				✓
信号转化					✓		✓
灵活性			✓	✓	✓	✓	✓
美观性							✓

如表 7-3 所示,大部分的无线通信方式通信距离近、传输速率低,更适合处理一些低复杂度的通信,而红外阵列这类的传感器数据传输量大,会受很大的限制,大系统的稳定性也无法保证。POE 技术和 WIFI 无需信号转化就能接入以太网连接上层系统。WIFI 的数据通道也很宽,传输速率也快,可直接接入以太网,但是 WIFI 的功耗大,大系统的多点接入有待验证。POE 技术通信稳定性高,受环境变化影响小,抗干扰能力强,保证了数据传输的安全性与稳定性。对于一些对传输安全性和稳定性要求高的场合,POE 技术的优势非常明显。

7.6.3 5G 与 POE 技术

(1)伴随着 5G 元年的到来,5G 这个大框架下的行业和种类会越来越多。要实现全面的信号覆盖,5G 基站的数量必不可少。然而,高密度的室内 5G 小基站建设,也意味着更密集的组网,及大量的小基站取电难、耗能高的问题。

(2)POE 技术采用一根网线同时满足信号通信与设备供电,而无需再为小基站供电,在 5G 高密度的小基站覆盖情况下,是较为理想的布线方案,可以满足 5G 室内覆盖的应用需求。

POE 技术的 5G 室内小基站布线方案如图 7-2 所示。

图 7-2 是一种典型的 POE 技术用于楼宇的小基站布放方案。BBU 为整栋楼或某个区域进行网络覆盖,Hub 进行楼层覆盖,同时提供 POE 技术,Hub 之间的垂直布线通过单模光纤进行连接,而 Hub 与小基站之间的水平布线通过网线进行连接,同时进行 POE 技术,小基站侧无需再次取电。

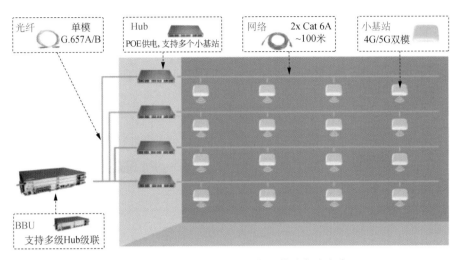

图 7-2　POE 技术的 5G 室内小基站布线方案

POE 技术与 5G 基站休眠联动可实现 5G 基站的降耗增效,从而降低建筑内 5G 网络运行成本。

7.6.4　POE 技术与医院建筑能效提升

近年来,增量医院建筑的室内照明基本按照住建部和卫健委关于绿色医院建筑标准兴建。就光源而言,基本符合低能耗高光效的照明要求。但从医院建筑整体用电环境而言还存在着光源点的智能化程度不高、光源谐波污染、医院微电网对光源谐波污染控制欠缺等问题。对于部分既有存量医院建筑来说更是如此。这些都在很大程度上影响了医院建筑能效。

POE 技术应用于医院建筑一般用于门急诊大厅等大型公共空间,在安装了 POE 灯具和 POE 照明控制系统的同时,可以同时安装 POE 传感器(红外矩阵温度传感器、亮度传感器)、POE 摄像头等。通过 POE 红外矩阵温度传感器及相关配套系统,可以将每个光源形成感知系统,准确感知人数并经系统计算出覆盖区域内冷热负荷,进而提供暖通空调联动数据信息,形成照明与空调联动下的智能环境系统,达到医院建筑提升能效的目的(图 7-3、图 7-4)。

7.7　电梯能效提升技术

电梯是医院建筑中使用频度高且耗电量相对较大的机电设备,垂直升降电梯是医院建筑使用的主要类型。随着医院建筑节能改造的推进,各种电梯节能技术相继在各医院推出。目前应用较多且较早经国家相关部门如国家质检总局、国家机关事务管理局等认

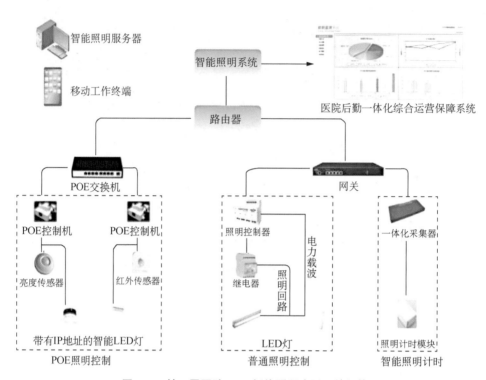

图 7-3　某三甲医院 POE 智能照明应用系统架构

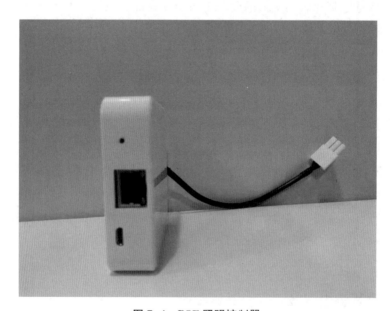

图 7-4　POE 照明控制器

可的,当属电梯能量回馈技术。其他各种基于电梯控制系统的节能技术、新型储能系统集成技术,甚至是轿厢照明的改造等都成了电梯节能的着手点。这些节能技术的应用,加快

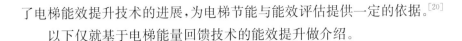

了电梯能效提升技术的进展,为电梯节能与能效评估提供一定的依据。[20]

以下仅就基于电梯能量回馈技术的能效提升做介绍。

7.7.1 电梯能量回馈技术节能原理

通常电梯在轻载上行、重载下行和平层停梯的状态下,多余的能量(含动能和势能)通过电动机和变频器,转换成再生电能,并由发热电阻消耗掉。这同时会导致机房内的温度上升,需要配备空调进行降温。否则可能会造成电梯零部件的损坏,严重时出现困人或按钮失灵等故障现象。

具体来说,应用电能回馈与变频调速技术的电梯,在启动后达到最高运行速度时,具有一定的机械动能。而电梯在到达目标楼层前,则需要逐步减速,直到电梯停止运行止,这是电梯曳引机释放机械动能的过程,属于机械能转化为电能的过程。

与此同时,升降电梯也是一个势能性负载。为了均匀拖动负载,电梯曳引机拖动的负载由载客轿厢和对重平衡块才能相互平衡,否则轿厢和对重平衡块就会有质量差,使运行时产生机械势能(电梯重载下行和轻载上行),这些多余的机械能,通过曳引机和变频器,转换成直流电能,储存在变频器直流回路中的电容中。经过电梯回馈技术节能改造后,有效地将电容中存储的直流电能转换成交流电能回送到电网[20],供其他电梯或设备使用,从而达到节电的目的;由于采用了柔性滤波技术,不仅大幅降低了机器运行噪声和温升,滤波技术还有效地抑制了谐波和电磁干扰,使回馈的电能完全符合国家电网并网THDI<5%的要求,不会对电网造成污染。可应用于医院电梯应用场合。

同样采用电梯回馈技术但采取不同技术路线的还有其他节能或节电原理。主要方面相差不大。比如电梯运行发电时,电梯能量回馈与制动电阻并联后,电梯在发电状态下,这部分本来被制动电阻耗掉的电能,经过能量回馈转换成三相交流电,又反馈到电梯主电路上去,形成循环节能效果,如果这台电梯不能全部消耗反馈过来的电能,那么电能会被上一层(电梯周边)设备消耗,比如空调、水泵、照明或其他设备,这台电梯的总耗电表数字就会反转,即

$$节电率＝节电表÷(总耗电表＋节能表)×100\% \tag{7-1}$$

举例来说,当电梯能量回馈工作后,制动电阻处于停止工作状态,因为制动电阻启动在700 V,能量回馈设备在620 V启动(可以调),也就是说能量回馈设备取代了制动电阻。当电梯能量回馈设备有故障时,回馈设备自身有保护功能,会出现故障代码,自动停止工作,这时本应被电梯消耗的电能经过原来的制动电阻发热消耗掉了,这不影响电梯正常使用。

7.7.2 电梯回馈节能效率

在使用电梯回馈节能产品后,能有效地将电容中储存的直流电能转换成交流电能回

送到电网,节电率 25％～50％。

由于无电阻发热元件,降低了机房的环境温度,同时也改善了电梯控制系统的运行温度,使控制系统不再死机,延长电梯使用寿命。

机房可以不再使用空调等散热设备,可以节省机房空调和散热设备的耗电量,节能环保,使电梯更省电。

简单效益计算方法如下:[21]

$$
\left\{
\begin{array}{l}
运行时间(小时/年)＝启动时间(小时/天)×运行系数×365 \\
总能耗度＝功率×运行时间(小时/年)×台数 \\
总能源费＝总能耗度×电费 \\
节电年费＝总能源费×节电率
\end{array}
\right. \tag{7-2}
$$

7.8　水平衡能效提升技术

医院属于人员密集公共场所,具有用水场景多、用水定额高、用水总量大等特点。医院的用水量管理是医院建筑能效提升不可或缺的内容。

水平衡测试是对医院用水能耗进行科学管理行之有效的方法,可以帮助医院全面了解用管网现状、用水总量及用水结构,评价用水合理性,挖掘节能潜力。

以下以某大型公立三级医院水平衡测试为例,介绍水平衡测试过程与水平衡测试成果。

7.8.1　测试过程

1. 水平衡测试主要包含以下步骤:

(1) 成立专门机构,全面协调、督导水平衡测试。

(2) 召开动员会,发放测试前期需要填写的表格资料。

(3) 查阅竣工验收资料和用水系统资料,检查节水设计标准的执行情况。

(4) 查阅历史用水消耗计量与财务缴费账单。

(5) 审查水计量表具的运行情况及水计量表具的配备和检定/校准率,检查能耗统计数据的真实性、准确性。按需健全用水三级计量仪表覆盖点位。

(6) 在单位水平衡的基础上,计算人均用水指标。

(7) 审查年度节水计划、水资源消耗定额执行情况,节水改造项目实施情况。

(8) 在对建筑水耗指标进行分析对比的基础上,评估能源利用情况。

(9) 分别从管理节能和技术节水等方面,查找存在节水潜力的用能环节或部位,提出

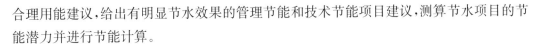

合理用能建议,给出有明显节水效果的管理节能和技术节能项目建议,测算节水项目的节能潜力并进行节能计算。

（10）整理报告初稿。

（11）成立专门机构对报告初稿讨论、修改,最后定稿并提交。

7.8.2 用水测试成果节选

1. 主要用水单位分析

分别按照用水人员、用水区域、用途、器具整理用水情况,其结果如图 7-5 所示。

主要用水人员有在职职工和病人。

主要用水分五个区域,有急诊楼、门诊楼、住院楼、肿瘤楼、医技楼。

主要用水用途有卫生间用水、厨房用水、饮用水、绿化灌溉、病房和门诊用水。

主要用水器具及设备有水龙头、小/大便池、拖把池、洗手池、喷头、开水器。

2. 历史用水趋势

生成用水量折线图如图 7-5 所示。

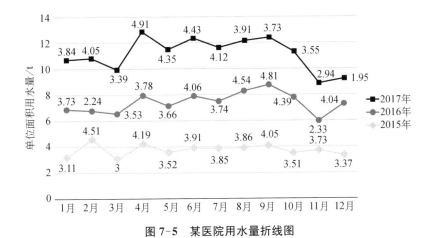

图 7-5 某医院用水量折线图

3. 某单位水耗分析概况

该单位 2017 年用水人数为 12 020 人;

该单位 2017 年建筑面积为 110 000 m²;

该单位 2017 年用水量为 451 710 t;

该单位 2017 年人均用水量为 37.58 t/人;

该单位 2017 年单位面积用水量为:4.11 t/m²。

医院 2017 年人均用水量低于浙江省同类型单位平均值。

4. 用水器具及漏失率分析

某医院节水器具普及率与用水器具漏失率统计表如表 7-4 所示。

表 7-4　　　　　　　某医院节水器具普及率与用水器具漏失率统计表

序号	区域	用水器具抽检数量	节水型数量	漏水数量	备注
1	8 号楼	40	40	0	
2	门诊部	45	45	0	
3	急诊大楼	25	25	0	
4	120 中心	20	20	0	
5	7 号楼	40	40	0	
6	儿童医院	30	30	0	
7	住院部	65	65	0	
8	9 号楼	40	40	0	
9	肿瘤中心	20	20	0	
10	食堂	20	20	0	
11	医技楼	40	40	0	
12	节水器具普及率	100%	用水器具漏失率	0%	

5. 水平衡总图

制作水平衡总图如图 7-6 所示。

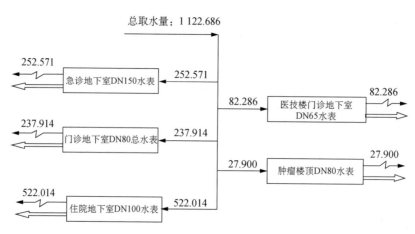

图 7-6　某医院水平衡总图(用水单位:m³/d)

6. 全院用水分析

单位用水分析表如表 7-5 所示。

表 7-5　　　　　　　　　　　　　　某医院用水分析表　　　　　　　　　　用水单位：m³/d

用水类别		用水量/占用水量的比例		新水量/占新水量的比例		重复利用水量	排水量	耗水量	漏失水量
急诊地下室 DN150 水表		252.571	22.50%	252.571	22.50%			252.571	
门诊地下室 DN65 医技楼水表		82.286	7.33%	82.286	7.33%			82.286	
门诊地下室 DN80 总水表		237.914	21.19%	237.914	21.19%			237.914	
肿瘤楼顶 DN80 水表		27.900	2.49%	27.900	2.49%			27.9	
主院地下室 DN100 水表		522.014	46.50%	522.014	46.50%			522.014	
生活用水总计		1 122.686		1 122.686				122.686	
综合用水单耗		综合用水单耗		冷凝水回用率		漏失率		—	
重复利用率		间接冷却水循环率		排水率约 100%		废水回用率		—	
其他用水	基建维修								
	外供								
	消防等其他								
其他用水合计									

各建筑用水量占比图如图 7-7 所示。

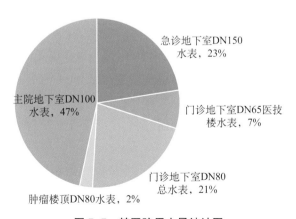

图 7-7　某医院用水量统计图

7. 漏失率测试

漏失率(以急诊测试结果为例)分析结果如表 7-6 所示。

表 7-6　　　　　　　　　　　某医院急诊供水管网漏失率测试表

供水管网漏失率测试表(急诊地下室 DN150 水表)				时间:2018.07.17—2018.07.20		
日期	18:30	19:30	20:30	当日用水总量 /t	2 h漏失水量 /t	预计24 h漏失量 /t	漏失率
2018/7/17	12 308.0000	12 308.0081	12 308.0161	—	0.0161	0.1936	—
2018/7/18	12 550.0000	12 550.0088	12 550.0177	242.0000	0.0177	0.2120	0.08%
2018/7/19	12 815.0000	12 815.0088	12 815.0176	265.0000	0.0176	0.2110	0.08%
2018/7/20	13 079.0000	131 078.564	13 078.1281	264.0000	—	—	0.08%
合计(72 h)				771.0000	0.0514	0.6166	0.24%
平均值(72 h)				257.0000	0.0171	0.2055	0.08%
分析	该单位在 72 h 内用水总量为 771.00 t,漏失量约为 0.6166 t,漏失率 0.08%						

注:水表每 60 min 抄读 1 次。

7.8.3　工作建议

1. 具体的工作建议

(1)进一步规范建设并管理节水器具、设备相关采购、巡检、保养等台账。

(2)加强用水计量管理,建议对广场洗车用水点、景观池以及未来可能发生的建筑工程等特殊用水点增加安装计量水表。

(3)根据天气、湿度、温度科学管理绿化灌溉,适当减少绿化灌溉次数。

(4)提高水的重复利用率,建议对厨房洗菜池、餐厅洗手池等非使用洗手液区域废水进行回收利用,用于绿化灌溉、洗地等。

(5)加强雨水、河水等非传统水源利用,例如在屋顶排水管与地下排水沟之间安放一个中转蓄水水箱,用于绿化灌溉、洗地。

(6)建议对单位水量过大的低层用水点通过安装二次阀门的方式降低水压。

(7)针对单位主要用于洗手的水龙头安装起泡器,起泡器可以让流经的水和空气充分混合,让水流有发泡的效果,从而有效减少用水量,节约用水。在网上搜索关键词"起泡器"可以找到对应的产品。

2. 其他建议

(1) 水平衡测试数值仅能反应测试周期内的水平衡情况;建议安装三级智能远传水表,实时统计用水量数据。

(2) 基于实时用水量数据,绘制用实时水趋势图,对比历史趋势、结合时间等其他信息,发现异常用水时间与点位,缩短漏水、水管破裂、水龙头未关等异常用水发现与处理时间,减少水资源的浪费。

7.9　医院建筑分布式能源站建设

医院能源中心建设已成为国际公认的高效集约式区域供能模式,分布式能源站建设是能源中心建设重要形式或补充。从未来医院建筑供能的安全性、及时性、便利性等因素考虑,对于具备条件的医院建筑来说,建设分布式能源站应该是未来的方向性选择,下文以天然气分布式能源站建设为例。

7.9.1　天然气分布式能源站建设风险点分析

涉及的主要材料、设备及其他因素的风险分析如下:

(1) 天然气价格:天然气供应紧张,价格趋高。

(2) 设备成本:中小型及微型燃机部分仍然依赖进口,采购价格贵,维护成本高;而且主设备投资在总投资中占据了最大比重。

(3) 技术难点:系统集成及运行控制技术有待提高;发电、供热、制冷三套系统相互匹配融合难度较高,施工、控制等环节的投入也相对高于传统供能方式。

(4) 用能负荷:用热及用冷负荷不能波动太大,而且要有一定基础的负荷保证。

(5) 并网困难:虽有相关政策支持,但实际手续繁杂及上网电价低等问题。

(6) 政策因素:国家及地方政府补贴及奖励政策,天然气分布式能源项目是否能够营利并能够持续发展,在很大程度上仍取决于财政补贴。而目前国家层面对于天然气分布式能源的支持,仍以原则性规定为主,尚未针对天然气分布式能源出台全国性的财政补贴相关规定,主要以地方财政补贴为主。[22]

楼宇天然气分布式能源系统在欧美、日本等发达国家和地区已是成熟的技术,但是在我国推广应用还有一定的困难。主要原因是由于所发的电力不能上网或上网困难,单个楼宇系统冷、热、电的负荷平衡有很大的困难(峰谷差较大);另外,由于不能上网,缺少了电力这部分主要收益,项目的经济性受到影响。

目前,我国在中心城市建成的若干楼宇天然气分布式能源站系统,普遍存在经济性较差的问题,影响了投资者的积极性。分布式能源设备的关键设备主要是燃气轮机、余热锅炉、余热吸收式空调机组几种。其中大型燃气轮机、余热锅炉目前已经能够基本国产化，中小型及微型燃机国内已有生产，但进口设备依然居多。国家政策支持以及国产化率的提高为国内设备市场应用奠定了基础。未来，国内厂商在进口替代方面一定会有广阔的发展空间。[23]

7.9.2　机组维保

某型机组维护保养要求如表 7-7 所示。

表 7-7　　　　　　　　　　　　　某型机组维护保养要求

点检种类	点检周期	工作时间	主要的点检项目及内容
初次点检	最初的 500 h	1 天	燃气滤网清扫、间隙调整、漏油、漏气的检查、点火的调整等
A 检修	每 2 000 h	1 天	火花塞更换，润滑油更换、润滑油滤芯更换，逆止阀清洁
B 检修	每 4 000 h	2 天	逆止阀更换，空燃比调整，燃气供应装置点检以及 A 点检的内容也包括在内
C 检修	每 12 000 h	4 天	气缸头、气缸活塞、涡轮增压、热交换器的修理以及 B 点检的内容也包括在内
D 检修	每 24 000 h	7 天	解体大修、主要零件的更换以及 B 点检的内容也包括在内

7.9.3　项目建设与合作模式

（1）建设-运营-移交（BOT）：业主通过契约授予能源服务公司以一定期限的特许专营权，许可其建设和经营能源中心，并准许其通过向用户收取能源费用来回收投资并赚取利润；特许权期限届满时，该能源中心无偿移交给项目业主。

（2）建设-拥有-经营-移交（BOOT）：投资主体建设分布式能源中心，拥有能源中心设施所有权，并负责运行管理。项目经营合同期满后，投资主体可将能源中心按协议价格转让给用户或第三方。转让后的运行管理可以由受让方自行管理，也可委托转让方继续经营管理，需交纳一定的服务管理费。

（3）建设-租赁-移交（BLT）：能源服务公司投资建设能源中心，并在一定期限内将能源中心以一定的租金出租给建筑业主（或终端用户），由建筑业主（或终端用户）经营，通过租赁分期付款方式收回工程投资和投资收益，授权期满后，将能源中心资产转让给建筑业主。

（4）投资-建设-运营（BOO）：能源服务公司根据业主赋予的特许权，建设并经营能源中心，但是不将此项目移交给用户，以下列方式收取能源使用费：

（5）以量计价：分别为电、热、冷等能源制订固定的价格，根据用户的实际使用量，收取能源使用费。

（6）能源物业：考虑到热、冷能源不便计量，可根据用户建筑使用面积，按照约定的单价，打包收取电、热、冷等能源使用费。也可采用电力费用单独以量计价，热、冷能源以使用面积的方式计价。

（7）合同能源管理（EMC）：是以减少的能源费用来支付节能项目成本的一种市场化运作的节能机制。能源服务公司与用户签订能源管理合同，为用户提供节能方案设计、融资、建设（或改造）等服务，并以节能效益分享方式回收投资和获得合理利润。主要分为：效益分享型、节能效益支付型、节能保证型和运行服务型。

分布式能源站与市电可起到互为补充、互为备用的作用，以提高医院用电灵活性和安全性；分布式能源站作为医院改造项目，必须根据实际情况，综合考虑各方面因素来确定分布式能源系统的配置；分布式能源站在医院内应用具有明显的经济效益和社会效益；微型燃气轮机可以作为医院的备用电源，替代传统的柴油发电机和蓄电池 UPS，间接降低系统的总投资，提高投资回报率。

7.10 基于 BAS 的人工智能中央空调能效提升技术

围绕医院建筑空调冷热源群控与楼宇自动化控制系统的协同提高冷热源群控的自动化和能效水平。尝试利用人工智能的搜索与规划技术而不是依靠人类工程师设计的控制逻辑和策略对中央空调的冷热源进行控制，能够自主灵活地应对日常使用需求，并在节能方面表现出潜力。基于这一技术并使用机器学习手段根据楼控系统提供的数据预测建筑物的空调负荷需求，有助于减少空调的过量供应，降低空调能耗。

目前的楼宇自动化控制系统主要由可编程逻辑控制器（PLC）或直接数字控制器（DDC）以及管理软件组成[24]。由自控工程师根据人工控制楼宇设备（空调、照明、电梯等）的方式编写代码并下载到控制器中自动执行。针对中央空调冷热源（主要包含冷机、锅炉、水泵、冷却塔等设备）的控制系统通常被称为"群控系统"（图 7-8）。数十年的应用实践表明，超过 90% 的群控系统无法投入自动化运行[25, 26]。这一问题造成的损失是惊人的，一方面大量的楼宇自动化设备（传感器、执行机构、控制器等）闲置不用，另一方面由于调节不及时造成大量资源（能源、人力、空间、时间）浪费。

7.10.1 隐藏的"组合爆炸"难题

通常把上述问题归因于机电安装质量和自控维保的缺失，这严重低估了完成群控工作所需的复杂度。假设一个简单的冷源系统：只含 2 台水冷冷机（带冷冻、冷却阀门）、2 台冷却塔（为了简化问题，假设它们不带阀门）、3 台工频冷冻泵以及 3 台工频冷却泵共计 14 个设备。可以用一张时间表描述"从全停状态开启 1 台冷机"这一简单任务的动作安排：

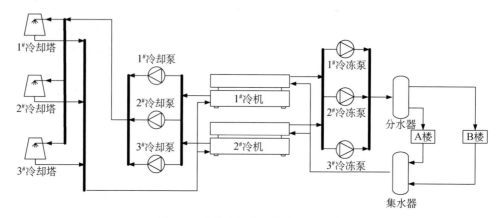

图 7-8 中央空调冷源的水系统原理图

表 7-8   设备动作时间表

序号	设备	初始状态	第一步	第二步	第三步
1	1# 冷机				√
2	1# 冷机冷冻阀门		√	√	√
3	1# 冷机冷却阀门		√	√	√
4	2# 冷机				
5	2# 冷机冷冻阀门				
6	2# 冷机冷却阀门				
7	1# 冷冻泵			√	√
8	2# 冷冻泵				
9	3# 冷冻泵				
10	1# 冷却泵			√	√
11	2# 冷却泵				
12	3# 冷却泵				
13	1# 冷却塔				√
14	2# 冷却塔				√

注:"√"表示设备开启或保持运行,空白表示设备关闭或保持停机。

从全停的初始状态开始,第一步有 2 种组合(打开 1# 冷机的阀门还是 2# 冷机的阀门)可选;第二步有 9 种组合(3 台冷冻泵选 1 台,3 台冷却泵选 1 台);第三步有 4 种组合(冷却塔风机的组合)。共有 2×9×4=72 种动作组合(或者 72 张时间表)能够完成"从全停状态开启 1 台冷机"这一任务。即使是 1 个简单的任务,为了覆盖所有可能的应对路径,自控工程师需要考虑 72 种可能的实现路径。实际上工程师会根据自己的经验,忽略许多可行路径,简化控制逻辑的设计,比如规定 1#冷机总是对应 1#冷冻泵等。这使得控制系统的灵活程度和容错能力大幅度降低(若 1#冷冻泵由于某种原因无法启动将导致任务中断)。由于空调冷热源设备本身的故障率不低,工程师没有考虑到的工况又层出不穷,简化的控制系统很难应对这些"意外"。

现在让上述任务复杂一些。假设水泵是变频的,每台水泵可以设定在 30 Hz/35 Hz/40 Hz/45 Hz/50 Hz 的频率上,冷机的供水水温可以设定在 6 ℃/7 ℃/8 ℃/9 ℃/10 ℃上。现在要求采用最节能的方法完成"从全停状态开启 1 台冷机"的任务。为简化问题假设同时只能开启 1 台冷冻及冷却水泵,那么共有 2×15×15×4×5＝9 000 种运行安排能够"开启 1 台冷机"。要从中选择能耗最少的安排需要评估这些组合对应的能耗水平。采用人工编写控制逻辑的办法处理这个任务存在不小的困难。随着设备台数的增加、控制任务的多样化、随机的初始状态、在时间轴上更长远的考虑,都会大大增加可能的控制方案的数量。即使非常努力,采用人工编写控制逻辑和节能策略也只能对付群控难题的"冰山一角"。

7.10.2　人工智能的节能

在考虑节能要求时,实际上是千方百计追求"在未来一个时间窗口内,以最低的总能源费用运行各类设备满足末端负荷需求"这个目标。前面已经提到达到这个目标可能的控制方案为数众多。传统做法中使用的静态的可以轻松描述的节能策略实际上是总结出来的在现场大多数时间有效(但肯定不是最有效)的粗糙方案(用语言精确界定这些方案的适用边界很困难),是为了避免在不断变化的工况下进行繁杂的计算来挑选最佳方案的麻烦而采用的一种折中的技术手段,或多或少牺牲了控制方案的经济性。

1. 人工智能优化搜索技术

群控问题中现场情况可能的组合超过了常人能处理的极限,而人工智能中的优化搜索技术擅长解决组合爆炸问题。它将"在未来一个时间窗口内,以最低的总能源费用运行各类设备"作为任务目标,将末端负荷需求、管路连接关系、设备的安全运行作为这个任务的约束条件,将群控任务转化为一个混合整数规划问题(该问题不仅涉及设备启停这类离散变量,还涉及设备开始运转后运行参数的设定[27],比如冷机的供水温度和水泵的频率等)交给人工智能的优化搜索方法求解。计算机将当前状态(各设备的运行状态和处于该状态的时长)作为搜索的起点。计算机可以同时采取加/减冷机、提高/降低供水温度、加/减水泵、提高/降低供水泵频率等多种操作中的一种或多种,使空调冷热源的状态变化到新的状态(5 min 后状态)。计算机根据负荷数据、运行约束、设备性能、能源费用等检测出那些危险状态(导致冷机断水等危险的状态)、有潜力的状态(满足空调需求、安全、能耗费用较低)和可行的状态(满足空调需求、安全、能耗费用没有优势),然后放弃危险状态并将计算资源分配到后二者上继续搜索下一阶段的操作获得下一阶段的状态(25 min 后状态),以此类推直到获得理想的控制路径或者达到规定的搜索步长(数小时后的状态)。

搜索得到的最佳控制路径(对应于前面提到的时间表,但包含更多的步骤)规定了从当前开始的一个时段内不同时间点上不同设备的启停指令或参数调整指令。例如:当前是 1:00,最佳控制路径要求 1:00 启动 1 号变频冷冻水泵,频率设在 40 Hz,同时启动 2# 工频冷却泵;1:05 启动 3# 冷冻机,供水温度设在 8.5 ℃;1:25 启动 1# 和 2# 冷却塔风机。如果当前时间点对应的指令有别于计算机最近一次向对应设备发出的指令,计算机将当前时间点的指令发往对应设备(比如"启动 1 号变频冷冻水泵,频率设在 40 Hz,同时启动 2# 工频冷却泵"),否则保持"沉默"。计算机等待了数分钟后或者检测到现场设备的状态发生变化或出现了需要关注的事件(比如设备突发报警)会根据冷热源系统的当前状态重新搜索最佳控制路径,再次将对应当前时段的指令发往对应设备,周而复始。采用这种滚动方式依赖优化搜索技术而不是人工预设的控制逻辑实现了冷热源的自主控制。

2. 最小化能源费用

由于任务目标包含了最小化能源费用的要求,这种方法在系统控制层面天然地带有能效提升与节能功能。与相对固定的人工策略相比,人工智能动态制定的控制方案更有"科学性"甚至"创造力"。参见下述实例:

实例 A(利用电价和天气):某个 5 000 m² 的建筑早晨 8 点开门,早班运行人员通常在 7 点到建筑后开启楼顶的风冷热泵进行预冷。人工智能系统投入使用后的第一个早晨,早班运行人员发现,7 点过了楼顶的风冷热泵都还停着就准备手动干预。后来他发现楼内温度确实不高并且风冷热泵 6 点前就启动过。进一步调查发现,人工智能系统实际上利用了 6 点前的谷时电价、早晨较凉爽的天气、大楼的保温能力以更低的代价(在 6:00—9:00 间降低了约 10% 的电耗费用)完成了预冷让早班运行人员"虚惊一场"。

实例 B(驱动冷却塔"步调一致"运行):不少冷冻站的冷却塔没有安装阀门或者阀门已失效,运行人员会选择打开部分冷却塔风机的方式"降低"冷却塔能耗,而此时风机没有开启的冷却塔仍然有水流通过。但在多个应用项目中,人工智能系统遇到此类场景时会倾向于采用同时打开所有冷却塔的风机,运行一段时间后又关闭所有冷却塔风机的控制动作。从冷却水系统的效率可以部分"解释"这一现象:假设某个冷却水系统包含 N 台冷却塔,每台冷却塔风机运行时的电功率为 E,风机开启时散热能力为 C(假设 $C>0$ 总是成立),风机关闭时的散热能力为 α(通常 $0<\alpha<0.1$),冷却水系统中正在运行的冷却泵的总能耗为 P。定义 $n(0 \leqslant n \leqslant N)$ 台冷却塔开启风机时冷却系统的效率 η:

$$\eta = \frac{风机开启的冷却塔的散热量 + 风机关闭的冷却塔的散热量}{风机总能耗 + 水泵能耗} = \frac{n \cdot C + (N-n)\alpha}{n \cdot E + P}$$

暂时忽略 n 的整数特性,对 n 求导,得:

$$\frac{\partial \eta}{\partial n} = \frac{C \cdot P - \alpha(C \cdot P + N \cdot C \cdot E)}{(nE + P)^2}$$

当 $\alpha < \dfrac{P}{P + N \cdot E}$ 时,导数保持为正,表明效率随 n 变大(开启更多的冷却塔风机)而提高;

当 $\alpha > \dfrac{P}{P + N \cdot E}$ 时,导数保持为负,表明效率随 n 变大而降低。

通常风机开启时冷却塔的散热能力比不开启时高出一个数量级,而风机的总功耗通常与冷却水泵的功耗没有这么大的差别,因此多数情况下冷却水系统的效率随风机数的增多而提高。人工智能系统可能从各控制路径能耗数据的差异中"发现"并充分"利用"了这个特性,当散热需求很高时,采用开启所有风机的方式高效散热,而当散热需求降低时采用关闭风机的方式最大化降低冷却水系统的能耗。

3. 空调负荷预测

过去习惯从总管的温差和压差判断空调的负荷需求(图 7-9、图 7-10)。这些方法与建筑物真实的负荷需求间没有量化的联系,与末端用户的感受也没有必然联系,不能给出负荷在未来的变化趋势,也不能给出建筑物对制冷/制热的响应能力。通过采集室内温湿度等需求侧数据以及制冷热量等供应侧数据并利用机器学习算法计算出大楼当前的负荷需求和未来的变化趋势。[28-31]

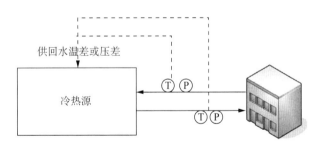

图 7-9 传统的参考供回水温差和压差的运行方式

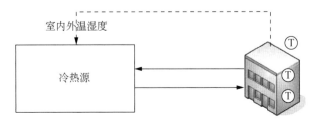

图 7-10 直接参考室内温度的运行方式

采用该方法预测某医院(含住院部)建筑在春夏过渡季节从凌晨开始未来 24 h 的制冷负荷变化,如图 7-11 所示。高负荷时段出现在上午 9 点到晚上 9 点间,这可能是该时段内病人和家属的活动程度高于其他时段造成的。

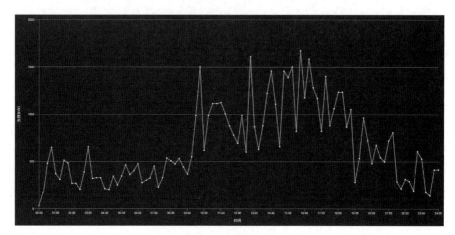

图 7-11　某医院 24 h 制冷负荷预测(横坐标表示时间,纵坐标表示制冷负荷)

7.10.3　减少空调过度供应

医院的空调负荷需求在一天不同时段中显著变化,由于手动运行很少主动调整制冷/制热量,又缺乏直接感知末端温度的手段导致室内温度在大范围内波动。如果冬季室外温度为 4 ℃,要求室温 22 ℃以上,手动运行时室温的波动范围为±2 ℃,为避免"最冷"时被投诉,运行人员会尽可能加热室温到 24 ℃,这样室温就可确保在 22 ℃以上,无需调整冷热源就可"高枕无忧"了。可是由于医院通风量大,大量从 4 ℃加热到平均 24 ℃的热空气白白散到大气中,造成巨大的浪费。

通过 BAS 系统采集室内温度实时计算建筑物的冷热负荷需求,通过群控系统随时调整空调冷热源的制冷/制热量,使室内温度的波动范围显著低于手动阶段(图 7-12)。有

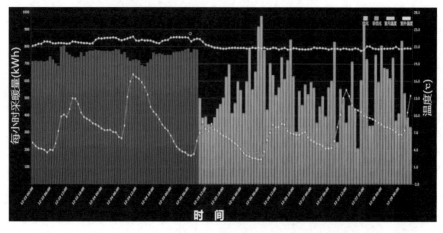

图 7-12　手动与自动运行阶段每小时供暖量(灰色:手动,绿色:自动)及室温

利于实现室温的卡边控制(夏天紧贴舒适温度的上边界,冬季紧贴下边界),减少空气流通带走的空调冷热量。假设采暖阶段室温稳定在所需的 22 ℃,散失的是从 4 ℃加热到平均温度为 22 ℃的热空气,热量散失比手动方式减少了约 10%(2 ℃/20 ℃)。

7.10.4 应用人工智能的优势及存在的问题

人工智能方法利用了计算机"不辞辛劳"地从大量动态含有多种噪声的数据中提取有价值的信息,在成千上万种可能的控制方案中搜索最安全和经济的控制路径。已在以医院建筑为主的的数十栋不同规模的公共建筑中获得了应用。某些显著的优势和存在的问题如下所述。

1. 明显的优势

(1) 提升能效。人工智能手段利用楼宇自动化系统提供的数据可预测空调负荷在未来的变化情况,并从各种可能的控制路径中挑选满足该负荷曲线并且费用最低的控制方案。在实现自动控制的同时"天然"地提升了能效,自带节能功效。

(2) 不需要人工设计控制策略。目前群控设计中强调的控制"逻辑"和"策略",实际上是技术能力受限情况下的无奈妥协。实际上为了实现群控目标,存在成千上万种可能的"逻辑"和"策略",看上去总是"不错"的少数几种未必能"包打天下",使用人工智能的规划能力可以根据应用场景搜索出当前最适用的"逻辑"和"策略"。

(3) 容错能力提高。现场出现的故障五花八门,常规群控系统中人工设计的故障预案通常只能应对极少数的几种(多为单点故障),一旦出现预案之外的故障(通常是多点故障),常规群控系统往往会"不知所措"。若人工巡检不能及时发现异常情况并做出正确处理,就可能会威胁空调系统的正常运行。而依靠人工智能的规划能力,计算机能够搜索出一条经济可行的控制路径规避当前有问题的设备,调动一切可用资源,继续保障空调系统的正常运行。

(4) 便于维护。常规群控系统依赖人类工程师编写控制"逻辑"和"策略",当使用要求发生改变或者对现场进行了改造(比如增加了冷机数量),用户需要求助原来的工程师对群控系统中的控制"逻辑"和"策略"进行修改。然而,由于大楼的使用年限长,无法保证原来的工程师随时候命,而现场条件又往往造成新接手的工程师无从下手。在采用人工智能的群控系统中由于不依赖工程师,而且计算机 24 h 待命,用户将修改要求输入计算机,人工智能引擎修改规划问题的目标和约束条件,采用规划技术求解,能够在极短时间里满足修改要求。

2. 人工智能应用到群控中带来的问题

(1) 设备的启停次数高于手动次数。传统的以人工为主的控制方式下设备的启停操作多数是运行人员在现场按照较为固定的时间表或判别条件进行的,启停次数较少(有些工厂只在季节变换时加减冷机)。而计算机认为只要不违反预先设定的安全规则,怎么经济怎么来。运行人员通常认为这种"频繁"程度会缩短设备寿命(但是目前设备厂商无法提供此类数据)。

(2)人工操作的部分观念存在冲突。人工智能能够"眼观四路耳听八方"基于各种现实数据采用搜索方法从大量备选方案中挑选最佳控制路径,而人工操作往往基于口口相传的经验乃至行政指令。这会导致部分用户不能在第一时间理解人工智能系统的部分控制行为,从而对控制系统的可靠性产生怀疑。

(3)现代化大楼普遍安装有大量传感器、执行机构和控制器。它们为人工智能应用提供了现成的舞台。楼控系统面对的控制任务需求多样、容易受环境影响,在配置、维护方面的工作量缺口巨大。借助人工智能技术可以获得大楼的使用特点和模式,最大化利用现有资源,有助于实现楼宇自动化控制系统自动配置、优化运行、容错控制、相互协调等功能,使楼宇自动化控制系统真正自动起来。

7.11　医院建筑的调适

7.11.1　建筑调适概述

医院建筑调适源于建筑行业中的调适(commissioning,Cx),以其对建筑物各阶段全生命周期内多领域、多学科、全方位合作与协作的系统性应用规程,达到令建筑物保持所需状态下的最优运行的效果,有效地提升了建筑物能效。是较为先进的建设与运行管理模式,国内也相应出台了一些政策与标准加以指导、推广。

广义的医院建筑调适指的是通过在设计、施工、验收和运行维护阶段的全过程监督和管理,保证建筑能按照设计和用户的要求,实现安全、高效地运行,避免由于设计缺陷、施工质量和设备运行等问题影响建筑的正常使用,甚至造成系统的重大故障;狭义的医院建筑调适则主要是通过对既有医院建筑运行与维护中不能满足设计标准与新增需求部分进行适应性改进,达到安全、效率、感受等得到明显提升的效果。

由于建筑调适尤其是医院建筑调适在国内许多地方刚刚开始,因此还存在一定的盲点与误区,对调适在能效提升中的重要作用尚未引起足够的重视,基础的暖通空调系统的调适一般也仅由施工单位在项目竣工时进行简单的单机和系统调试,整体建筑调适的概念还未被广泛接受。

7.11.2　医院建筑调适的必要性

由于医院需求的增加,我国每年新增或改扩建大量医院建筑,但是这些增量医院建筑在规划设计乃至施工过程中,仍沿袭传统的医院建设模式,基本存在运行能耗高、维护费用大、建筑物及相关设备系统寿命短的问题；设计负荷与实际负荷相差很大，变配电、机电设备、照明、包括总能耗相差很大甚至达到或超过 50% 的水平，"漏斗现象"明显。

1. 形成"漏斗现象"的主要原因

（1）在医院建设过程中，没有专业部门或公司系统地监控整个建设过程中各环节的衔接与质量。常见的情况是在工程投入使用后才发现很多成为既定事实的设计缺陷和施工质量问题，不能保证建筑物整体功能和运行效果达到设计要求。

（2）由于先期没有对设计方案和实际图纸进行调适，导致医院的项目需求在建设过程中不断更改，因而出现不断的整改和返工。一方面容易延误工期，另一方面导致新建建筑在竣工不久便无法满足业主不断提升的要求。

2. 应用示例分析

以暖通空调系统为例，和其他公共建筑一样，目前最缺少的是在方案设计、施工图设计、施工和运行维护各阶段进行系统性的管理和优化。空调系统基本上都会采用变水温、变流量等控制方法，但是采用各种方法并不能完全保证空调系统的运行合理和稳定。如果系统出现静态失衡和动态失衡等问题，必将导致空调系统制冷、制热效果差，能耗高的现象产生。这些现象与我国建筑行业分专业、分阶段的工作思路有关。[32] 具体而言，是空调系统控制策略与用户实际需求之间的差异化、不明确、不具体甚至不达标。

国内外建筑调适相关人员就此大致总结现状并分析如下。

1）建筑调适现状

（1）暖通空调设计人员对本专业的设计缺乏全面认识。

（2）暖通空调设计人员与自控设计人员沟通不够。

（3）目前市场环境：承包商能力参差不齐。

（4）系统调适方式：暖通人员参与不够，系统没有发挥效用。

（5）系统运行管理：高水平管理人员不足。

2）工程

深化设计与施工及空调系统策略需要大量专业人员，集成商一般不会去解决深入优化、细化以及节能等问题。

其根本原因是设计阶段暖通与智能分属两个专业，系统脱节；自控系统建设不以最终结果为目标。直接原因是空调控制系统设计不到位；空调系统施工以及能效调适质量无保障。导致的最终结果是空调控制系统不满足要求，空调系统低效运行。模块化思想（菜单式设计，性能结果导向）和调节控制（监测、安全保护、管理等功能）基本反映了设计要求、控制逻辑、施工调试、综合调适、运行维护等几个方面的问题。

就围护结构而言，也存在渗透风方面如与非空调区域的常闭门阻隔封闭问题、门启闭的自动闭门器以及旋转门、外拉门常开等设备设施质量与管理等方面的问题。

3. 医院建筑调适的必要性和迫切性

既有医院建筑运行与维护中的诸多问题,尤其是能效问题,基本上都是医院建设过程中的遗留问题。无论是从国家对公共建筑能效提升的要求,还是从医院自身运行经济性考虑,医院建筑尤其是既有医院建筑的调适都有其必要性与迫切性。

医院建筑调适必要性主要体现在以下几个方面:

(1)确定医院项目的需求。如果医院没有专业的技术团队,项目需求虽然是明确的,但不能对具体技术细节进行把握和掌控。

(2)医院的项目需求与国内现有水平和国家标准之间存在差距。如果医院不满足于国内建筑行业现有的水平和状况,往往会依据自己的需求对建筑系统提出特殊的要求,这些要求也已通过正式的文件提交给咨询和设计单位。但在实际操作过程中,咨询公司和设计单位侧重于遵从国家规范和标准,导致建筑系统的部分功能无法完全实现,达不到医院的期望。

(3)监理单位职责与医院期望之间存在差距。监理单位的监理程序侧重于建筑系统和设备安装质量符合国家的规范和标准要求。而医院建筑调适在此基础上更加侧重于对设备以及设备所在系统性能的关注。因此可以弥补监理单位职责与业主期望之间存在的差距。

(4)施工单位的系统调试与医院期望之间存在差距。建筑的设备与系统完成安装后,测试与调试成为系统能否达到设计意图并满足医院的项目需求的关键。[1]缺乏能够具体指导系统优化调适、保证机电系统效果和节能运行的详细内容。建筑调适以 TAB 为基础,能分析所测数据,解决机电系统存在的问题,优化系统运行工况,满足医院对调适工作的期望。

(5)既有医院建筑运行与维护人员的专业水平参差不齐,缺乏系统的专业培训。

7.11.3　建筑调适的国内外应用现状

建筑调适目前在发达国家和地区如北美、欧洲以及日本等地区,已属于建筑行业成熟的管理和技术体系。

1. 国外应用现状

建筑调适在美国、日本等发达国家已成为建筑节能的一个重要手段,相应的研究工作已开展 10 多年,在此方面已进行了大量研究和工程实践,制定了完善的标准与规范,包括主要设备如制冷机、锅炉、冷却塔、水泵、空调机组的调适流程,同时也包括空调水系统、风系统、生活热水、自控系统等子系统的调适流程。建筑调适已成为美国建筑管理体系的重要环节,也是 LEED 认证的必要条件。[11]

在美国,所有新建建筑和主要的改造项目都要采用一定形式的总建筑调适作为工程质量的保证工具;美国国家航空航天局(NASA)也采用总建筑调适方法改善和提高建筑的性能;零售巨头沃尔玛在其所有的新设施中进行建筑调适。总部设于加拿大多伦多的四季酒店集团(Four Seasons Hotel)也将建筑调适应用在其全球的酒店建设与管理中。

在日本,越来越多的建筑空调系统的调适工作得以实施。对空调系统主要的耗能部件,如空气处理机组、冷水机组、热泵系统等进行性能测试,已经成为日本国内节约能源法的强制性条款。[1]

2. 国内应用现状

2002 年,香港就成立了相关建筑调适中心(HKBCxC),旨在建立一套完善的建筑调适方法,更好地促进建筑调适的实际应用。

近年来,国内公共建筑尤其是医院建筑的暖通空调系统优化调适的重要性逐渐被重视起来,仅由施工单位在项目竣工时进行简单的单机和系统调试已不能满足需要,有关全建筑调适的概念逐渐被接受。在各界有识之士的积极推动下,我国近年来陆续推出了大型公共建筑调适的相关标准导则。医院建筑作为大型公共建筑重要组成备受关注,国家住建委、卫健委(原国家卫计委)出台了相关文件;中国建筑节能协会绿色医院专委会按照国家卫健委关于"立足当前,兼顾长远,科学先进,合理适用,统筹兼顾,针对重点"的指导意见,依据"指导性、针对性、适宜性、先进性、创新性"的编制原则,经对国内近百家医院的调研后,编制出体现预防为主、安全运维、保障优先、高效运维、精益管理、智慧运维、以人为本、绿色运维理念的《医院建筑运行维护技术标准》,基本概括了既有医院建筑运行维护中调适范围与要求。

按照该技术标准,医院建筑运行与维护过程中涉及相关系统七大类 61 项,具体包括:

(1)暖通动力系统:中央采暖系统、中央制冷系统、能源回收系统、蓄热蓄冷系统、新风系统、空调末端、空气过滤系统、空调风路系统、空调水路系统、防排烟系统、地源热泵系统、蒸汽系统、(蒸汽、燃气、燃油)锅炉。

(2)电气设备系统:变配电系统、照明及动力系统(燃气、燃油)、应急备用发电机、应急照明系统、防雷系统、安全接地系统、不间断供电系统、电能管理系统、垂直运输系统(电力)、可再生能源发电系统、隔离电源系统。

(3)给排水系统:生活给排水系统、生活热水系统、雨水排放系统、污水处理系统、医疗废水处理系统、中水回收系统、太阳能热水系统。

(4)垂直运输系统:垂直电梯系统、自动扶梯系统。

(5)医院设备系统:医用气体系统、高效输配系统、化验相关系统以及制剂相关系统。

（6）医技设备智能化检测与管理：楼宇自控系统、有线电视系统、紧急广播系统、停车库管理系统、门禁管理系统、设备监控系统、安防系统、通信系统、（手术室示教系统、医疗业务信息化系统、病房探视系统、视频示教系统、候诊呼叫信号系统、护理呼应信号系统）、综合布线系统。

（7）其他：地面擦拭、吊顶维修、墙面护理、门窗维护、屋顶防水、固废处理、标志系统、餐厅、洗衣房。

7.11.4　建筑调适的应用、基本工作流程以及持续性

1. 建筑调适的应用

目前，既有医院建筑调适先期开展的项目，主要应用于变配电系统、照明系统、采暖通风空调系统、生活热水供应系统、监测与控制系统、外围护结构热工性能、可再生能源利用等。

根据中国建筑节能协会绿色医院专委会对国内近百家医院的调查，医院管理者对医院建筑关注的目的主要为：降低医院建设运行风险（62.5%）；保障项目的质量（60.9%）；提升保障部门的服务品质（56.3%）。

对医院建筑考虑的优先等级依次为安全性→舒适成本→运维投入→维修投入→能源费用。

基于建筑调适的既有医院建筑能效提升技术的导入与应用，一般从节能诊断或能源审计开始切入，通过对暖通空调机组与风系统、水系统、楼宇自控系统（BAS）等基本系统的排查，最后形成全医院建筑的能效评估，建立项目调适逻辑。

2. 建筑调适的基本工作流程

首先，既有医院建筑调适的前提是能源审计、节能诊断或能效评估及能耗监测，其相互关系如下。

1）调适与能源审计

既有医院建筑调适与能源审计的联系紧密，但建筑调适处理的问题侧重点在于使设备及其系统、配件按照要求进行运行和维护的过程，强调通过执行看到的工作效果；这是一个持续的过程。而能源审计是调查系统能源的使用方式和情况，以及可能的节能措施，能源审计只需要在工作结束时给出一份详细描述节能方式的报告，能源审计处理现场运行条件改变或周期性审计外，通常只需要审计一次。

能源审计是一种加强企业能源科学管理和节约能源的有效手段和方法，能源审计可分为三种类型：初步能源审计、专项能源审计和全面能源审计。依据此分类标准可将建筑能源审计的内容分为三级：第一级，基础项；第二级，规定项；第三级，选择项。

（1）基础项：由被审计建筑的所有权人或业主自己或由其委托的责任人完成。

（2）规定项：由各地建设主管部门委托的审计组完成；由被审计建筑的所有权人或业主自己或委托人配合完成。

（3）选择项：由经建设主管部门资质认定的第三方专业机构或按合同能源管理模式运作的能源服务公司完成。包括：市内环境品质检测、通风系统能效检测等，以及双方商定的其他详细检测项目。

既有建筑调适还包括定义当前系统的功能要求并确保设备的运营维护达到要求，通过实施达到工作效果以及持续监控等能源审计没有涉及的内容。

2）调适与节能诊断

节能诊断和能源审计处理的问题大致相同，能源审计是综合了节能诊断的各项技术措施和实施方法发展而来的。不同之处是节能诊断一般是由用能单位自己提出的诊断要求，而能源审计可以由用能单位或政府职能部门提出。

3）调适与能耗监测

能耗监测是节能诊断、能源审计或既有建筑调适中基本的组成部分。能耗监测所得数据为节能诊断、能源审计或既有建筑调适寻找可行的节能方向，提出节能技改方案，是对方案进行经济、技术、环境影响评价的基础。[1]基于监测数据的建筑调适，其数据的质量和细致程度是调适结果的保障。比如空调冷冻水一次泵变流量调节、阀门开度、供回水温差与风侧数据的联合分析再调适，压差传感器设置，AHU 水阀开度、空调机组盘管水阀开度以及异常末端排查等。

既有医院建筑调适通过对没有进行过调适的既有建筑各个系统进行详细诊断、改进和完善，解决其存在的问题，降低建筑能耗，提高整个建筑运行性能。

既有医院建筑调适主要是关注运行维护中的问题，并通过简单有效的措施加以解决。作为运行与维护中一种有效的综合性的工具，被越来越多地应用在包括暖通空调系统、电气系统、智能控制系统以及建筑材料、围护结构和机电系统等在内的各种建筑系统的质量保证工作中，需要对更多的系统进行调适。机电系统调适是一种过程控制的程序和防范，其目标是从设备控制到各个系统的质量和性能的控制。

3. 建筑调适的持续性

在医院建筑运行与维护中，建筑调适是一个持续的过程，可以解决医院建筑运行中存在的问题，它的主要关注点在于现有设备的使用状况，并致力于改善和优化建筑中所有系统的运行和控制。通过科学的测试并结合工程学的分析，给出新的运行解决方案，并对方案进行整合，从而保证这些措施既适用于系统的各部分，也使用于系统的整体优化，并且可以持续执行。[1]将周期性调适与连续（持续）调适相结合，提高整个建筑运行性能。

调适：数据诊断→问题分析→整改方案→计划实施→系统运行→效果测评。

需要注意的是，医院建筑中一些特殊单元必须确保无干扰实施或择期实施。包括洁净手术室、ICU、传染病房、生殖医学中心、核医学科、影像科、检验中心、中心供应、输血科、层流病房、洗衣房、病理科、实验室、急诊部、营养厨房等。

7.11.5 调适组织、分工与职责

医院建筑调适顺利进行的前提是良好的组织策划与组织协调。项目的成员除调适管理方与院方外,根据调适范围与内容,必要时,还需要设计、施工、设备供应商的配合或参与,明确分工与职责如下:

1. 调适管理方的职责

调适管理方是调适最主要的组织者和领导者,在调适中处于核心地位,控制整个工作的进度、审核和认可调适的成果。主要职责如下:

(1)制定计划,组建团队,确定团队成员的职责。

(2)按照需要更新调适计划,通过审核资料确保与医院需求的一致性。检查并评价系统、设备的性能及各系统是否满足医院要求。

(3)在规定的工作范围内,了解所有调适工作内容;及时更新调适计划,以便应对工作的变化。

(4)复查和讨论设计文件,是否达到医院要求;进行评估并制定运行维护文件提交、运行维护培训。

(5)制订系统的启动检查和测试时间计划,在承包商的协助下监督性能测试,记录缺陷并出示进度报告。

(6)编写或协助其他单位编写系统操作手册。接受和审查由承包商提交的系统操作手册,确认其是否达到了业主的项目要求。

(7)进行重复测试,修正并重新提交调适工作报告。

(8)提供最终的调适报告,向医院提交关于所有调适情况的记录文件。

2. 医院的职责

医院的职责是见证调适计划的实施。医院应该为所有调适小组成员在调适所涉及的范围提供服务,确保他们在工作进度中有充足的时间来进行调适,保证调适组织者能够得到其他小组成员的协助,确保所有设计审核和建造阶段通过调适发现的问题能及时得到解决。医院的职责包括:

(1)为调适团队提供项目所需的说明文件,用于制订调适计划、检查和测试清单、系统手册、运行维护培训计划等。

(2)指定医院运行维护人员参与调适,并制订工作计划,主要包括(并不局限于)以下内容:①协助调适会议;②组织与测试工作相关的会议;③验证各个系统、子系统、设备的运行。

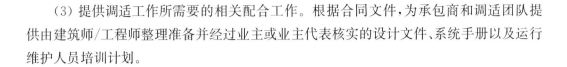

（3）提供调适工作所需要的相关配合工作。根据合同文件，为承包商和调适团队提供由建筑师/工程师整理准备并经过业主或业主代表核实的设计文件、系统手册以及运行维护人员培训计划。

3. 机械、电气设计师和建筑工程师的职责

设计专业人员应对调适计划提供支持，回答调适有关问题；将调适要求作为附件纳入建设合同文件中。提供调适团队所需要的设计说明文件并对相关设备中说明书、控制图或设备文件中没有详细说明的控制、运行等问题进行阐明，回答有关系统设计和运行的问题；根据需要参与讨论调适计划，出席本专业调适会议；配合解决调适过程中发现的问题；检查并完善运行和维护手册；出席培训会议，对相关人员进行专业培训。

4. 承建商、各子系统分包商、设备供应商的职责

承建商、各子系统分包商、设备供应商的职责主要包括但不局限于提供所需数据，协助设备测试；除了通用的测试设备，所有合同中报价单所包含的、用于设备测试的特殊工具和仪器（仅设备供应商使用，专用于某设备）都可能会在调适中使用；遵循调适计划，提供调适所需要的关于设备操作顺序和测试程序所需要的信息。评估设备的测试程序；出席本专业调适会议以及其他涉及本专业的调适会议；整改在调适检查中发现的所有问题，根据需要参加调适团队的工作。

尽管第三方调适已经在行业中广泛应用，但是谁应该负责建筑调适仍然是一个存在争议的问题，因为每种模式都有其自身优势和缺点。

这个争议的一方面是为了充分代表和维护医院业主的利益，调适管理方直接为业主服务；另一方面是在业主与服务供应商之间本已复杂的关系中再引入另一方，将会给工程项目引入一种新的对立关系，进一步增加了工程的复杂性。[1]

7.11.6　调适收益和费用估算

1. 调适 Cx 的收益

采用建筑 Cx 最主要的原因是确保系统的性能并降低能耗，和其他公共建筑一样，采用医院建筑调适最主要的 6 个原因分别是：确保系统性能（81%）；节能潜力（80%）；用户满意度（53%）；经费（41%）；研究（37%）；提高舒适性（25%）。

医院建筑调适工作中部分费用节省数据：

（1）节能 20%～50%（节能费用 35～95 元/m²）。

（2）降低维护费用 15%～35%（节能费用 35～95 元/m²）。

（3）降低解决问题的成本，使得设备正常运行。

（4）提高室内空气品质，提高人员工作效率。

（5）机电系统良好地运行、维护和可靠性。

（6）减少能耗，降低运行成本。

（7）有效提升建筑品质，增加建筑的价值。

（8）通过培训增强专业人员的技能，提高运行和管理水平。

需要注意的是，调适过程的效益是持续的。因此，节省的总额无法在调适第 1 年就计算出来；节省额在调适的第 2 年或第 3 年达到最大，并在此后开始减少，除非通过调适过程对这些效益进行维护。

2. 调适 Cx 的费用

不需要大量资金投入，仅涉及人力成本和技术成本，符合用户使用需求，通过对现有系统状态、运行策略进行优化，使其处于更优的运行状态，从而实现节能。

就机电系统而言，Cx 的支出占整个机电系统造价的 $2\%\sim5\%$，如果建筑的机电系统和控制逻辑较为简单，则费用会降低；如果机电系统较为复杂，各个子系统之间的关系错综复杂，则 Cx 的支出可能会有所增加。机电系统建造阶段 Cx 的支出占整个造价的 $50\%\sim70\%$。[1]

Cx 的支出与建筑投入使用后增加的收益相比，只是很小的一部分。通过机电系统的 Cx 避免了后期大量的整改工作，而且很多收益将会在建筑和机电设备的生命周期内延续。

7.11.7　建造阶段调适 Cx 的主要工作

对于即将投入运营的医院建筑而言，从以下几个方面了解把握医院建筑调适的流程与过程很有必要，对于医院建筑运行与维护过程中的能效评估与提升大有裨益。

1. 五个主要阶段

（1）试运行前的设备检查阶段。

（2）设备的单机试运转阶段。

（3）单机设备和系统性能测试阶段。

（4）系统的调整和平衡阶段。

（5）自控验证和综合性能测试阶段。

2. 建造阶段 Cx 的要点

（1）提早介入并开展检查工作，以减少整改工作量，避免延误工期。

（2）审核提交的文件。确认提交的文件被施工方审核过，并确认提交的文件符合设计意图。

（3）管道的清洁。管道必须经过检查,保证清洁无杂物。

（4）测试和平衡。在设备调整后的位置做标记以保证设备长期平衡运转。

（5）设备(包括过滤器、盘管、清洁器、截止阀、平衡阀、减振器等)的运行和维护空间应满足要求。

3. 调适 Cx 发展前景

（1）Cx 和建设行业管理体系的关系。由于医院建筑项目业主方需求不明确或中途变更；各专业在设计、施工安装、验收测试等阶段缺乏必要的沟通联系；各参与方在整个流程中缺乏足够的协调合作等原因,虽然项目的各责任方分工明确,各司其职,但没有责任方在整个流程中进行监控,对建筑各个系统的整体效果进行把握与监督,无法保证建筑机电系统的整体功能和运行效果达到设计要求,不能很好地实现建筑的功能,造成项目周期延长、造价超出预算、运行能耗高、维护费用高。

Cx 可以从方案设计阶段开始,直到后期的运行维护阶段进行全程跟踪,彻底解决上述问题。

（2）Cx 和竣工验收的关系。关于调适的规定,国内现行的施工验收规范已经不能满足中高端用户的需求。因此,期待标准编制单位将各个验收规范中的调适章节独立出来汇集成册,加大国内建筑行业的调适力度,确保建筑功能满足业主的需求和降低能耗的需求。

（3）Cx 和绿色建筑的关系。Cx 作为一种质量保证工具,为绿色建筑的"四节一环保"保驾护航,成为绿色建筑评定的必要条件。[1]

参考文献

［1］曹勇,刘刚,刘辉,等.国内外建筑调适技术的研究进展与现状[J].暖通空调,2013,43(4):18-20.

［2］赵伟,狄彦强.医院建筑绿色改造技术指南[M].北京:中国建筑工业出版社,2015.

［3］刘东,李超,任悦,等.医院建筑能源审计与节能分析[J].建筑热能通风空调,2014,33(4):70-73.

［4］李昭坚,江亿.我国广义建筑能耗状况的分析与思考[J].建筑学报,2006(7):30-33.

［5］刘东,王亚文,张萍,等.民用建筑能源审计最优化工作方法研究[J].2013,29(4):1-5.

［6］张奎.山东省医院建筑能源审计与节能措施研究[D].山东:山东大学,2011.

［7］中华人民共和国住房和城乡建设部.医院洁净手术部建筑技术规范:GB 50333-2002[S].北京:中国计划出版社,2013.

［8］上海市卫生局,上海市建筑科学研究院(集团)有限公司.市级医疗机构建筑合理用能指南:DB31/T 553-2012[S].[S.l.]:[s.n.],2012.

［9］沈晋明,聂一新.洁净手术室控制新技术:湿度优先控制[J].洁净与空调技术,2007,000(003):7-20,31.

［10］刘立波.节能管理法规标准实用手册[M].北京:中国标准出版社,2009.

［11］刘长滨,张雅琳.国外能源审计的经验及启示[J].建筑经济,2006(7):80-83.

[12] 宋波,柳松.供暖系统方式与热计量应用[M].北京:中国标准出版社,2012.

[13] 中华人民共和国住房和城乡建设部.北方采暖地区既有居住建筑供热计量及节能改造技术导则(试行)[M].[S.l.]:[s.n.],2008.

[14] 北京市工程建设和房屋管理政策法规汇编-2008年[G]//北京市住房和城乡建设委员会.北京:煤炭工业出版社,2009.

[15] 吕传玉.建筑节能供热计量技术与管理[M].北京:中国建筑工业出版社,2012.

[16] 徐浩,何磊磊.建筑外围护结构综合节能技术[J].中国住宅设施,2011(2):27-29.

[17] 黎婧.基于公共建筑节能改造的室温调控方法建议[J].中国房地产,2017(18):8-10.

[18] 孔祥娟.绿色建筑和低能耗建筑设计实例精选[M].北京:中国建筑工业出版社,2008.

[19] 王丽滨,陈戬.种植屋面的综合设计[J].浙江建筑,2006,(8):9-12.

[20] 吴永仁,管德赛.电梯节能技术在医院的应用[J].建筑节能,2010,38(1):63-64.

[21] 余晓平.建筑节能概论[M].北京:北京大学出版社,2014.

[22] 王晓武.天然气分布式能源在医院的应用[EB/OL].(2015-06)[2016-02].https://jz.docin.com/p-1450859919.html.

[23] 广东省电力设计研究院.天然气分布式能源技术介绍[EB/OL].(2013-04-26)[2020-05-24]https://wenku.baidu.com/view/51e0cbeec57da26925c52cc58bd63186bceb9228.html.

[24] BHATT J,VERMA H K. Design and Development of Wired Building Automation Systems[J]. Energy & Buildings, 2015, 103:396-413.

[25] BRAMBLEY M R, HAVES P, MCDONALD S C, et al. Advanced Sensors and Controls for Building Applications: Market Assessment and Potential R&D Pathways[J]. Office of Scientific & Technical Information Technical Reports, 2005(2): 491-500.

[26] HATLEY D D, MEADOR R J, KATIPAMULA S, et al. Energy Management and Control System: Desired Capabilities and Functionality. Prepared for the U.S. Department of Energy under Contract DE-AC05-76RL01380 by Pacific Northwest National Laboratory, April 2005.

[27] MORRISON D R, JACOBSON S H, SAUPPE J J, et al. Branch-and-bound algorithms: A survey of recent advances in searching, branching, and pruning[J]. Discrete Optimization, 2016, 19: 79-102.

[28] FAN C, XIAO F, ZHAO Y. A short-term building cooling load prediction method using deep learning algorithms[J]. Applied Energy, 2017, 195:222-233.

[29] ZHANG Q, YANG L T, CHEN Z, et al. A survey on deep learning for big data[J]. Information Fusion, 2018, 42:146-157.

[30] MA Z, SONG J, ZHANG J. Energy consumption prediction of air-conditioning systems in buildings by selecting similar days based on combined weights[J]. Energy & Buildings, 2017, 151:157-166.

[31] YILDIZ B, BILBAO J I, Sproul A B. A review and analysis of regression and machine learning models on commercial building electricity load forecasting[J]. Renewable & Sustainable Energy Reviews, 2017, 73: 1104-1122.

[32] 住房和城乡建设部科技发展促进中心.中国建筑节能发展报告2016年:建筑节能运行管理[M].北京:中国建筑工业出版社,2016.